RESEARCH ON SCHOOL-TEMPLE SYSTEM OF
CHINESE CLASSICAL CAMPUSES DESIGN

中国古代官学建筑
庙学并置格局考

冯刚　苗严　何慷——著

清华大学出版社
北京

图书在版编目（CIP）数据

中国古代官学建筑庙学并置格局考 / 冯刚，苗严，何慷著.— 北京：清华大学出版社，2022.8（2023.11 重印）

ISBN 978-7-302-58583-1

Ⅰ.①中… Ⅱ.①冯… ②苗… ③何… Ⅲ.①教育建筑—古建筑—研究—中国 Ⅳ.①TU244-092

中国版本图书馆CIP数据核字（2021）第129492号

责任编辑：秦　娜　王　华
封面设计：陈国熙
责任校对：欧　洋
责任印制：刘海龙

出版发行：清华大学出版社
　　　　　网　　　址：http://www.tup.com.cn, http://www.wqbook.com
　　　　　地　　　址：北京清华大学学研大厦A座　　　邮　　编：100084
　　　　　社 总 机：010-83470000　　　　　　　　　邮　　购：010-62786544
　　　　　投稿与读者服务：010-62776969, c-service@tup.tsinghua.edu.cn
　　　　　质量反馈：010-62772015, zhiliang@tup.tsinghua.edu.cn
印 装 者：涿州市般润文化传播有限公司
经　　销：全国新华书店
开　　本：170mm×240mm　　印　　张：18.75　　字　　数：330千字
版　　次：2022年9月第1版　　　　　　印　　次：2023年11月第2次印刷
定　　价：88.00元

产品编号：082379-01

前　言

　　"庙学"一般指在中国古代依托孔庙建立的学官。这种庙与学的并置现象，普遍存在于中国古代官方学校中，对私学的建设也有很大程度的影响。"庙"指孔庙，亦称孔子庙、先师庙、文庙，是以传播儒家文化、尊崇圣人孔子为目的的祭祀性场所和精神性场所。"学"指学官，即以"明伦堂"为核心的学校形制，是学校传播儒学、教育生员的功能性场所。"庙"为"学"之精神内核，"学"为"庙"之现实功用。"庙"与"学"并置设立，在空间上形成一个互相依存的统一体（图0-1）。中国古代官学教育建筑群中这种孔庙与学官的二元并置现象（宋代有"即庙设学"之说），很多研究中也常称其为"庙学制度""庙学合一"等。考证文献，并未见关于这一校园规划格局以官方制度或定制确定下来的明证，其形成与发展是一个历朝历代逐步确立的演变过程。

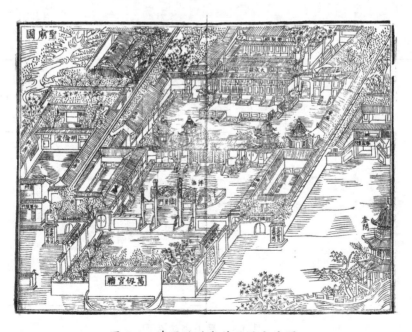

图0-1　清同治时期德阳县文庙图

本书研究的"庙"主要指历朝国家孔庙和地方官学中的孔庙，而对于中国古代孔庙的其他类型，如阙里孔庙、孔子家庙、纪念性质的孔庙、书院私学中的孔庙等，因与官学联系甚微，所以不纳入研究范围；"学"则主要指古代官方的正式学校，而中国古代官方的专业学校（如教授医学、算术等内容的学校）不与孔庙结合，也不纳入研究范围。没有把它们纳入本书研究范围的原因有：从性质上来讲，地方正式官学与书院有着本质的不同。官学是带有强烈的政治色彩和政治"企图"的。"庙"是官学中严格教化学生的精神主体，其地位远高于"学"，带有强烈的阶级意志。书院（图 0-2、图 0-3）则不同，它以传授学问为主，以讲堂为核心，以斋舍（满足学生居住）、藏书阁（满足校园藏书）、桂香阁或文昌阁（具有精神寄托和祈祷功能）以及教师办公空间相配套组成校园空间。且从书院的起源来看，书院是以个人、儒士兴

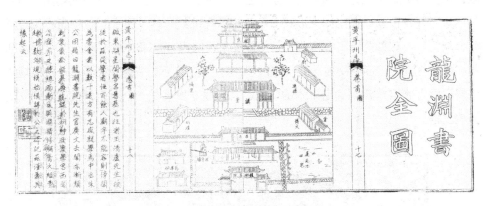

图 0-2　龙渊书院全图

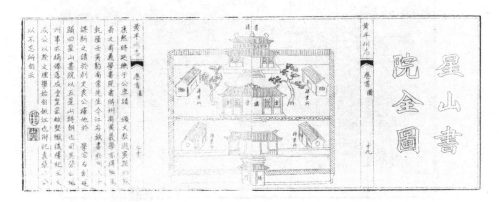

图 0-3　星山书院全图

起的自发的教育团体，不太掺杂统治阶级的意志。书院的发展一般都是在官学不兴之时，与官学的发展呈现负相关。因此，书院的发展是以"学"作为主要目的，"学"的成分远远大于庙。后期出现的书院中有庙，逐渐开始官学化，如岳麓书院、白鹿洞书院等重要的书院，也有"庙学并置"的情况，但这类被强烈政治化的书院毕竟是少数，大部分的书院还是以前述形式为主。因此本书研究的范围主要限定在中国古代官方正式学校这个范畴中。

"庙学并置"关系肇自东汉，至明清时成熟，是对古代官学整体格局的高度总结。其形成过程是自上而下的：一是"物质自上而下"，如辟雍、太学、国子监等中央官学的建设为全国地方学校的建造提供了可以参照的范式；二是"意识自上而下"，孔庙与学官的营建以皇帝和中央的政令为先导，后普及到郡、州、县、厅等地方辖区，因而带有强烈的政治色彩。本书的研究方式不是片面、单一地对中国古代孔庙或学校进行研究，而是综合、联系地对"庙"与"学"的并置关系、"庙学并置"格局的形成过程，以及其内部建筑之间的关系等进行说明和论述，并通过建筑学专业的视角进行研究和分析，力图洞察古人建庙立学的智慧，通过"庙学并置"格局所传达的校园精神，展示中国古代官学中"庙学并置"这一蕴含着东方古典教育理念与社会文化精神的独特的校园规划思想。

本书的关注点并非关于孔庙的研究，也非关于古代学校的演变，而是聚焦于"庙"与"学"关系的研究，尝试对于"庙学并置"这一校园规划理念即空间组合关系的形成过程、设计特点、发展动因等问题进行深入的论述和说明。本书分为两部分：第 1 章主要是史学层面的研究，以史料（地方志书、记文、碑记等）为基础，结合实地调研，梳理"庙""学"各自形成发展以及逐渐融合的脉络，形成"庙学并置"格局的主要发展过程。第 2 章则从城乡规划学、建筑学的视角，通过对近 650 个中国现存孔庙个案的分析和研究，展示"庙学"设计的选址、规划布局、建筑特点等设计特征，以及影响规划与建筑设计的主要因素。本书的工作是站在巨人的肩膀上完成的：关于"庙学"成熟的研究，如沈旸先生的《东方儒光·中国古代城市孔庙研究》，引经据典，细致入微；孔祥林先生的《世界孔子庙研究》，对于中国古代，甚至世界的孔子庙做了十分细致的描述；其他还有《学官时代》《儒家建筑文庙》《中国古代教育》《中国古代教育文选》《中国古代教育制度史料》《中外教育比较史纲》《教育学视域下的中国大学建筑》等成果，都为本书的成文提供了坚实的基础。在此致以诚挚的谢意！

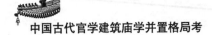

本书是团队关于中国不同历史时期校园规划史学研究的一个重要组成部分。团队成员辛勤工作三载，终可给研究画一逗号，期待未来会有更多的成果。

冯刚　苗严　何慷

于天津大学卫津路校区

2022 年 1 月 1 日

目 录

第1章
中国古代官学建筑庙学并置历史考

　　中国古代系统化的社会教育体系在夏、商、周时期已经出现。《孟子·滕文公上》记载有："设为庠序学校以教之：庠者，养也；校者，教也；序者，射①也。夏曰校，殷曰序，周曰庠，学则三代共之，皆所以明人伦也。"[1]这一时期，社会教育体系具备了一定的分级制度，如《礼记·学记》记载："古之教者，家有塾，党②有庠，术③有序，国有学。比年入学，中年考校④。一年视离经辨志；三年视敬业乐群；五年视博习亲师；七年视论学取友，谓之小成。九年知类通达，强立而不反，谓之大成。夫然后足以化民易俗，近者说服而远者怀之，此大学之道也。"[2]历朝历代，学校，尤其是官学作为服务统治阶级、培养治国人才的场所而被统治者所重视，有记载云："学宫以妥圣灵也，亦即为朝廷育才之地。得其门而入者，藏焉，修焉，息焉，游焉。学优而仕，庶不负菁莪之雅化而庙貌于以有光也，若犹未也，宫墙外望能不伤心城阙之。"[3]"国家崇儒重道，尊体先圣于庠序之间，谆谆加意，凡以教化所由，兴人才所自出也。夫学以群士，而士不可以不群学，先德行而后文艺，升之朝为名仕处乎？乡为端人，则泮宫有采芹之咏，而城阙无佻达之议矣，是顾在士，其亦在司牧与司铎者。"[4]治学，是历朝历代都大力推进的要务。

　　孔子及以其为代表人物的儒家思想诞生于春秋战国时期。该时期是中国古代教育发展特殊的历史时期，战乱不休、官学衰废、私学兴盛，为文化下移提供了条件。孔祥林先生在《世界孔子庙研究》[5]中曾论证有，《史记·孔子世家》记载："孔子年

---

① 射：射箭；用弓射击。是古代读书人必须学习的技艺。
② 党：古代的社会基层组织，五百家为一党。
③ 术：《学记》注："'术'当为'遂'，声之误也。《周礼》：'万二千五百家为遂。'"
④ 比年入学，中年考校：每年招收学生入学，每隔一年对学生考查一次。

七十三，以鲁哀公①十六年（前479年）四月己丑卒……孔子葬鲁城北泗上，弟子皆服三年。三年心丧②毕，相诀而去，则哭，各复尽哀；或复留。唯子赣庐于冢上，凡六年，然后去。弟子及鲁人往从冢而家者百有余室，因命曰孔里。鲁世世相传以岁时奉祠孔子冢，而诸儒亦讲礼乡饮大射于孔子冢。孔子冢大一顷。故所居堂弟子内，后世因庙藏孔子衣冠琴车书，至于汉二百余年不绝。高皇帝③过鲁，以太牢④祠焉。诸侯卿相至，常先谒然后从政"[6]，这段文字说明孔子逝世后奉祀在自家的家庙内。且《东家杂记》记载："鲁哀公十七年，立庙于旧宅，守陵庙百户"[7]，《孔氏祖庭广记》记载："鲁哀公十七年，立庙于旧宅，守陵庙百户。即阙里先圣之故宅，而先圣立庙自此始也"[8]，《直隶定州志》记载："周敬王四十二年⑤鲁哀公即孔子故居立庙，'岁时致祀⑥'"[9]，这些都佐证了孔子故居改建为奉祀孔子的庙宇的结论，自此有了真正意义上的孔子专庙。

关于古代"庙"与"学"结合的过程，地方志在学校篇或祠庙篇多有记述。如《栾城县志》记载有一段文字，粗线条地描述了学官祀孔宏观的演变过程："崇祀始于前汉，立庙始于后齐。史称高帝过鲁以太牢祀孔子；魏晋皆祀于国学，后齐制新立学必奠先生圣人先师，唐武德初诏国学，立周公孔子庙；贞观中停祀周公，升孔子为先圣，颜回为先师。庚寅诏州县皆立孔子庙。开元二十七年诏两京国子监及州县孔子庙皆南面而谥⑦，自鲁哀公之谏尼父，汉谥褒成宣尼公，唐尊为先圣后追谥文宣王未称至圣，明嘉靖中改成至圣先师孔子。若夫塑像始于汉，见魏李仲璇建庙碑。唐开元庚申改颜子等十哲立像为坐像，塑曾子像坐十哲次，图画七十弟子及何休等二十二贤于庙壁。金明昌辛亥易两庑群弟子及先儒画像为塑像。明洪武十五年南京太学成，命去像设木主。嘉靖庚寅通撤天下学宫像祀以木主，至于衣以王者衮冕之。服自唐始，

---

① 鲁哀公（前521—前468年），姬姓，名将，春秋时期鲁国第二十六任君主。
② 心丧：古时谓老师去世，弟子守丧，身无丧服而心存哀悼。
③ 汉高祖刘邦（前256—前195年），字季，西汉开国皇帝。
④ 太牢：或曰大牢（出自《礼记》）、牷（清朝更名），即古代帝王祭祀社稷时，牛、羊、豕（shǐ，猪）三牲全备，为祭祀牺牲的最高等级，《礼记》·王制第五记载："天子社稷皆大牢，诸侯社稷皆少牢。"牢：古代祭祀所用牺牲，因行祭前需先饲养其于牢，故称其为牢，《本草纲目（金陵本）》·第五十卷·兽部（一）·牛记载："《周礼》谓之大牢，牢乃豢畜之室，牛牢大，羊牢小。"
⑤ 周敬王四十二年：公元前478年。
⑥ 岁时致祀：每年都祭祀。
⑦ 谥：祀。

宋加冕服，从上公制，冕九旒，服九章，后用王者制，冕十二旒，服九章。金大定甲午改冠十二旒，服十二章，庙门立戟始自宋建隆壬戌止十六，大观中增二十四。明制撤戟改先师庙曰文庙，月朔行礼始于后齐，朔望始于宋。先谒庙而后从政始于汉，守令主祭始于唐，武职兴祭始自国朝康熙四十九年也。"[10]认真考证这段历史，孔庙、学宫二者的结合并非一蹴而就，而是经历了长期发展演变、丰富及积累的过程，在不同时期表现出不同的特征。

1.1　西周至两汉——国学中"庙学"关系初立及地方官学的萌芽

西周时期已经出现具有明确等级划分的国家学校。《礼记·王制·第五》记载："天子命之教，然后为学。小学在公宫南之左，大学在郊。天子曰辟雍，诸侯曰泮宫。"[2]辟雍，取四周有水，形如璧环而得名，是天子为教育贵族子弟所设立。其学有五，南为成均，北为上庠，东为东序，西为瞽宗，中为辟雍。其中以辟雍最为尊贵，故而统称五学为辟雍。泮宫，因半环以水，且仅有一学而得名。关于"大学""辟雍""明堂"三者的关系，王晖先生在《西周"大学""辟雍"考辨》中得出的结论比较全面——"西周'明堂''辟雍''大学'等实际上是辟雍之中不同处所的异名……西周时期的辟雍形状如同所命名，十分肖似玉璧之状，外围是一个人工修建的圆形大池，中心是圆形的高台，古文献中又称为'灵台'，古文献又称为'台榭'，高台上建有高大而没有墙壁的'宣榭'和宗庙，这就是'大学''辟雍'。这也就是西周金文中'辟雍'写作'璧雝'、又称'大池''璧池'的原因，就像一个大型玉璧一样的大水池。灵沼之西岸修建有'灵囿'，养育有飞禽走兽，是'大学''辟雍'射击的对象，也是用来祭祀上帝和祖先神的祭品；台榭靠船只或舟梁与外交通连接。这是一个集学堂、大射比赛、祭天、观天象、大型礼仪活动为一体的场所，在西周国家政体中地位十分重要。"[11]明代《三才图会》中也描绘了"周明堂图"（图1-1）、"天子五学图"（图1-2）的图景。综上所述，若辟雍为集祭祀、宗庙、大学于一身的建筑群的话，即表明在西周时期已经存在"庙""学"并置的情形，但此时"庙"所祭祀的对象并非孔子，而是其祖先或神明。

汉代是孔庙发展的奠基时期，也是"庙""学"结合的重要时期。汉高祖刘邦治国初期，不喜欢循规蹈矩的礼仪程序，言行举止也不入儒家正统，朝廷内草莽之气

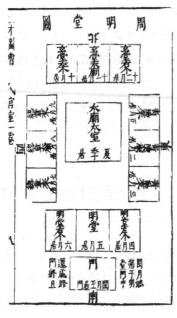

图 1-1　周明堂图

图片来源：王圻，王思义．三才图
会 [M]．上海：上海古籍出版社，1988．

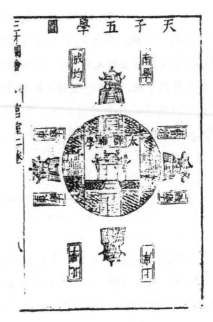

图 1-2　天子五学图

图片来源：王圻，王思义．三才图
会 [M]．上海：上海古籍出版社，1988．

很重，"群臣饮酒争功，醉或妄呼，拔剑击柱，高帝患之"，所以叔孙通[1]进言："夫儒者难与进取，可与守成。臣愿征鲁诸生，与臣弟子共起朝仪"，并拟订了一套体现皇权至上的礼仪，让群臣当堂演练，满朝秩序井然，尊卑分明，朝堂之上面貌焕然，"竞朝置酒，无敢喧哗失礼者"，刘邦大喜："吾乃今日知为皇帝之贵也"[6]。汉高祖刘邦"（十二年）十一月，上行自淮南，还。过鲁，以太牢祠孔子"[12]，此举开创了帝王祭孔的先例，并采用了祭祀最高等级——太牢。而且"诸侯卿相至，常先谒然后从政"[13]，由此形成的诸侯、官员到一地先拜谒孔庙再上任为官的行为一直沿用至清。

　　汉武帝刘彻完成大一统，社会环境稳定有序，但在思想上"师异道，人异论，百家殊方，指意不同，是以上亡以持一统；法制数变，下不知所守"[14]，影响社会的

----

① 叔孙通，初为秦待诏博士、后被秦二世封为博士。见秦将亡，归附项梁。项梁败死定陶（今山东定陶）后跟随楚怀王，后楚怀王迁至长沙，叔孙通遂侍项羽。汉高祖二年（前205年），刘邦率军攻取彭城（今江苏徐州），叔孙通转投汉军并举荐勇士为汉夺天下，汉王拜其为博士，号稷嗣君。汉高祖统一天下后，叔孙通自荐为汉王制定朝仪，召儒生与其共定。所定朝仪简明易行，且适应了加强皇权的需要，叔孙通因此拜奉常，其弟子也都晋封为郎。司马迁尊其为汉家儒宗。

长治久安。在武帝策问中，董仲舒^①提出"臣愚以为诸不在六艺^②之科，孔子之术者，皆绝其道，勿使并进。邪辟之说灭息，然后统纪可一而法度可明，民知所从矣"，并认为大一统是"天地之常经，古今之通谊"^[14]。最终董仲舒的"大一统""独尊儒术""天人感应"的主张被汉武帝采纳，"罢黜百家，表章六经"^[15]这一历史事件也被视为儒学从一家学说变为社会意识形态主导的开端。汉武帝时期还出现了"兴太学"之举，《文献通考》记载："汉兴，高帝尚有干戈，平定四海，未遑庠序之事。至武帝，始兴太学。徐氏曰：'按《三辅黄图》，太学在长安西北七里，有市有狱。'""董仲舒《对策》曰：'养士莫大乎太学。太学者，贤士之所关也，教化之本原也。今以一郡一国之众，对亡应书者（谓举贤良文学之诏书也），是王道往往而绝也。臣愿陛下兴太学，置明师，以养天下之士，数考问以尽其材，则英俊宜可得矣。'后武帝立学校之官，皆自仲舒发之。元朔五年，置博士弟子员。前此博士虽各以经授徒，而无考察试用之法，至是官始为置弟子员，即武帝所谓兴太学也。"^[16]建元五年（前136年），武帝罢传记博士，又为《易》和《礼》增置博士，与文、景时所立的《书》《诗》《春秋》合为五经博士，儒学的正统地位得以确立。后汉武帝因为"古者政教未洽，不备其礼"，所以"请因旧官^③而兴焉"^[16]，太学的扩建之事至王莽时期才完成。

王莽在城南大兴礼制建筑，建太学。《太平御览》记载："《黄图》曰：《礼》，小学在公宫之南，太学在城南，就阳位也，去城七里。王莽为宰衡，起灵台，作长门宫。南去堤三百步，起国学于郭内之西南，为博士之宫。寺门北出，王于其中央为射宫。门西出，殿堂南向为墙，选士肆射于此中。此之外为博士舍三十区周环之。此之东为常满仓，之北为会市，但列槐树数百行为隧，无墙屋。诸生朔望会此市，各持其郡所出货物及经书、传记、笙磬乐相与买卖，邕邕揖让，或论议槐下。其东为太学宫。寺门南出，置令丞吏，诘奸究，理辞讼。五博士领弟子员三百六十六；经三十博士，弟子万八百人；主事、高弟、侍讲各二十四人，学士司舍，行无远近，皆随檐，雨不涂足，暑不暴首。"^[17]可见学校是以殿堂为中心，博士官、太学官、射官俱存，然而并未见有关于"庙"的记载。元始四年（4年），王莽"奏起明堂、辟雍、灵台，

---

① 董仲舒，西汉哲学家，汉景帝时任博士，讲授《公羊春秋》。汉武帝时期，董仲舒把儒家思想与当时的社会需要相结合从而创建了一个以儒学为核心的思想体系，使儒学成为社会正统思想。

② 六艺：周王官学要求学生掌握的六种基本才能——礼、乐、射、御、书、数。

③ 旧官：博士旧授徒之黉舍也。至是官置弟子员，来者既众，故因旧黉舍而兴修之。

为学者筑舍万区，作市、常满仓，制度甚盛"[18]。居摄元年（6年），王莽"建辟雍，立明堂，班天法，流圣化，朝群后，昭文德，宗室诸侯，咸益土地"[18]"祀上帝于南郊，又行迎春、大射、养老之礼"[19]。辟雍内有无祭祀功能的"庙"不得而知。

东汉时期，光武帝刘秀建武五年（29年），"冬十月，还，幸鲁，使大司空祠孔子。……初起太学。车驾还宫，幸太学，赐博士弟子各有差"[20]，这是古代帝王派遣特使去曲阜祭祀孔庙的最早记载。建武十四年（38年），"夏四月辛巳，封孔子后志为褒成侯"[21]。建武中元元年（56年），刘秀开始建造辟雍、明堂、灵台及北郊兆域。汉明帝刘庄永平二年（59年），因《礼》有三王①养老胶庠②之文，縠射③饮酒之制，周末沦废"，故"帝始率群臣躬养三老五更④于辟雍，行大射之礼⑤；郡国县道行乡饮酒⑥于学校，皆祠先圣先师周公孔子，牲以太牢"[22]，这是国家祭祀周公、孔子最早的记载。其中，奉养三老、五更于辟雍的礼仪的具体流程为"先吉日，司徒上太傅若讲师故三公人名，用其德行年者高者一人为老，次一人为更也。皆服都纻大袍单衣，皂缘领袖中衣，冠进贤，扶玉杖。五更亦如之，不杖。皆斋于太学讲堂。其日，乘舆先到辟雍礼殿，御座东厢，遣使者安车迎三老、五更。天子迎于门屏，交礼，道自阼阶，三老升自宾阶。至阶，天子揖如礼。三老升，东面，三公设几，九卿正履，天子亲袒割牲，执酱而馈，执爵而酳，祝哽在前，祝噎在后。五更南面，公进供礼亦如之。明日，皆诣阙谢恩，以见礼遇大尊显故也"[23]。东汉章帝元和二年（85年），致祀阙里，作六代之乐，依然使用太牢礼[9]。东汉光和元年（178年），开始设置鸿都门学，画先圣及七十二弟子像[9]。汉献帝刘协兴平元年（194年），学校内庙祭祀周公，而刻孔子及弟子于壁，"修旧筑周公礼殿。始自文翁，应期凿度，开建泮宫，立堂布观，庙门相钩，阙司慢延，公辟相承。至于甲午，故府梓潼文君，增造吏寺二百余间，四百年之际，变异蜂起，旋机离常，玉衡失统，强桀并兼，人怀侥幸，

---

① 三王：夏、商、周三朝的第一位帝王，即夏禹、商汤、周武王。
② 胶庠：周代学校名。周时胶为大学，庠为小学，后世通称学校为"胶庠"。
③ 縠射：宴饮宾客并举行射箭之礼。
④ 三老五更：古代荣誉称号。相传周天子为提倡孝悌，设此位以父兄之礼尊养年老德高、阅事深的退休官员。《礼记·文王世子》："遂设三老五更、群老之席位焉。"郑玄注："三老五更各一人也，皆年老更事致仕者也。天子以父兄养之，示天下之孝悌也。名以三五者。取象三辰五星，天所因以照明天下者。"
⑤ 大射之礼：天子、诸侯祭祀前选择参加祭祀人而举行的礼仪。
⑥ 乡饮酒：地方官为了向国家推荐贤者，设宴招待应举之士。

战兵雷合，民散失命，烈火飞炎，一都之舍，官民寺室，（同日一朝，合为灰炭），（独留文翁石室，庙门之两观。）礼乐崩塌，风俗混乱，诵读已绝，倚席离散，夫礼兴则民寿，乐兴则国化。郡将陈留高君，节符兴境，迄斯十有三载"[24] "陈留高朕为益州太守，更葺成都玉堂石室，东别创一石室，自为周公礼殿。其壁上图画上古盘古、李老等神，及历代帝王之像。梁上又画仲尼七十二弟子，三皇以来名臣"[25]。直到后来，"由唐显庆以来，以孔子为先圣，今礼殿无周公像矣"[24]。由此可知，该时期庙的设立主要为祭祀周公并非孔子，唐显庆之后才专祀孔子。且至迟在东汉晚期已经出现设有"庙"性质的专殿，"周公庙"与"学"并置初见。在全国范围内是否设专庙并未见有皇帝诏文或国家法令推动。

综上所述，两汉时期已然尊孔，虽未在史料中考证到国学中是否设置孔子专庙，但已有了在辟雍中与太祖兼祀，或临时搭设祭祀，或如同成都文翁石室绘于墙悬于梁的情况。西汉元帝刘奭"少而好儒，及即位，征用儒生，委之以政，贡、薛、韦、匡迭为宰相"[26]，体现出对儒生的重用。西汉平帝刘衎元始元年（1年），平帝"封周公后公孙相如为褒鲁侯，孔子后孔均为褒成侯，奉其祀。追谥孔子曰褒成宣尼公"[27]。东汉明帝刘庄永平十五年（72年），明帝"祠东海恭王陵。还，幸孔子宅，祠仲尼及七十二弟子。亲御讲堂，命皇太子、诸王说经"[28]。东汉章帝刘炟元和二年（85年），章帝"三月己丑，进幸鲁，祠东海恭王陵。庚寅，祠孔子于阙里，及七十二弟子，赐褒成侯及诸孔男女帛"[29]。东汉安帝刘祜延光三年（124年），安帝"（三月）戊戌，祀孔子及七十二弟子于阙里，自鲁相、令、丞、尉及孔氏亲属、妇女、诸生悉会，赐褒成侯以下帛各有差。壬戌，车驾还京师，幸太学"[30]。东汉桓帝刘志永兴元年（153年），鲁相乙瑛上书请于曲阜孔庙设置百石卒吏一人来执掌礼器庙祀，《乙瑛碑》（全称《汉鲁相乙瑛请置孔庙百石卒史碑》）记载："褒成侯四时来祠，事已即去，庙有礼器，无常人掌领，请置百石卒吏一人，典主守庙，春秋飨礼，财出王家钱，给犬酒直"（图1-3），关于曲阜孔庙在国家层面的管理应当自此开始。东汉灵帝刘宏熹平四年（175年），灵帝"四年春三月，诏诸儒正《五经》文字，刻石立于太学门外"[31]。东汉献帝刘协初平四年（193年），献帝"九月甲午，试儒生四十余人，上第赐位郎中①，次太子舍人②，下第者罢之。诏曰：'孔子叹"学之不讲"，不讲则所识日忘。今者儒年逾六十，去离本土，营求粮资，不得专业。结童入学，

---

① 郎中：中国古代官名，即帝王侍从官的通称。
② 太子舍人：中国古代官名，即太子侍从官的通称。

白首空归，长委农野，永绝荣望，朕甚愍焉。其依科罢者，听为太子舍人。'冬十月，太学行礼，车驾幸永福城门，临观其仪，赐博士以下各有差"[32]。由此可知，孔子的社会地位在两汉时期不断上升。

图1-3 《汉鲁相乙瑛请置孔庙百石卒史碑》

地方官学的建设在两汉时期的文献中已有明确记载。汉景帝时期，蜀地循吏文翁①"修起学官②于成都市中，招下县子弟以为学官弟子，为除更徭，高者以补郡县吏，次为孝弟力田。常选学官僮子，使在便坐受事。每出行县，益从学官诸生明经饬行者与俱，使传教令，出入闺阁。县邑吏民见而荣之，数年，争欲为学官弟子，富人至出钱以求之。由是大化，蜀地学于京师者比齐鲁焉。至武帝时，乃令天下郡国皆立学校官，自文翁为之始云"[33]。文翁兴学是地方官学发展的萌芽，是自觉产生于地方的官学模式。汉武帝时期"令天下学校皆立学校官"[33]，表明了从武帝开始就已经自上而下地重视地方官学，并把地方官学纳入行政体系当中。西汉平帝刘衎元始三年（3年），"立学官，郡国曰学，邑、侯国曰校，校、学置经师一人。乡③曰庠，聚④曰序，序、庠置《孝经》师一人"[34]，是对地方学校行政等级的官方界定。东汉时期地方建学尤为兴盛，"李忠为丹阳太守。忠以丹阳越俗，不好学，乃为起学校，习礼容，春、秋乡饮，选用明经……宋均调辰阳长，为立学校……寇恂为汝南太守，修学校，教生徒，聘能为《左氏春秋》者，亲受举焉……卫飒为桂阳太守，下车修

① 文翁，名党，字仲翁，西汉循吏，公学始祖。
② 学官：学校的房舍。
③ 乡：古代的社会基层组织，一万二千五百家为一乡。
④ 聚：村落。

庠序之仪……任延为武威太守，造立校官，自掾吏子孙皆令习业受业，复其徭役……秦彭为泰山太守，崇好儒雅，修明庠序。每春、秋缮祀，辄修升降揖逊之仪……鲍德为南阳太守，时郡学久废，德乃修起黉舍，备俎豆①、黻冕，行礼奏乐"[34]表明了各地方官对当地教学的重视。因此，出现了"四海之内，学校如林，庠序盈门，献酬交错，俎豆莘莘，下舞上歌，蹈德咏仁"[34]，郡县遍布学校的盛况。

1.2　三国——动乱下孔子主祀地位初立

曹魏时期非常重视学校教育，并一直以儒学作为正统。相对于以德为先的前代，曹操三次发布唯才令，在结合儒学思想的基础上，将法治思想结合起来。虽然曹操在"德"与"才"的问题上已经割裂甚至对立，但"曹操作为一个政治家，发布'唯才是举'令是鉴于当时形势而作的政治决策，却并不妨碍其作为一个在儒学备受推崇的教育环境中长大的人对忠孝节义的认可，随着曹魏集团发展壮大，在北方逐步站稳脚跟，对用人的德行要求必然会被重新受到重视"[35]。

汉献帝刘协建安八年（203年），曹操下令"丧乱已来，十有五年，后生者不见仁义礼让之风，吾甚伤之。其令郡国各修文学，县满五百户置校官，选其乡之俊造而教学之，庶几先王之道不废，而有以益于天下"[36]，对当时仁义礼让之风不兴采取了兴学的举措。建安二十二年（217年），"魏国作泮宫②于邺城南"[37]。建安二十五年（220年）曹丕称帝，改号黄初。

魏文帝曹丕黄初二年（221年），文帝下诏："昔仲尼资大圣之才，怀帝王之器，当衰周之末，无受命之运，在鲁、卫之朝，教化乎洙、泗之上，凄凄焉，遑遑焉，欲屈己以存道，贬身以救世……遭天下大乱，百祀堕坏，旧居之庙，毁而不修，褒成之后，绝而莫继，阙里不闻讲颂之声，四时不睹蒸尝之位，斯岂所谓崇礼报功，盛德百世必祀者哉！其以议郎孔羡为宗圣侯，邑百户，奉孔子祀"，于是"令鲁郡修起旧庙，置百户吏卒以守卫之，又于其外广为室屋以居学者"[38]，这是因"（孔）庙"

---

① 俎豆：古代祭祀、宴飨时盛食物用的礼器。
② 泮宫：古代国家高等学校，等级低于辟雍——"天子曰辟雍，诸侯曰泮宫"，辟雍四面环水（圆环），泮宫三面环水（半圆环）。

设学最早的记录，也是"（孔）庙"与"学"并置最早的记述。黄初五年（224年），"立太学，制五经课试之法，置春秋谷梁博士"[38]。魏明帝曹叡太和二年（228年），明帝下诏："尊儒贵学，王教之本也。自顷儒官或非其人，将何以宣明圣道？其高选博士，才任侍中常侍者。申敕郡国，贡士以经学为先"[39]，昭示了儒学在魏国的正统地位。魏齐王曹芳正始五年（244年），齐王"讲尚书经通，使太常以太牢祀孔子于辟雍，以颜渊①配"[40]，并在正始年间"每讲经遍，辄使太常释奠先圣先师于辟雍，弗躬亲"[22]，表明了魏齐王时期开始改汉代"尊崇周孔"为"独尊孔颜"，上文中先圣即是孔子、先师即是颜渊，且行礼的地点在辟雍。齐王（魏齐王）正始中，刘馥②上疏曰："夫学者，治乱之轨仪，圣人之大教也。自黄初以来，崇立太学二十余年，而寡有成者，盖由博士选轻，诸生避役，高门子弟，耻非其伦，故无学者。虽有其名而无其人，虽设其教而无其功。宜高选博士，取行为人表，经任人师者，掌教国子。依遵古法，使二千石以上子孙，年从十五，皆入太学。明制黜陟荣辱之路；其经明行修者，则进之以崇德；荒教废业者，则退之以惩恶；举善而教不能则劝，浮华交游，不禁自息矣。阐弘大化，以绥未宾；六合承风，远人来格。此圣人之教，致治之本也"[41]，此时太学是为国家最高学府。魏哀帝齐王正始七年（246年），命令太常释奠，用太牢礼，以颜子配[9]。魏高贵乡公曹髦甘露元年（256年），高贵乡公"幸太学，与诸儒论《书》《易》及《礼》，诸儒莫能及"[42]。甘露二年（257年），高贵乡公"幸辟雍，会命群臣赋诗"[40]并"亲帅群司行养老之礼"[22]。甘露三年（258年），高贵乡公下诏："夫养老兴教，三代所以树风化垂不朽也，必有三老、五更以崇至敬，乞言纳诲，著在惇史，然后六合承流，下观而化"，于是"车驾亲率群司，躬行古礼③焉"[40]，崇儒之意，不胜言表。

同期吴国也以儒学为正统。孙休永安元年（258年），"诏曰：'古者建国，教学为先。所以导世治性，为时养器也。自建兴以来，时事多故，吏民颇以目前趋务，弃本就末，不循古道。夫所尚不淳，则伤化败俗。其按旧置学官，立《五经》博士，核取应选，加其宠禄。科见史之中及将吏子弟有志好者，各令就业。一岁课试，差其品第，加以位赏。使见之者乐其荣，闻之者美其誉。以淳王化，以隆风俗。'于是立学"[37]。未考证到关于蜀国建学、庙的文献记载。

---

① 颜渊，曹姓，颜氏，名回，字子渊，尊称复圣颜子，春秋末期鲁国思想家，孔门七十二贤之首。
② 刘馥，字元颖，沛国相县（今安徽省濉溪县）人，东汉末年名臣。
③ 古礼：养老之礼。

1.3　西晋——国子学首现及太学分立

西晋时期，深受儒学影响的司马家族依然奉行独尊儒术的政策。晋武帝司马炎泰始三年（267 年），武帝"改封孔子二十三代孙宗圣侯震为奉圣亭侯，又诏太学及鲁国四时备三牲以祀孔子"[12]。泰始六年（270 年），武帝"临辟雍，行乡饮酒之礼"，并下诏："礼仪之废久矣，乃今复讲肄旧典。赐太常①绢百匹，丞、博士及学生牛酒"[37]。泰始七年（271 年），"皇太子讲经②，亲释奠③于太学，如正始礼"[12]。晋惠帝司马衷元康三年（293 年），"皇太子讲经，行释奠礼于太学"[12]。从上文可知，西晋时期祭祀孔子的乡饮礼、射礼应该是在辟雍内举行的，而天子释奠、视学则是在太学内进行的。释奠礼的地点从曹魏时期的辟雍转向西晋时期的太学，是一个行学礼的重大转变。此时祭祀意义和教育意义已经开始区分并逐渐分化。

西晋时期，沿用汉魏旧制设置太学为国家最高学府。在人才选举上沿用了曹魏时期的九品中正制，学校内贵族子弟与寒门子弟的矛盾严重。晋武帝司马炎泰始八年（272 年），因贵族子弟耻于与寒门子弟为伍，不肯入太学。"有司奏：'太学生七千余人，才任四品，听留。'诏：'已试经者留之，其余遣还郡国。大臣子弟堪受教者，令入学'。"[37]为解决这个矛盾，晋武帝司马炎咸宁二年（276 年），"起国子学"专门教育贵族子弟，其位置与太学并立，取名"国子"，是因为"盖《周礼》国之贵游子弟所谓国子，受教于师氏者也"[37]。这是国子学的首次出现，为日后国子监的产生奠定了基础，也是社会阶级分化在高等教育中的体现。"天子去太学入国学，以行礼也。太子去太学入国学，以齿让也。太学之与国学，斯是晋世殊其士庶，异其贵贱耳。然贵贱士庶，皆须教成，故国学太学两存之也，非有太子故立也。"[43]晋惠帝司马衷元康元年（291 年），"以人多猥杂，欲辨其泾渭，于是制立学官品，第五品以上得入国学"[44]，对于国子监的生员质量提出了更高的要求。《昭明文选》中有关于国学和太学作用差异的表述："国学教胄子，太学招贤良"[45]，表征了国子学服务社会贵族阶层，培养贵族子弟，而太学服务于普通民众，招纳贤良人才的不同定位。

---

① 太常：中国古代掌宗庙礼仪的官员。
② 经：《孝经》，据《宋书》·卷十七·志第七·礼四记载："晋武帝泰始七年，皇太子讲《孝经》通。"
③ 释奠：古代在学校设置酒食以奠祭先圣先师的一种典礼。

晋惠帝司马衷元康年间（291—299年）初期，西晋文学家、政治家潘尼①担任太子舍人的职务，写下了《释奠颂》，其中记载："元康元年冬十二月，上以皇太子富于春秋，而人道之始莫先于孝悌，初命讲《孝经》于崇正殿。实应天纵生知之量，微言奥义，发自圣问，业终而体达。三年春闰月，将有事于上庠，释奠于先师，礼也。越二十四日丙申，侍祠者既齐，舆驾次于太学。太傅在前，少傅在后，恂恂乎弘保训之道；宫臣毕从，三率备卫，济济乎肃翼赞之敬。乃扫坛为殿，悬幕为宫。夫子位于西序，颜回侍于北墉。宗伯掌礼，司仪辩位。二学儒官，搢绅先生之徒，垂缨佩玉，规行矩步者，皆端委而陪于堂下，以待执事之命。设樽篚于两楹之间，陈罍洗于阼阶之左。几筵既布，钟悬既列，我后乃躬拜俯之勤，资在三之义。谦光之美弥劲，阙里之教克崇，穆穆焉，邕邕焉，真先王之徽典，不刊之美业，允不可替已。于是牲馈之事既终，享献之礼已毕，释玄衣，御春服，驰斋禁，反故式。天子乃命内外群司，百辟卿士，蕃王三事，至于学徒国子，咸来观礼，我后皆延而与之燕。金石箫管之音，八佾六代之舞，铿锵閶阖，般辟俯仰，可以澄神涤欲，移风易俗者，罔不毕奏。抑淫哇，屏《郑》《卫》，远佞邪，释巧辩。是日也，人无愚智，路无远迩，离乡越国，扶老携幼，不期而俱萃。皆延颈以视，倾耳以听，希道慕业，洗心革志，想洙、泗之风，歌来苏之惠。然后知居室之善，著应乎千里之外；不言之化，洋溢于九有之内。于熙乎若典，固皇代之壮观，万载之一会也。"[46]从文中可以看出，在太学中进行的释奠是扫坛为殿、悬幕为宫，具有临时性，并没有专门用来祭祀孔子或者颜渊的专祠。

1.4 东晋——国家孔庙初立

316年，西晋灭亡，东晋建都建康（今南京），与十六国南北分治，各地仍遵西晋之制，释奠于太学。晋元帝司马睿大兴二年（319年），"皇太子讲经，行释奠礼于太学"[12]。大兴三年（320年），"皇太子讲《论语》通，太子并亲释奠，以太牢祠孔子，以颜渊配"[47]。成、穆、孝武三帝，亦皆亲释奠。晋明帝司马绍太宁三年（325年），

---

① 潘尼：系潘安侄子。潘安（247—300年），本名潘岳，字安仁，郑州中牟（今河南郑州市中牟县）人，西晋文学家、政治家，古代四大美男之首、金谷二十四友之首。

明帝下诏："给奉圣亭侯四时祠孔子祭，如泰始故事。"[12] 但晋孝武帝司马曜在位期间，因为"太学在水南悬远"，所以"有司议依升平 ① 元年，于中堂 ② 权立行太学"[37]。"于时无复国子生，有司奏：'应须复二学生百二十人。太学生取见人六十，国子生权铨大臣子孙六十人，事讫罢。'奏可。释奠礼毕，会百官六品以上"[22]。

　　在营建学校方面，东晋亦沿用西晋的做法，重视国子学及地方官学的建设。晋成帝司马衍咸康三年（337 年），国子祭酒 ③ 袁环、太常冯怀上疏曰："臣闻先王之教也，崇典训，明礼学，以示后生，道万物之性，畅为善之道也。宗周既兴，文史载焕，端委治于南蛮，颂声逸于四海……畴昔陵替，衰乱屡臻，儒林之教暂颓，庠序之礼有阙。国学索然，坟卷莫启，有心之徒，抱志无由……实宜留心经籍，阐明学义，使讽颂之音，盈于京室；味道之贤，典谟是咏"，于是成帝"有感焉。由是议立国学，征集生徒，而世尚庄、老，莫肯用心儒训"[37]。成帝在位期间，征西将军庾亮 ④ 在武昌开置地方官学，"使三时既务，五教并修，军旅已整，俎豆无废，岂非兼善者哉！便处分安学校处所，筹量起立讲舍。参佐大将子弟，悉令入学，吾家子弟，亦令受业。四府博学识义通涉文学经纶者，建儒林祭酒，使班同三署，厚其供给；皆妙选邦彦，必有其宜者，以充此举。近临川、临贺二郡，并求修复学校，可下听之。若非束修之流，礼教所不及，而欲阶缘免役者，不得为生。明为条制，令法清而人贵。又缮造礼器俎豆之属，将行大射之礼"[37]。晋孝武帝司马曜太元九年（384 年），尚书谢石 ⑤ 进言："请兴复国学，以训胄子；班下州郡，普修乡校"[37]，孝武帝采纳了谢石的建议。同年，"选公卿二千石子弟为生，增造庙屋一百五十五间。而品课无章，士君子耻与其列"[37]。据《舆地志》记载，东晋时期国子学"在江宁县东南二里一百步右御街东，东逼淮水，当时人呼为国子学。西有夫子堂，画孔子及十弟子像。西又有皇太子堂，南有诸生中省，门外有祭酒省，二博士省，旧置二博士"[48]。由此可知，该时期国子学的形式是右庙左学，这也是文献可考的记载中，国子学中首次明确出现孔子庙。"庙学制度"第一次以国子学的性质出现并确立，对日后官学形制的发展产生了深远影响。

---

① 升平：晋穆帝司马聃在位期间使用年号，357—361 年。

② 中堂：即明堂，中国古代帝王用作朝会诸侯、发布政令、秋季大享祭天、配祀祖宗的建筑物。

③ 国子祭酒：国子学或国子监的主管官。浇奠祭祀，即举起酒杯、向天祝祷、洒酒于地，是中国古代一种祭祀礼仪，执行此礼的人称作祭酒。

④ 庾亮，字元规，东晋时期外戚、名士，丞相军谘祭酒庾琛之子、明穆皇后庾文君之兄。

⑤ 谢石，字石奴，东晋将领，太常谢裒第五子、太保谢安之弟，逝世后追赠司空，谥号"襄"。

东晋时期对于阙里孔庙甚加重视。太元十一年（386年）孝武帝于城内建宣尼庙，沈旸先生认为此庙"比拟曲阜孔庙，具孔氏家庙性质，与'国子堂'有别，标志着孔氏后裔奉祭孔子的都城化"[49]。除东晋建康之外，未见其他记载。

1.5　南北朝——地方学校孔庙的出现

南北朝是朝代更替的时代，也是玄学、佛教盛行的时代，文化思想百花齐放。南方为汉人执政，经历四朝；北方为少数民族执政，朝代有五。

南朝宋武帝刘裕永初三年（422年），"诏有司立学，未就而崩"[44]。文帝刘义隆元嘉十五年（438年），"立儒学馆于北郊，命雷次宗①居之"[50]，但是没有能够证明这里的儒学馆就是国子学的记载。元嘉二十年（443年），"立国学，二十七年废"[44]。元嘉二十二年（445年），"太子释奠，采晋故事。祭毕，亲临学宴会，太子以上悉在"[12]。元嘉二十三年（446年），文帝在九月"车驾幸国子学，策试诸生，答问凡五十九人"，在十月下诏："痒序兴立累载，胄子肄业有成。近亲策试，睹济济之美，缅想洙、泗，永怀于昔。诸生答问，多可采览。教授之官，并宜沾赉"，随后"赐帛各有差"[51]。文帝在位期间，"使丹阳尹庐江何尚之立元学，太子率更令何承天立史学，司徒参军谢元立文学，散骑常侍雷次宗立儒学，为四学"[44]，将元学、史学、文学与儒学并置，可见此时多学科发展，而非专"儒"的现象。南宋孝建元年（454年）诏建仲尼庙，用诸侯礼。明帝刘彧泰始六年（470年），"以国学废，初置总明观祭酒一人，有元、儒、文、史四科，科置学士各十人"[52]。"总明观"的设置继续沿袭了文帝的四科，反映了"降儒"的趋势，古代高等学府表现出了多学科性的特点。该总明观于南朝齐武帝永明三年（485年）因国学的建立而被废除。

南朝齐高帝萧道成建元四年（482年），"有司奏置国学，祭酒准诸曹尚书，博士准中书郎，助教准南台御史，选经学为先，若其人难备，给事中以还明经者，以本位领。其后国讳废学"[52]，废学的原因是永明年间"无太子，故废"[43]。南齐武帝永明二年（484年），释奠先师依元嘉故。武帝萧赜永明三年正月，"诏立学，创立堂宇，召公卿子弟下及员外郎之胤，凡置生二百人"[43]"尚书令王俭领祭酒"[52]。同

---

① 雷次宗，字仲伦，南朝刘宋时期教育家、佛学家。

年冬天，"皇太子讲《孝经》，亲临释奠，车驾幸听"[43]。其间，官员们针对释菜和释奠等礼节进行了争论。明帝萧鸾建武四年（497年），"诏立学"[43]。明帝萧鸾永泰元年（498年），"东昏侯①即位，尚书符依永明旧事废学"，纵然遭到国子助教②曹思文上书反对和批评，但是"学竟不立"[43]。有关南朝齐时期地方孔庙的建设，孔祥林先生在《世界孔子庙研究》中详细论述了南东海郡宣尼庙"很可能是已知最早的地方学校孔子庙"[5]。言而总之，南朝宋、齐时期学校的发展"中原横溃，衣冠殄尽；江左草创，日不暇给；以迄于宋、齐。国学时或开置，而劝课未博，建之不及十年，盖取文具，废之多历世祀，其弃也忽诸。乡里莫或开馆，公卿罕通经术。朝廷大儒，独学而弗肯养众；后生孤陋，拥经而无所讲习。三德六艺，其废久矣"[53]。

　　南朝梁时期对儒学的发展尤为重视。武帝萧衍天监四年（505年），武帝下诏："今九流常选③，年未三十，不通一经，不得解褐④"[54]；同年又诏曰："二汉登贤，莫非经术，服膺雅道，名立行成。魏、晋浮荡，儒教沦歇，风节罔树，抑此之由。朕日昃罢朝，思闻俊异，收士得人，实惟酬奖。可置《五经》博士各一人，广开馆宇，招内后进"，于是"以平原明山宾、吴郡陆琏、吴兴沈峻、建平严植之、会稽贺蒨补博士，各主一馆。馆有数百生，给其饩廪。其射策通明者，即除为吏。十数月间，怀经负笈者云会京师。又选遣学生如会稽云门山，受业于庐江何胤。分遣博士祭酒，到州郡立学"[53]。天监七年（508年），武帝下诏："建国君民，立教为首，砥身砺行，由乎经术。朕肇基明命，光宅区宇，虽耕耘雅业，傍阐艺文，而成器未广，志本犹阙。非以熔范贵游，纳诸轨度；思欲式敦让齿，自家刑国。今声训所渐，戎夏同风。宜大启痒教，博延胄子，务彼十伦，弘此三德，使陶钧远被，微言载表"，于是"皇太子、皇子、宗室、王侯始就业焉。高祖⑤亲屈舆驾，释奠于先师先圣，申之以宴语，劳之以束帛，济济焉，洋洋焉，大道之行也如是"[53]。这些记述表明了南朝梁时期不仅兴建国子学，而且兴建地方学校。天监八年（509年），武帝下诏："学以从政，殷勤往哲，禄在其

---

① 东昏侯：萧宝卷，字智藏，南朝齐第六位皇帝，齐明帝萧鸾次子。在位期间骄奢淫逸、任用奸佞，滥杀顾命大臣、激化内部矛盾，最终众叛亲离，为宦官所杀，被贬为东昏侯，谥号为炀。
② 国子助教：晋代以后，国子学中设博士、助教；唐朝制度，国子监分设六馆，每馆均设博士及助教；明、清两代的国子博士等于虚设，国子监六堂教导之责均由助教担任。
③ 九流常选：南朝梁武帝所定选举之法。九流，指各品人才。
④ 解褐：脱去粗布衣服，喻入仕为官。
⑤ 高祖：指南朝梁武帝萧衍，高祖是其庙号。

中，抑亦前事。朕思阐治纲，每敦儒术，轼间辟馆，造次以之。故负帙成风，甲科间出，方当置诸周行，饰以青紫。其有能通一经，始末无倦者，策实之后，选可量加叙录。虽复牛监羊肆，寒品后门，并随才试吏，勿有遗隔。"[54] 天监九年（510年），"车驾幸国子学，亲临讲肆，赐国子祭酒以下帛各有差"[54]。有记载元帝萧绎在荆州做刺史 ① 时"起州学宣尼庙"[55]，证明了地方学校中已经出现"宣尼庙"的现象。但因为没有国家制度作为推手，所以该现象并不普及，孔祥林先生也认为这是"个人的偶然行为"[5]。

南朝陈宣帝陈顼太建三年（571年），"皇太子亲释奠于太学，二傅、祭酒以下赉帛各有差"[56]。陈后主至德三年（585年），"皇太子出太学，讲《孝经》，戊戌，讲毕……释奠于先师，礼毕，设金石之乐，会宴王公卿士"[57]。该时期学校的建设和发展总体来说"天嘉 ② 以后，稍置学官，虽博延生徒，成业盖寡。其所采掇，盖亦梁之遗儒"[44]。

589年，隋朝灭陈，南朝随之灭亡。纵观南朝，中央官学建设历代更迭，地方官学开始得到中央支持并展现出发展的萌芽，且释典的礼仪沿袭东晋时期而在太学中进行。沈旸先生认为"建康孔庙，特质在于设为国学，为国家释典所在，又单立之，为孔氏后裔奉祀。只是天子或太子行礼是仅行于国学，抑或偶尔为之于具孔氏家庙性质的宣圣庙，实难断定"[49]。

自西晋灭亡，北方长期被少数民族和少量汉人占据，相继建立了十六国和北朝。即便如此，北方学校和儒庙的发展也不逊色于南方，其至有盛于南方之势。关于这些原本以游牧为生的少数民族为什么偏偏重视儒学发展的问题，学者们争论不一，但都普遍认同的一个观点是：他们入主中原，为统治站稳脚跟必须吸收优秀的汉族文化，以提高自身的文明程度。而经过历代积淀和发展的儒学，自然成为他们培育人才、治理国家的最佳选择。

前凉君主张轨初从小深受儒学影响，于永宁（301—302年）初"以宋配、阴充、氾瑗、阴澹为股肱谋主，征九郡胄子五百人，立学校，始置崇文祭酒 ③，位视别驾，春秋行乡射之礼"[58]，定都姑臧（今甘肃省武威市）。由于该城没有前代建都历史，故新建学校。

---

① 刺史：地方监察官；地方军事行政官。
② 天嘉：南朝陈文帝陈蒨年号，559—566年。
③ 崇文祭酒：主管文化事业方面的主官。

前赵迁都长安。因长安是前代旧城，国君刘曜"立太学于长乐宫东，小学于未央宫西，简百姓年二十五以下十三以上，神志可教者千五百人，选朝贤宿儒明经笃学以教之。以中书监刘均领国子祭酒。置崇文祭酒，秩次国子。散骑侍郎董景道以明经擢为崇文祭酒。以游子远为大司徒"[59]。

后赵时期，石勒"立太学，简明经善书吏署为文学掾，选将佐子弟三百人教之""增置宣文、宣教、崇儒、崇训十余小学于襄国四门，简将佐豪右子弟百余人以教之"[60]。改元建国后，"署从事中郎裴宪、参军傅畅、杜嘏并领经学祭酒，参军续咸、庾景为律学祭酒，任播、崔濬为史学祭酒""勒亲临大小学，考诸学生经义，尤高者赏帛有差。勒雅好文学，虽在军旅，常令儒生读史书而听之，每以其意论古帝王善恶，朝贤儒士听者莫不归美焉""命郡国立学官，每郡置博士祭酒二人，弟子百五十人，三考修成，显升台府。于是擢拜太学生五人为佐著作郎，录述时事""令群僚及州郡岁各举秀才、至孝、廉清、贤良、直言、武勇之士各一人""又下书令公卿百僚岁荐贤良、方正、直言、秀异、至孝、廉清各一人，答策上第者拜议郎，中第中郎，下第郎中。其举人得递相荐引，广招贤之路。起明堂、辟雍、灵台于襄国城西"[61]。咸康三年（337年）石虎即位，称大赵天王。"下书令诸郡国立五经博士"[62]，将学校建设推向地方。后赵时期，石勒十分重视教育。他虽为少数民族，但从小自觉接受儒学文化，随后兴太学，推广学校到地方。石勒时期首次出现从郡国推举优秀人才的政策。石虎则再次把学校建设推广地方。

前燕时期，鲜卑族慕容廆政治修明，虚怀若谷，"流亡士庶多襁负归之"，他"郡以统流人①""平原刘赞儒学该通，引为东庠祭酒，其世子皝率国胄束修受业焉。廆览政之暇，亲临听之，于是路有颂声，礼让兴矣"[63]。

前秦时期，苻坚高度重视通经儒士和儒学教育。建元八年（372年），下诏"关东之民学通一经才成一艺者所在郡县以礼送之，在官百石以上，学不通一经才不成一艺者罢遣还民"[63]，并且"非正道典学一皆禁之""自永嘉之乱，庠序无闻，及坚之僭颇留心儒学，乃亲临太学，考学生经义，上第擢叙者八十三人"[64]。建元十一年（375年），"征隐士乐陵王欢（一作观又作劝见前燕传）为国子祭酒，坚雅好文学，英儒毕集，纯博之精，莫如欢也"[64]"常幸其太学，问博士经典，乃悯礼乐遗缺时，博士卢壶对曰：废学既久，书传零落，比年缀撰，正经粗集，惟周官礼注未有，其师

---

① 流人：古代中原流放关外的犯人。

窃见太常韦逞母宋氏，世学家女，传其父业，得周官音义，今年八十视听无阙，自非此母无可以，传授后主于是就宋氏家立讲堂，书堂置生员百二十人隔绛纱幔而受业焉，拜宋氏爵号为宣文君，赐侍婢十人，周官学复行于世，时称韦氏宋母焉"[65]。这一系列的举措，可以看出苻坚对于儒学的尊崇。苻坚为了兴国子学、学《周礼》，采取了很多的措施，后代学者也给予苻坚很高的评价。

后秦时期，姚苌"立太学，礼先贤之后"[66]。之后姚苌长子姚兴"令郡国各岁贡清行孝廉一人""天水姜龛、东平淳于岐、冯翊郭高等皆著儒硕德，经明行修，各门徒数百，教授长安，诸生自远而至者万数千人。兴每于听政之眼，引龛等于东堂，讲论道艺，错综名理。凉州胡辩，苻坚之末，东徙洛阳，讲授弟子千有余人，关中后进多赴之请业。兴敕关尉曰：'诸生谘访道艺，修己厉身，往来出入，勿拘常限。'于是学者咸劝，儒风盛焉"[67]。姚兴派遣姚硕德攻打吕隆时，"军令齐整，秋毫无犯，祭先贤，礼儒哲，西土悦之"[67]。由此可见，后秦时期尊儒之风仍盛行，尤其是对于先贤、儒哲的尊敬。

北魏时期，道武帝拓跋珪初定中原，始建都邑就"以经术为先。立太学，置《五经》博士生员千有余人"[68]。天兴二年（399年）春，"增国子太学生员至三千人"；四年春，"命乐师入学习舞，释菜于先师"[68]。明元帝拓跋嗣时期，改国子为中书学，立教授博士。此中书学非太学，胡克森先生认为"北魏中书学是培养和培训内侍官员的专门学校，不具有汉魏以来中央官学培养儒学人才，传承儒学文化的教谕功能。正因为此，汉族士人将复兴汉文化的希望寄托在开办地方官学身上"[69]。太武帝拓跋焘时期，始光三年（426年）春"起太学于城东"，之后又平庸卢玄、高允等，"令州郡各举才学"[68]，儒术大兴。献文帝拓跋弘时期，天安（466—467年）年间，"诏立乡学，郡置博士二人，助教二人，学生六十人。后诏大郡立博士二人，助教四人，学生一百人；次郡立博士二人，助教二人，学生八十人；中郡立博士一人，助教二人，学生六十人；下郡立博士一人，助教一人，学生四十人"[68]，体现出对于地方学校的重视。北魏太平真君十一年（450年），车驾至邹山，以太牢致祀。皇兴二年（468年），令高允致祭，依然使用太牢礼。

北魏孝文帝元宏太和十三年（489年），"立孔子庙于京师"[70]。十六年（492年），"诏祀尧于平阳，舜于广宁，禹于安邑，周公于洛阳，皆令牧守执事；其宣尼之庙，祀于中书省……改谥宣尼曰文圣尼父，帝亲行拜祭"[71]"改谥宣尼曰文圣尼父，告谥孔庙"[70]；下诏"周文公制礼作乐，垂范万叶，可祀于洛阳。其宣尼之庙，已于中省，当别敕有司"[72]"帝临宣文堂，引仪曹尚书刘昶、鸿胪卿游明根、行仪曹事李韶，授策孔子，崇文圣之谥。于是昶等就庙行事。既而，帝齐中书省，亲拜祭于庙"[72]。大和十八年（494年），孝文帝把都城由平城迁到洛阳，改变了过去对中原遥控的形势，有利于整个国家的控制和政策的继续进行，也摆脱了一百多年来鲜卑贵族保守势力的羁绊和干扰。孝文帝十分重视儒术，"诏立国子、太学、四门小学"[68]。宣武帝元恪时期，"复诏营国学。树小学于四门，大选儒生以为小学博士，员四十人"，当时"虽黉宇未立，而经术弥显"[68]。该时期儒术大兴，出现了"学业大盛，故燕、齐、赵、魏之间，横经著录，不可胜数。大者千余人，小者犹数百。州举茂异，郡贡孝廉，对扬王庭，每年逾众"[68]的盛况。延昌元年（512年），下诏"迁京嵩县，年将二纪，虎闱阙唱演之音，四门绝讲诵之业。博士端然，虚禄岁祀；贵游之胄，叹同子衿。靖言念之，有兼愧慨。可严敕有司，国子学孟冬使成，太学、四门明年暮春令就"[73]。孝明帝元诩时期，神龟年间（518—520年），"将立国学，诏以三品以上，及五品清官之子以充选"[68]，但还没有准备就已停止。北魏正光元年（520年），"肃宗行讲学之礼于国子寺，司徒崔光执经，敕景与董绍、张彻、冯元兴、王延业、郑伯猷等俱为录义。事毕，又行释奠之礼，并诏百官作释奠诗，时以景作为美"[74]。正光三年（522年），释奠于国学，命祭酒崔光讲《孝经》，始置国子生三十六人。暨孝昌（525—528年）之后，海内淆乱，"四方校学，所存无几"[68]。孝武帝元修时期，永熙年间（532—534年），"复释奠于国学，又于显阳殿诏祭酒刘钦讲《孝经》，黄门李郁说《礼记》，中书舍人卢景宣讲《大戴礼夏小正》篇，复置生七十二人"[68]。永熙三年（534年），迫于权臣高欢的压力，迁都长安，"虽庠序之制，有所未遑，而儒雅之道，遽形心虑"[68]。

东魏迁都于邺，"国子置生三十六人"[68]。天平年间（534—537年），聘用范阳卢景裕"以经教授太原公以下"[68]，之后又征用各地名士为诸子师友。随后天保、大宁、武平年间，亦引进名儒，授皇太子、诸王经术。

西魏定都长安，同样重视儒家教育，在京师长安设立国子学，并以卢诞"儒宗学府，为当世所推，乃拜国子祭酒"[75]，表明西魏设有国子学。

北齐时期，国家最高学府为国子寺，掌管训教胄子（帝王或贵族的长子）及管理中央、地方学校之政。"北齐置国子寺，有博士五人，品第五"[76]。天保元年（550年）六月，下诏"改封崇圣侯孔长为恭圣侯，邑一百户，以奉孔子祀。并下鲁郡，以时修葺庙宇"[77]。同时，"将讲于天子。讲毕，以一太牢释奠孔宣父，配以颜回，列轩悬乐，六佾舞。皇太子每通一经及新立学，必释奠礼先圣、先师、每岁春、秋二仲，常行其礼。每月朝，制：祭酒领博士以下及国子诸学生以上，太学、四门博士升堂，助教以下、太学诸生阶下，拜孔圣，揖颜回。日出行事"[12]。北齐时期比较重要的一点是，开始诏令地方学校建立孔庙，"郡学则于坊内立孔、颜庙，博士以下亦每月朝"[12]。

纵观整个南北朝，朝代更迭，但崇儒之风一直被历代所重视。更重要的是，有把学校向地方推广的具体举措，也有开始在地方推广孔庙的官方诏文。因为各朝代地方割据严重，政权更替常常很快，所以庙学的结合和发展只停留在初期阶段。至于在地方上是不是已经建设孔子庙，我们无从明确得知。推广孔庙到地方的诏文成为"古制"，必定为接下来隋唐盛世将文庙推向全国产生深远影响。

1.6　隋朝——国子寺的延续与国子监初现

隋朝时期沿用了北齐时期的国子寺官制，"国子寺，掌训教胄子。祭酒一人，亦置功曹、五官、主簿、录事员。领博士五人，助教十人，学生七十二人。太学博士十人，助教二十人，太学生二百人。四门学博士二十人，助教二十人，学生三百人"[78]。"高祖①既受命，改周之六官，其所制名，多依前代之法……国子寺（元隶太常。）祭酒，一人。属官有主簿、录事，各一人。统国子、太学、四门、书算学，各置博士国子、太学、四门各五人，书、算各二人。助教，国子、太学、四门各五人，书、算各二人。学生国子一百四十人，太学、四门各三百六十人，书四十人，算八十人。等员"[79]。

隋朝开皇元年（581年）隋文帝时谥先师尼父。同年，隋文帝时规定：国子寺每年以四仲月上丁②释奠，州郡学则用春秋二仲月。开皇十三年（593年），"国子寺罢隶太常"，并且"又改寺为学"[79]。仁寿元年（601年），文帝下诏："以天下学校生徒多而不精，唯简留国子学生七十人，太学、四门及州县学并废"，纵使有大臣劝谏反对此举，但文帝不予理睬，且"又改国子为太学"[44]。仁寿二年（602年），又下诏，命令"州县搜扬贤哲"[44]。由此可知，隋文帝认为当时虽然学校、学子数量众多，

---

① 高祖：隋文帝杨坚。
② 仲月：季度中的第二个月。上丁：农历每月上旬的丁日。

但学而不精、华而不实，并没有培养出真正的人才，所以下诏废学、重寻贤哲。隋炀帝即位后"开库序，国子、郡县之学，盛于开皇之初"[44]，并且在大业三年（607年）改"国子学为国子监"[79]。

在祭祀孔子方面，考察隋制得知"国子寺每岁四仲月上丁，释奠于先圣、先师，年别一行乡饮酒礼。州县学则以春、秋仲月释奠，亦每年于学行乡饮酒礼"[12]。且根据考察的现存文庙案例，当时在地方上已有夫子庙的记载，如广西灌阳县志（民国三年版本）记载："灌阳学宫，在隋大业十三年即存"，并且志书记文中亦显示有夫子庙。隋朝对孔子后人也有册封，"隋文帝仍旧①，封孔子后为邹国公。炀帝改封为绍圣侯"[12]。

纵观隋朝，主要是延续了北齐的国子寺并改名国子监，使得国子监之名首次出现，并在后代中得以沿用。隋朝天下州县学校建设亦有所普及，且国子寺和地方学校都有祭祀先圣、先师的释奠、乡饮礼。

1.7　唐朝——地方孔庙由"星火"至"燎原"

唐朝建立之后，历代尊儒程度不逊于前朝。唐高祖李渊武德二年（619年），即建国第二年，下诏："朕君临区宇，兴化崇儒，永言先达，情深绍嗣。宜令有司于国子学立周公、孔子庙各一所，四时致祭"[80]，且"以周公为先圣，孔子配享"[12]，于是"学者慕向，儒教聿兴"[80]。太宗在为太子期间就在秦王府中开设文学馆，后即位，又设置弘文馆"至（武德）三年，太宗（唐太宗李世民）讨平东夏，海内无事，乃锐意经籍，于秦府开文学馆。广引文学之士，下诏以府属杜如晦等十八人为学士，给五品珍膳，分为三番更直，宿于阁下。及（唐太宗）即位，又于正殿之左，置弘文学馆，精选天下文儒之士虞世南、褚亮、姚思廉等，各以本官兼署学士，令更日宿直。听朝之暇，引入内殿，讲论经义，商略政事，或至夜分乃罢。又召勋贤三品以上子孙，为弘文馆学士"[80]。武德七年（624年），高祖"幸国子学，亲临释奠"[81]。同年，唐高祖行释奠礼，以周公为先圣，孔子配。

唐太宗李世民时期已经明确出现建庙之诏文（此举在庙学发展历史上可称开创

---

① 旧：据《文献通考》·卷四十三·学校考四记载："后周武帝平齐，改封孔子后为邹国公。"

之举，其使得天下建庙成为范式，并为后世所遵从），并且在国子学中做出表率。贞观元年（627年），唐太宗诏令"天下学皆立周公、孔子庙"[82]。贞观二年（628年），左仆射①房玄龄②等人建议："臣以为周公、尼父俱称圣人，庠序置奠，本缘夫子，故晋、宋、梁、陈及隋大业故事，皆以孔子为先圣，颜回为先师，历代所行，古今通允。伏请停祭周公，升孔子为先圣，以颜回配"[12]，太宗采纳了该建议，并实施"停以周公为先圣，始立孔子庙堂于国学，以宣父为先圣，颜子为先师……数幸国学，令祭酒、博士讲论……又于国学增筑学舍一千二百间"等举措，使得"是时四方儒士，多抱负典籍，云会京师……济济洋洋焉，儒学之盛，古昔未之有也"[80]。贞观四年（630年），"唐学（长安志）在务本坊，监中有孔子庙，贞观四年立，领国子监、太学、四门、律、书、算六学"[83]，且太宗"诏州、县学皆作孔子庙"[84]，将学校建庙推广至地方。贞观十一年（637年），太宗"诏莫孔子为宣父，作庙于兖州，给户二十以奉之"[84]。贞观十四年（640年），太宗"观释奠于国子学，诏祭酒孔颖达讲《孝经》"[84]。贞观二十年（646年），太宗诏令"皇太子于国学释奠于先圣、先师，皇太子为初献，国子祭酒为亚献，摄司业为终献"[12]，针对此举，中书侍郎③许敬宗④等人上奏建议："请国学释奠以祭酒、司业、博士为三献⑤，辞称'皇帝谨遣'。州学以刺史、上佐、博士三献，县学以令、丞、主簿若尉三献。如社祭，给明衣。"[84]贞观二十一年（647年），太宗下诏："左丘明、卜子夏、公羊高、谷梁赤、伏胜、高堂生、戴圣、毛苌、孔安国、刘向、郑众、杜子春、马融、卢植、郑玄、服虔、何休、王肃、王弼、杜元凯、范宁等二十一人，并用其书，垂于国胄。既行其道，理合褒崇。自今有事太学，可与颜子俱配享孔子庙堂"[80]，这是第一次明确地把配享内容写入官方文件，是日后配享先哲、先儒的滥觞。贞观年间，太宗还因为经书典籍中文字差错、语句繁杂，诏令"前中书侍郎颜师古考定《五经》，颁于天下，命学者习焉……国子祭酒孔颖达与诸儒撰定《五经》义疏，凡一百七十卷，名曰《五经正义》，令天下传习"[80]。

　　贞观之后，"高宗嗣位，政教渐衰，薄于儒术，尤重文吏"[80]，又时有周公地位

---

① 左仆射：唐宋左右仆射为宰相之职。

② 房玄龄，唐朝初年名相、政治家，逝后追赠太尉，谥号文昭，配享太宗庙廷，陪葬昭陵。

③ 中书侍郎：古代官名，是中书省的长官，副中书令，帮助中书令管理中书省的事务，是中书省固定编制的宰相。

④ 许敬宗，字延族，唐朝宰相，隋朝礼部侍郎许善心之子，东晋名士许询后代。

⑤ 三献：古代聘礼及祭祀典礼，莫酒仪式分初献、亚献、终献，合称三献。

高于孔子地位的记载，唐高宗李治永徽年间"复以周公为先圣，孔子为先师，颜回、左丘明以降皆从祀"[84]。高宗显庆二年（657年），太尉①长孙无忌②等人进言："贞观以夫子为圣，众儒为先师。且周公作礼乐，当同王者之祀"，于是"以周公配武王，而孔子为先圣"[84]。高宗总章元年（668年），"太子弘释奠于学，赠颜回为太子少师，曾参少保"[84]。总章三年（670年），皇太子弘释奠于国学。开耀元年（681年）、景龙二年（708年）、永隆二年（681年）并行此礼。乾封元年（666年），追赠孔子为太师。高宗咸亨元年（670年），"诏州、县皆营孔子庙"[84]。武后天授元年（690年），"封周公为褒德王，孔子为隆道公"[84]。唐中宗李显神龙元年（705年），"以邹、鲁百户为隆道公采邑，以奉岁祀，子孙世袭褒圣侯"[84]。唐睿宗李旦太极元年（712年），"以兖州隆道公近祠户三十供洒扫，加赠颜回太子太师，曾参太子太保，皆配享"[84]。唐玄宗李隆基开元七年（719年），"皇太子齿胄③于学，谒先圣，诏宋璟亚献，苏颋终献。临享，天子思齿胄义，乃诏二献皆用胄子，祀先圣如释奠，右散骑常侍褚无量讲《孝经》《礼记·文王世子篇》"[84]。开元八年（720年），司业④李元瓘上奏："先圣庙为十哲象，以先师颜子配，则配象当坐，今乃立侍。余弟子列象庙堂，不豫享，而范宁等皆从祀。请释奠十哲享于上，而图七十子于壁。曾参以孝受经于夫子，请享之如二十二贤"，于是玄宗诏令"十哲为坐象，悉豫祀。曾参特为之象，坐亚之。图七十子及二十二贤于庙壁"[84]。开元二十七年（739年），玄宗下诏："夫子既称先圣，可谥曰文宣王，遣三公持节册命，以其嗣为文宣公，任州长史，代代勿绝"[84]。前代"孔庙以周公南面，而夫子坐西墉下。贞观中，废周公祭，而夫子位未改"[84]，此时"二京⑤国子监、天下州县夫子始皆南向，以颜渊配，赐诸弟子爵公侯"，而且"二京之祭，牲太牢、乐宫县、舞六佾矣。州县之牲以少牢而无乐"[84]。又"敕两京及兖州旧宅庙像，宜改服衮冕；其诸州及县，庙宇既小，但移南面，不须改衣服。两京乐用宫悬。春、秋二仲上丁，令三公摄行事。七十子并宜追赠"[12]。至此，孔子南向；释奠礼节；配享；十哲位次等成为日后的定制，深深影响着宋元明清时期大成殿内祀

① 太尉：隋唐以来，太尉品级虽高，但无实际职事，一般只是作为加官，尤以唐后期各种检校官为甚。
② 长孙无忌，字辅机，唐朝初期政治家，隋朝右骁卫将军长孙晟之子，母亲为北齐乐安王高劢之女，文德皇后同母兄。
③ 齿胄：指太子入学依年龄为序。
④ 司业：学官名，国子监设置司业，为监内的副长官，协助祭酒主管监务。
⑤ 二京：长安、洛阳。

位格局。唐肃宗李亨上元元年（760年），"以岁旱罢中、小祀，而文宣王之祭，至仲秋犹祠之于太学"[12]。唐代宗李豫永泰二年（766年），"修国学祠堂成，祭酒萧昕始奏释奠，宰相元载、杜鸿渐、李抱玉及常参官、六军将军就观焉"[12]。唐德宗李适贞元九年（793年），"释奠，自宰臣已下毕集于国学，学官升讲座，陈《五经》大义及先圣之道"[12]。然而唐朝后期，经历安史之乱、黄巢起义、五代十国，连年战争不断，虽偶有地方文庙的新建，但是整体呈现没落姿态。

有关释奠方面，唐太宗李世民贞观时期已有了十分完备的文庙释奠的规定："（贞观）十四年，幸国子学，亲释奠。二十年，诏皇太子于国学释奠于先圣、先师，皇太子为初献，国子祭酒为亚献，摄司业为终献。"[12]同时，依据大臣建议对于国家、州、县的释典做了规定："至是，中书侍郎许敬宗等奏：按《礼记·文王世子》：'凡学，官春释奠于先师。'郑元注曰：'官谓诗、书、礼、乐之官也。'彼谓四时之学，将习其道，故儒官释奠，各于其师，既非国家行礼，所以不及先圣。至于春、秋二时合乐之日，则天子视学，命有司兴秩节，总祭先圣先师焉。秦、汉释奠，无文可检。至于魏氏，则使太常行事。自晋、宋以降，时有亲行，而学官为主，全无典实。且名称国学，乐用轩悬，樽俎威仪，并皆官备，在于臣下，理不合专。况凡在小神，犹皆遣使行礼，释奠既准中祀，据礼必须禀命。今请国学释奠，令国子祭酒为初献，祝词称'皇帝谨遣'，仍令司业为亚献，国子博士为终献。其诸州，刺史为初献，上佐为亚献，博士为终献。县学，县令为初献，县丞为亚献，博士既无秩，请主簿通为终献。若阙，并以次差摄。州县释奠，既请遣刺史、县令亲为献主，望准祭社，给明衣，修附礼令为永式。学令祭以太牢，乐用轩悬，六佾之舞，并登歌一部。与大祭祀相遇，改用中丁。州县常用上丁，无乐，祭用少牢。"[12]开元二十八年（740年），"诏春秋二仲上丁，以三公摄事，若会大祀，则用中丁，州、县之祭，上丁"[84]。后上元元年（760年），肃宗"以岁旱罢中、小祀，而文宣之祭，至仲秋犹祠之于太学"[12]。永泰二年（766年）八月，"修国学祠堂成，祭酒萧昕始奏释奠，宰相元载、杜鸿渐、李抱玉及常参官、六军将军就观焉。自复二京，惟正会之乐用宫县，郊庙之享，登歌而已，文、武二舞亦不能具。至是，鱼朝恩典监事，乃奏宫县于论堂，而杂以教坊工伎"[12]。贞元九年（793年）十一月，"贡举人谒先师，合与亲飨太庙日同。准《六典》，上丁释奠，若与太祠同日，即用中丁。其谒先师，请别择日"[12]。元和九年（814年），"礼部奏贡举人谒先师，自是不复行矣"[12]。

从考察的实例来看，唐代庙学并置，有国家诏文作为推手。根据沙县文庙当地志书记载："唐，沙徙今治，唐武德四年也。（武德）七年诏诸州县并令置学，旧学创始或其时也。"《光绪黄岩县志》记载："吾黄立庙始于唐，立学始于宋……文庙……旧在县东三里，宋治平三年令许懋徙于明因寺北，即庙建学"，黄岩县历史由来已久，唐朝上元二年（675 年）始设永宁县，武后天授元年改名为黄岩县，唐当有学，即学立庙当是不争，后来说的立学始于宋，应该是经历五代十国战乱之后学毁之后，宋代即庙立学。

纵观唐朝"庙学"的发展，对日后"庙学"格局产生了深远影响，不仅是从上到下地将"庙学"推广到全国各行政等级，更是对庙内祭祀礼仪初步做出规定，甚至确定了配享人员位次等。这些都为宋、元、明、清时期"庙学"格局的发展奠定了坚实的历史基础。

1.8　两宋——孔庙的继续发展

两宋时期，重文抑武，尊孔崇儒理念为历代皇帝所奉行。宋太祖赵匡胤建隆三年（962 年），诏令"庙门准令立戟① 十六枝"[12]，文庙戟门即源于此。宋真宗赵恒天禧元年（1017 年），判国子监事② 孙奭③ 进言："释奠，旧礼以祭酒、司业、博士为三献，新礼以三公行事。近年只差献官二员通摄，伏恐未副崇祀乡学之意。望令备差太尉、太常、光禄卿以充三献"，真宗采纳了这一建议，又诏令"崇文馆雕印"《释奠仪注》及《祭器图》并"颁行下诸路"[12]，说明了宋朝开始从中央层面对于释奠仪式、祭器等做出统一规范。

欧阳修《襄州谷城县夫子庙记》记载："释奠、释菜，祭之略者也。古者士之见师，以菜为挚，故始入学者必释菜以礼其先师。其学官四时之祭乃皆释奠。释奠有乐无尸，而释菜无乐，则其又略也。故其礼亡焉。而今释奠幸存，然亦无乐，又不遍举于四时，独春、秋行事而已……孔子没，后之学者莫不宗焉，故天下皆尊以为先圣，而后世

---

① 立戟：古代礼制。凡官、阶、勋三品以上者得于邸院门前立戟。
② 判国子监事：官名，北宋前期置，以两制或带职朝官充任，总管国子监之事。
③ 孙奭，字宗古，北宋时期大臣、经学家、教育家，以经学成名，一生坚守儒家之道，著有《经典徽言》《五经节解》《乐记图》《五服制度》等，同时也是十三经注疏中《孟子注疏》中"疏"的完成者。

无以易。学校废久矣，学者莫知所师（一有则字），又取孔子门人之高弟曰颜回者而配焉以为先师。隋、唐之际，天下州县皆立学，置学官、生员，而释奠之礼遂以著令。其后州县学废，而释奠之礼，吏以其著令，故得不废。学废矣，无所从祭，则皆庙而祭之。荀卿子曰：'仲尼，圣人之不得势者也。'然使其得势，则为尧、舜矣。不幸无时而没，特以学者之故，享弟子春秋之礼。而后之人不推所谓释奠者，徒见官为立祠而州县莫不祭之，则以为夫子之尊由此为盛，甚者乃谓生虽不得位，而没有所享，以为夫子荣，谓有德之报，虽尧舜莫若，何其谬论者欤！祭之礼，以迎尸、酌鬯为盛，释奠荐馈，直奠而已，故曰祭之略者。其事有乐舞、授器之礼，今又废，则于其略者又不备焉。然古之所谓吉、凶、乡射、宾燕之礼，民得而见焉者，今皆废失，而州县幸有社稷、释奠、风雨雷师之祭，民犹得以识先王之礼器焉。其牲酒器币之数，升降俯仰之节，吏又多不能习，至其临事，举多不中而色不庄，使民无所瞻仰，见者怠焉，因以为古礼不足复用，可胜叹哉！""古者入学则释奠于先圣、先师，明圣贤当祠之于学也。自唐以来，州县莫不有学，则凡学莫不有先圣之庙矣。然考之前贤文集，如柳子厚《柳州文宣王庙碑》与欧公此记及刘公是《新息县盐城县夫子庙记》，皆言庙而不及学，盖衰乱之后，荒陋之邦，往往庠序颓圮，教养废弛，而文庙独存。长吏之有识者，以兴学立教其事重而费钜，故姑葺文庙，俾不废夫子之祠，所谓犹贤乎已。然圣贤在天之灵，固非如释、老二氏与典祀百神之以惊动祸福、炫耀愚俗为神，而欲崇大其祠宇也，庙祀虽设而学校不修，果何益哉！"[12]

1.8.1 北宋国学及地方"庙学"探析

东京①国子监是北宋时期的最高学府，集教育机构与教学机构于一体。"周显德②二年，别营国子监，置学舍"[85]，宋太祖赵匡胤建隆元年（960年），太祖"幸国子监"[23]，诏令"因增修之，塑先圣、亚圣、十哲像，画七十二贤及先儒二十一人像于东西庑之木壁"，并且宋太祖"亲撰《先圣》《亚圣赞》"，随后宋太祖还在建隆年间"三幸国子监，谒文宣王庙"[85]。宋太宗赵光义端拱元年（988年），"幸国子监，谒文宣王毕""升辇将出西门，顾见讲座，左右言学官李觉方聚徒讲书，即召觉，令对御讲说。觉曰：'陛下六飞在御，臣何敢辄升高座。'帝为降辇，令有司张帝幕，设

---

① 东京：北宋东京，今河南省开封市。
② 显德：后周世宗柴荣所用年号（954—960年）。

别座，诏觉讲《易》之《泰卦》。从臣皆列坐。觉因述天地感通、君臣相应之旨，帝甚悦，特赐帛百尺"[23]。端拱二年（989年），"以国子监为国子学"[86]。宋太宗淳化五年（994年），"以国子学复为国子监"[86]。因此，国子监不仅是当时的官学最高教育机构，更是最高学府[87]。宋仁宗赵祯庆历四年（1044年），判国监王拱辰、田况、王洙、余靖等人进言："今取才养士之法盛矣。而国子监才二百楹，制度狭小，不足以容学者。请以锡庆院为太学，葺讲殿备乘舆临幸，以潞王宫为锡庆院"[88]，由此可以判断当时的东京国子监和太学在一处，并且学校是在西侧、庙则在东侧（图1-4）。直到仁宗时候因为学生太多，另建太学于别处，《宋史全文》中记载：庆历五年（1045年），因为"更造锡庆院乏材费多，而北使锡宴之所不可阙。诏复以太学为锡庆院如故，别择地建太学"，二月"以马军都虞候公廨为太学"[88]。

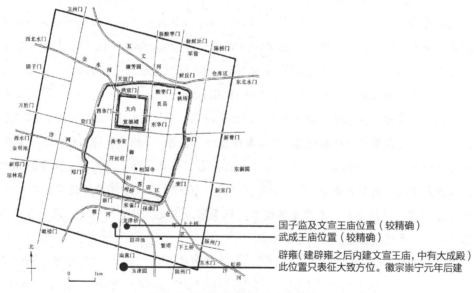

图1-4 北宋东京城平面推想图

图片来源：笔者自绘（底图来源于中国建筑工业出版社《中国建筑史》（第六版）P70）

西京①国子监的建立较为曲折。宋真宗赵恒景德四年（1007年），诏令"建太祖神御殿。置国子监、武成王庙"[86]。但张祥云先生认为"就史料来看，宋真宗景德四年确曾下诏命河南府选地建设'国学'和武成王庙，其结果是学校和武成王庙都建了，但学校并没有正式给予国子监称号，而被称为'府学'。这种情况一直持续到

---

① 西京：北宋西京，今河南省洛阳市。

宋仁宗景祐元年，才在河南府通判谢绛的请求下，依照唐代于陪都置国子监的先例，'乃正监名'，并'置分司官'。这实际上反映了西京国子监设立的曲折过程。但结果往往被更加看重，尤其是中央大员'分司官'的设置尤为重要，是西京国子监正式成为中央教育机构的标志，所以，西京国子监正式建立时间当以景祐元年（1034年）为准"[89]。

南京①国子监原来为应天书院，宋真宗赵恒大中祥符二年（1009年）二月，诏令"赐额曰应天府书院"[34]；大中祥符七年（1014年）正月，应天府升为南京，成为北宋陪都。宋仁宗赵祯景祐二年（1035年）改为应天府府学，逐步官学化。庆历三年（1043年），"以南京府学为国子监"[90]，就此应天书院升级为南京国子监。庆历四年，参知政事②范仲淹③等人建议："精贡举，请兴学校，本行实"，仁宗认可并诏令"州县立学"[34]，从而掀起"庆历兴学"风潮。

关于西京国子监和南京国子监的"庙学"格局未见史料记载，但是有东京国子监格局作为参考，所以应当仿其格局而为之。并且前代府县学当有孔子庙，则河南府学、应天府学必定庙学兼备，西京、南京国子监继承府学，一样必定是庙学兼备，只是该时期庙学的方位关系无从考证。此外，沈旸先生还提到"庆历二年（1042年），在大名府④也曾设北京国子监"[49]，亦不详知其规制。

宋仁宗赵祯皇祐末年，"以胡瑗⑤为国子监讲书，专管勾太学。数年进天章阁侍讲，犹兼学正。瑗在学时每公私试罢，掌仪率诸生防于首善，令雅乐歌诗乙夜，乃散诸斋，亦自歌诗奏琴瑟，声彻于外。瑗在湖学教法最备，始建太学，有司请下湖学取瑗之法以为太学法，至今为着令"[91]。嘉祐元年（1056年），"天章阁侍讲胡瑗管勾太学。瑗既为学官，其徒益众，太学至不能容，取旁官舍容之。礼部所得士，瑗弟子十常居四五，于是瑗擢经筵，治太学犹如故"[92]。

宋仁宗庆历年间（1041—1048年），曾经置内舍生二百人[93]。宋神宗熙宁元年（1068年），推行"太学三舍法"，继续增加太学生员一百，不久又以九百人为额。熙宁二年（1069年），"增三京留司御史台、国子监及宫观官，以处卿监、监司、知

---

① 南京：北宋南京，今河南省商丘市。
② 参知政事：中国古官职名，唐朝时期为宰相官名；宋代时期指副宰相，其建立的根本目的是削弱相权、增大皇权。
③ 范仲淹（989—1052年），字希文，北宋杰出的思想家、政治家、文学家。
④ 大名府：北宋北京大名府，今河北省大名县。
⑤ 胡瑗（993—1059年），字翼之，北宋时期学者，理学先驱、思想家和教育家；因世居陕西路安定堡，世称安定先生；庆历二年至嘉祐元年历任太子中舍、光禄寺丞、天章阁侍讲等。

州之老者"[94]。同年，王安石变法，推行新政，之后太学逐渐受到重视，并且学员人数大增[93]。熙宁四年（1071年），因为太学生员太多，"无所容""至于太学未尝营建，止假锡庆院，廊庑数十间生员才三百人，请以锡庆院为太学，仍修武成王庙为右学，乃诏尽以锡庆院及朝集院西庑建讲书堂"[91]。

宋哲宗赵煦元祐六年（1091年），"幸太学，先诣国子监至圣文宣王殿行释奠礼，一献再拜"[85]，表明该时期国子监和孔庙仍然是在一起的，而非太学，应该依然遵照之前左庙右学的形制。

宋徽宗赵佶崇宁元年（1102年），命李诫即城南门外相地营建外学，"是为辟雍"[91]。蔡京又奏："古者国内外皆有学，周成均盖在邦中，而党庠、遂序则在国外，臣亲承圣诏，天下皆兴学、贡士，即国南建外学以受之，俟其行艺中率，然后升诸太学，凡此圣意，悉与古合。今上其所当行者，太学专处上舍内舍，而外学则处外舍，生太学上舍本额一百人，内舍二百人，今贡士盛集，欲增上舍至二百人，内舍六百人，外舍三千人，外学为四讲堂百斋，斋列五楹，一斋可容三十人，士初贡至皆入外学，经试补入上内舍，始得进处太学，太学外舍亦令出居外学，俟学成奏行之，其勒令格式悉用太学"[91]，可见当时辟雍设置是与古制同，且与当时太学生员人盛、选拔太学的社会制度结合了起来。后因为辟雍无庙，祭祀路途遥远。随后崇宁年间，徽宗下诏："古者，学必祭先师，况都城近郊，大辟黉舍，聚四方之士，多且数千，宜建文宣王庙，以便荐献"，又诏令"辟雍文宣王殿以'大成'为名"[85]，大成殿之名由此始。

北宋除了建设辟雍、太学、国子学之外，还有算学、律学、医学、书学等各种学校，均属于国子监管辖。那么这些学校是不是要设置孔子庙呢？有一段历史记载如下："时又有算学。大观三年（1109年），礼部、太常寺请以文宣王为先师，兖、邹、荆三国公配享，十哲从祀。自昔著名算数者画像两庑，请加赐五等爵，随所封以定其服。于是中书舍人张邦昌定算学：封风后上谷公，箕子辽东公，周大夫商高郁夷公，大挠涿鹿公，隶首阳周公，容成平都公，常仪原都公，鬼俞区宜都公，商巫咸河东公，晋史苏晋阳伯，秦卜徒父颍阳伯，晋卜偃平阳伯，鲁梓慎汝阳伯，晋史赵高都伯，鲁卜楚丘昌衍伯，郑禆灶荥阳伯，赵史墨易阳伯，周荣方美阳伯，齐甘德蕾川伯，魏石申隆虑伯，汉鲜于妄人清泉伯，耿寿昌安定伯，夏侯胜任城伯，京房乐平伯，翼奉良成伯，李寻平陵伯，张衡西鄂伯，周兴慎阳伯，单扬湖陆伯，樊英鲁阳伯，晋郭璞闻喜伯，宋何承天昌卢伯，北齐宋景业广宗伯，隋萧吉临湘伯，临孝恭亲丰伯，张胄玄东光伯，周王朴东平伯，汉邓平新野子，刘洪蒙阴子，魏管辂平原子，吴赵达谷城子，宋祖冲之范阳子，后魏商绍长乐子，北齐信都芳乐城子，北齐许遵高阳子，隋耿询湖熟子，刘焯昌亭子，刘炫景城子，唐傅仁均博平子，王孝通介休子，瞿昙罗居延子，李淳风昌乐子，王希明琅琊子，李鼎祚赞皇子，边冈成安子，汉郎顗观阳子，襄楷隰阴子，司马季主夏阳男，落下闳阆中男，严君平广都男，魏刘徽淄乡男，晋姜岌成纪男，张丘建信成男，夏侯阳平陆男，后周甄鸾无极男，隋卢大翼成平男。寻诏以黄帝为先师"，这一提议遭到礼部员外郎吴时反对；"书画之学，教养生徒，使知以孔子为师，此道德之所以一也。若每学建立殿宇，则配食、从祀，难于其人。请春秋释奠，止令书画博士量率职事生员，陪预执事，庶使知所宗师。医学亦准此。诏皆从之"[85]，从而扼制了孔子庙与学校结合的泛滥，因此日后历代都只有在官学和地方官学中有孔子庙，在其他"类专科"学校中，不存在建设孔子庙与学校结合的情况。

唐宋之际，战乱纷争不断，地方官学多废，纵然尊孔亦为时代之主流，但是缺少资金维修的庙学多有损毁，甚至湮灭于历史黄沙之中。因此，到宋之后，或为即庙建学，或为即学建庙，或为庙学同时建置，情形不一。《栾城县志》记载："唐代贞观二年，以孔子为先圣人，四年诏州县皆立庙，然至宋庆历时或有庙无庙。"[10]北宋地方学校沿用了唐代的规制，各路、州、县均应该有相应学校，唐代的州、县均有建孔庙，《五礼精义》对于地方孔庙的祭祀做出了规定，宋真宗赵恒景德四年（1007年），下诏："太常礼院检讨以闻。按《五礼精义》，州县释奠，刺史、县令初献，上佐、县丞亚献，州博士、县主簿终献。有故，以次官摄之。"[85]

宋真宗赵恒景德三年（1006年），诏令"天下诸郡咸修先圣之庙，又诏庙中起讲堂，聚学徒，择儒雅可为人师者以教焉"[95]，对州县依郡庙建学及庙中建讲堂做出规定。真宗大中祥符三年（1010年），对诸路的孔庙祭祀做出了一些规定，判国子监孙奭进言："上丁释奠，旧礼以祭酒、司业、博士充三献官，新礼以三公行事，近岁止命献官两员临时通摄，未副崇祀向学之意。望自今备差太尉、太常、光禄卿以充三献"，真宗又诏令"崇文院刊《释奠仪注》及《祭器图》颁之诸路"[85]。

宋仁宗赵祯即位不久即命"藩辅皆得立学"，且通过"赐兖州学田①"给予一定的激励，此举使得"诸旁郡多愿立学者"，仁宗允，并"稍增赐之田如兖州"，从而

---

① 学田：宋代以后，以其地租收入供学校、书院费用的田地，是随着宋代学校教育发展而出现的一种国有土地形态。

"学校之设遍天下"[34]。仁宗庆历四年（1044 年），参知政事范仲淹等建议"精贡举，请兴学校，本行实"，仁宗采纳其建议，并诏令"州县立学，本道使者选属部为教授，不足则取于乡里宿学之有道业者"[34]。当时出现了著名大儒胡瑗先生，在苏州、湖州教学二十年，弟子以千计，并且唯独湖州学"以经义及时务。学中故有经义斋、治事斋。经义斋者，择疏通有器局者居之；治事斋者，人各治一事，又兼一事，如边防、水利之类"[34]，这也是首次在史料中出现学校中有"经义斋""治事斋"的记录。庆历五年（1045 年），地方出现了以崇儒之名大建学校屋舍的乱象，下诏禁止，"顷者尝诏方夏增置学官，而吏贪崇儒之虚名，务增室屋，使四方游士竞起而趋之，轻去乡闾，浸不可止。今后有学州县，毋得辄容非本土人居止听习。若吏以缮修为名而敛会民财者，按举之"[34]。皇祐四年（1052 年），"诏自今须藩镇乃得立学，他州勿听"[34]。

宋神宗赵顼重视人才，于熙宁四年（1071 年），委任那些经书通达但未入官场的人才作为教授，并享受簿尉级别的工资，下诏："置京东西、河东、河北、陕西五路学，以陆佃等为诸州学官。仍令中书采访逐路有经术行谊者各三五人，虽未仕亦给簿尉俸，使权教授。他路州、军，命近日选荐京朝官有学行可为人师者，堂除逐路官，令兼所任州教授。州给田十顷为学粮。仍置小学教授。"[34]"熙宁之立学校，养生徒，上自天庠，下至郡县"，表明了当时已经出现了郡县学校。神宗元丰元年（1078 年），诏令"诸路州府学官共五十三员"，虽然全国兴建学校，但学官仅五十三人，原因是"重师儒之官，不肯轻授滥设"[34]。

宋哲宗赵煦"元祐初，齐、卢、宿、常、虔、颍、同、怀、澶、河阳等州始相继置教授，三舍法行而员额愈多，至徽宗大观时，吉州、建州皆以养士数多，置教授三员。徽宗宣和时，罢州县学三舍法，始令诸州教授若系未行三舍已前置者依旧，馀并减罢；如赡学田产、房廊等，系行三舍后添给者，亦复拘收云"[34]。元祐元年（1086 年），诏令"臣择经明行修，堪内外学官者，人举二员"，且"罢试补法"[34]，从而规范了试法，也规范了选择教授的方式。哲宗元符二年（1099 年），"初令诸州推行三舍法①。应尝置教授州考选、升补，悉如太学"[34]，说明了将地方学校的考核制度向中央太学看齐。

---

① 三舍法：北宋王安石变法科目之一，即用学校教育取代科举考试。"三舍法"是把太学分为外舍、内舍、上舍三等，外舍 2000 人，内舍 300 人，上舍 100 人。官员子弟可以免考试即时入学，而平民子弟需经考试合格入学。

宋徽宗赵佶崇宁元年（1102年），宰相蔡京建议："天下皆置学，郡少或应书人少，即合二三州共置一学。学悉置教授二员。县亦置学，州、县皆置小学。推三舍法遍行天下"[34]，自此太学、州学、县学的建设才一步步推进下来，并且有了十分明确的从县往上逐层选举到太学的方式，官学的最基层——县学的设置当自此逐渐大兴，北宋全国各地开始遍布学校。崇宁三年（1104年），诏令"州县学用三舍法升太学，罢科举（见《举士门》）"[34]，四年（1105年），"文宣王庙像冠服制度悉用王者，冕十二旒，衮服九章，令天下学宫如式改正，名其殿为大成殿"[96]。大观四年（1110年）诏文宣王执镇圭，庙门增立二十四戟。政和三年（1113年），"颁辟雍大成殿名于诸路州学"[85]，使得大成殿的名号得以普及到各级地方学校中；五年（1115年），大成乐成，二丁释奠奏于堂上。宣和三年（1121年），"罢天下州县学三舍法，惟太学用之"[34]。

在庙学关系上，庙学并置的意识经过前代的积淀在北宋时期已经完全成熟，如始建于宋太宗赵光义雍熙元年（984年）的慈溪县庙学，"县令李昭文建学于县西四十步，先师殿居其中……今天子(仁宗)即位若干年，颇修法度，而革近世之不然者，当此之时学稍稍立于天下矣，犹曰州之士满二百人乃得立学，于是慈溪之士不得有学，而为孔子庙如故，庙又坏不治……庆历五年林君肇至，则曰古之所以为学者吾不得而见，而法，则吾不可以无循也，虽然吾有人民于此，不可以无教，即因民钱作孔子庙如今之所云，而治其四旁为学舍，讲堂其中"[97]。

在实例考证方面，亦表明北宋广设庙学，且庙学并置关系成熟。福建福州庙学是北宋即庙立学的代表，"府学在城南兴贤坊，旧在州西北一里。唐大历八年观察使李椅移建于此。乾宁元年观察使王潮于州置四门义学。梁龙德元年，闽王王审知置四门学，吴越时作新官号使学。宋初学制废坏，太平兴国中转运使杨克让始作孔子庙。景祐四年，权州事谢微表请于庙立为学，从之"[98]。福建泉州府学北宋即庙建学。浙江台州黄岩县文庙"吾黄立庙始于唐，立学始宋……文庙，在县南二百步，旧在县东三里。宋治平三年令许懋徙于明因寺北即庙建学"[99]。

1.8.2　南宋国学及地方"庙学"探析

1127年靖康之变，宋徽宗第九子康王赵构幸免于难，定都南京应天府（今河南商丘），建庙称帝，国号仍为宋，史称南宋。1138年，宋室迁都临安府（今浙江杭州）。金国几度南下都未能消灭南宋，南宋北伐皆无功而返，南宋和金国形成对峙局面。1141 年，宋、金达成绍兴和议，南宋放弃淮河以北地区，双方以淮河——大散关为界，至是南宋、金、西夏等对峙局面形成。

南宋延续前代设置，国子监专为帝王贵胄服务。太学，为封建阶级和平民服务。南宋国子监最初设置在纪家桥，宋高宗赵构绍兴三年（1133 年），"奉诏即驻跸所在学置监，仍置博士二员，以太学生随驾者三十六人为监生"[100]，可见最开始的国子监是以与皇帝关系亲密的太学生入监，但仅见有学，而未有庙的记载（图 1-5）。太学则是封建阶级和平民可达程度上的国家最高学府。南宋太学与北宋即存的河南府学联系密切，南宋初期，是先暂居临安府学的，后择岳飞故宅新建——高宗绍兴三年，于太学并建于岳飞宅，"在纪家桥，绍兴三年六月，奉诏，即驻跸所在。学置监仍置博士二员，以太学生随驾者三十六人为监生。十三年临安守臣王晚，请即钱塘县西岳飞宅造国子监，从之。绘鲁国图，东西为丞簿位，后为书库，官位中为堂，绘三礼图于壁，用至道故事也。（余见续修太学志）"[100]。

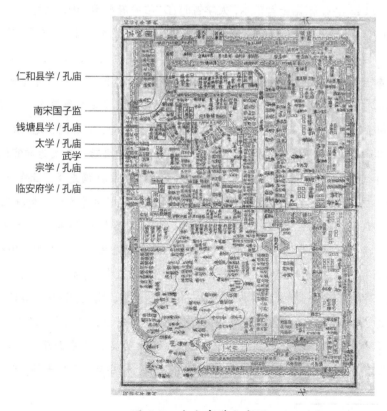

图 1-5　南宋官学分布图

图片来源：笔者自绘（底图来自国家数字图书馆《咸祐版本临安府志》）

临安府学，"旧在府治南子成通越门外"，有大成殿、稽古阁（奉安御书）、十二座六经斋（经德、进德、炳文、兑习、颐正、贲文、蒙养、时升、益朋、履信、复古、宾贤），"建炎以来迁徙不常"[101]。宋高宗赵构绍兴元年（1131年），"于凌家桥东以慧安寺故基重建"[101]，时有六斋（升俊、经德、敦厚、弥新、贲文、富文），"为右庙左学形制，庙在学西，在原基础上增加御书阁、养源堂"[49]。但是笔者没有考证到能够证明庙学格局的资料。宋宁宗赵扩嘉定九年（1216年），教授袁公肃、黄公灏"以湫隘①告于府，白之朝，拓地鼎建，略仿成均，规制始备"[102]，并重创大成殿，重创养源堂，新建御书阁。宋理宗赵昀绍定五年（1232年），"府尹余公天锡先修学宫，继增学廪，司业周公端朝记于石"[102]。理宗淳祐六年（1246年），"皇上御书府学及养源堂扁题刊之石"[102]，并东西列祠，建立八斋（进德、兴能、登俊、宾贤、持正、崇礼、致道、尚志），小学一斋在登俊斋之侧，学校南为教授东西厅。

宋高宗赵构绍兴十年（1140年），诏"文宣殿兴大社大稷，并为大祀"[96]。绍兴十二年（1142年），根据圣旨指示，太学暂时在"临安府府学"进行教育、教学工作，"措置增展，其格法令礼部讨论"[101]。绍兴十三年（1143年）正月癸卯，在前洋街以"岳飞第为国子监太学"[103]建立太学。"在学之西建大成殿，殿门外立二十四戟，大成殿以奉至圣文宣王，十哲配享，两庑彩画七十二贤，前朝贤士公卿诸像皆从祀，每岁春秋二丁，行释奠礼，命太常乐工数辈用宫架乐歌《宣圣御赞》……置学官，自祭酒、司业、丞、簿、正、录等共十四五员。学有崇化堂、首善阁、光尧石经之阁，奉高、孝二帝宸书御制札，石刻于阁下，以墨本置于上堂之后。东西为学官位。"[104]绍兴十四年（1144年）三月己巳，"光尧太上皇帝即高宗祗谒先圣，止辇于大成殿门外，降登步趋，执爵奠拜，注视貌像，翼翼钦慕"[101]。"复幸太学，御敦化堂颁手诏，示乐育详延之诚意""命国子司业高闶讲《周易》《泰卦》，赐群臣、诸生坐垂听讲说，首肯者再三，复迁玉趾俯临养正、持志二斋，顾瞻生徒肄业之所，徘徊久之，始命驾言还"[101]。据史料记载，当时有敦化堂，斋舍二十：服膺、提身、守约、习是、养正、存心、节性、持志、率履、诚意、经德、允蹈、循理、时中、惇信、果行、务本、贯道、观化、立礼[101]。"十七斋扁，俱米友仁书；余'节性''经德''立礼'斋扁，张孝祥书，各斋有楼，揭题名于东西壁。厅之左右，为东西序，对列位。后为炉亭，又有亭宇，揭以嘉名甚伙……太学内东南隅，设庙廷，奉后土神，即土地神，

---

① 湫隘：低洼狭小。

朝家敕封号曰'正显昭德孚忠英济侯'。按赞书，相传为中兴名将，其英灵未泯，而应响甚著，盖其故居也。理或然与？自是遂明指为岳忠武鄂王，况鄂国已极于隆名，宜庙食增崇于命祀，谨疏侯爵，未正王封，仍改庙额曰'忠显'。"[104]绍兴十六年（1146年），"上又书《论语》《孟子》，皆刊石立于太学首善阁及大成殿后三礼堂之廊庑"[105]。且高宗时，御书至圣文宣王庙曰大成之殿，门曰大成殿门，御书御书阁牌曰首善之阁藏光尧太上皇帝御书石经。首善阁内藏"绍兴十四年幸学答诏、淳熙四年幸学诏、嘉泰三年幸学诏、宝庆三年谕内外学官诏、淳祐元年幸学诏、御制御书道统十三赞并序、咸淳三年幸学诏、光尧石经之阁、御制宣圣七十二贤赞并序"[100]。崇化堂内藏"景定元年更学令御札御书朱熹白鹿洞学规监学官题官学官位"[100]。还有前庑、斋舍。宋孝宗赵昚乾道五年（1169年），"奉圣旨令两浙转运司临安府重修殿宇"[101]。

有关太学的记载也存在于《咸淳临安府志》学校卷中："大成殿门（建隆三年，诏立十六戟。政和元年立二十四戟，绍兴建学，司业高闶等请依政和之数，从之）。首善阁（高宗皇帝御书三扁，各有石刻又有累朝御札、御制并刻置阁下，绍兴十四年幸学答诏……）。光尧石经之阁（孝宗皇帝御书扁，淳熙四年诏临安府守臣赵磻老建阁，奉安石经以墨本置阁上；御书石经易、诗书、左氏春秋、礼记、五篇（中庸、大学、学记、儒行经解）、论语、孟子、御制宣圣七十二贤赞并序）。崇化堂（元用司业高闶请仍东都讲堂旧名曰敦化，后改崇化，庆元初改化原，未几复今名），理宗皇帝御书匾。堂上有御札、御制石刻。监学官提名，在崇化堂之左右（记：内有提名记）。学官位，在崇化堂之后，东西为祭酒司业位，两庑则国子、太、武学博士。国子、太学正录武谕位凡十登科题名列于楹间。国子祭酒高文虎记进士（注：此处记文略）。前庑，举录直学位各二学，谕位八，教谕位一，国子祭酒郑起潜记题名略。斋舍，始建学为斋十，曰服膺、褆身、习是、守约、存心、允蹈、养正、持志、率履、诚意（今改明善），续增七斋曰观化、贯道、务本、果行、崇信（今改笃信）、时中、循理、皆米、友仁、书扁。绍兴二十七年，周绾为祭酒又请增置三斋曰节性、经德、立礼、张孝祥书扁，斋各有楼，揭题名于东西壁，厅之左右为东西，序对列位，次后为炉亭，又各有亭宇揭以嘉名（注：关于斋的一些记文此处略）。后土氏之神庙，在学东南之隅，端平二年爵通侯赐庙额，淳祐六年再加封赞书，有曰相传中兴名将其英灵未泯而胖蠁甚著，盖其故居也，理或然欤自是遂明指神为岳忠武王，景定二年从监学之请超封王爵，即其旧谥易武为文，敕文略。"[106]从史料记载大致可以推测出南宋太学的"庙学"形制（图1-6）。

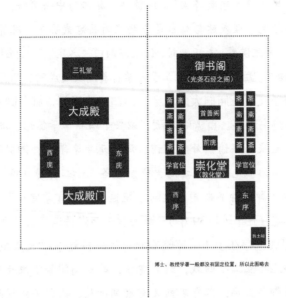

博士、教授学署一般都没有固定位置，所以此图略去

图 1-6 南宋太学"庙学"形制推测图
图片来源：笔者自绘

南宋时期虽遭受战争破坏，但同样重视地方学校的营建。宋高宗赵构绍兴十三年（1143年），"兴大学，州县亦往往建学"[107]。绍兴十八年（1148年），江西转运贾直请奏："请立县学，于县官内选有出身人兼领教导"[34]，得到皇帝认同。临安城城内除了作为国家学校的国子监、太学之外，还有其他四座"庙学"——睦亲宗学、临安府学、仁和县学、钱塘县学。

睦亲宗学在睦亲坊，北宋时候有六宅，宅各有学，学皆有官，中兴后仅存一宅。高宗绍兴四年（1134年）始置，宁宗嘉定九年，改官学为宗学，试补弟子员如太学法。宗学内有大成殿、御书阁（旧在明伦堂上，度宗咸淳六年（1270年）重建而别建明伦堂于阁之前）、明伦堂、立教堂、汲古堂（在立教堂后，为学官直舍①）、斋舍六（贵仁、立爱、大雅、明贤、怀德、升俊，原来有四），具体庙学格局不详。

临安府学，府学从北宋即存，高宗绍兴十三年（1143年）太学从临安府学迁出，府学继做临安府府学之用。临安府学旧有先师庙在通越门（南宋改名为丽正门，为宫城南门，与上面南宋全城图的现存位置相去甚远）外，北宋徽宗宣和中（1119—

---

① 直舍：古代官员办事之处。

1125年），降"御书殿榜曰大成之殿"，有阁曰"稽古，以奉御书"，其后"迁徙不常"[108]。南宋高宗绍兴元年（1131年），开始以凌家桥西面的慧安寺故基建府学，当时的人都觉得湫隘，所以宁宗嘉定九年扩展府学，"略做成均规制"[108]。理宗淳祐六年（1246年），赐御书二匾，十一年（1251年），拓新府学，增设学廪。度宗咸淳八年（1272年）陆续增建府学，至此府学成形，为左学右庙形制，具体规制为：大成殿，位置在学之西（匾为理宗御书），养源堂（内容为讲堂，匾为理宗御书），御书阁（藏书专用），先贤祠堂（东西各祀诸公），斋舍（旧有六经斋十二，绍兴重建为六斋，后斋八），小学在登俊斋之侧[108]。

钱塘县学，"旧附京庠"[108]，虽然庆历时期命天下郡县建学，因为附郭之邑，仍然未建，理宗后绍兴间先建孔子庙作为祭祀孔子之所，后嘉熙四年（1240年），"以丞廨改造"，建造经过三年，"有成宫雍雍在左，庙肃肃在右"，左学右庙规制成，有明伦堂，"池疏为二"，六斋[108]。

仁和县学，同样"旧附京庠"[108]，高宗绍兴三年（1133年），县令在县治东建文宣王庙。宁宗嘉定五年（1212年），在庙左筑屋；八年（1215年），创学斋四。理宗嘉熙四年（1240年），迁簿廨以"广学舍"，并且立三贤祠[108]。理宗淳祐九年（1249年）重建。仅可以推测是左学右庙，并且是先庙后学，其他内容无从得知。

同样先有庙后建学校的还有余杭县学、昌化县学（北宋熙宁"建先圣庙，后南宋乾道时期才略具学制"[108]）。以及上海嘉定县庙学（嘉定十一年（1218年）初建，十二年（1219年）知县高衍孙"择地于县治南一里建孔子庙、化成堂，博文、敦行、主忠、履信四斋"；理宗绍定二年（1229年），知县王选"重修改堂曰明伦斋，曰正心、博学、笃行、明德斋"[109]和泰兴县庙学（"儒学在县治东，即学为庙，宋高宗绍兴中建，元季毁于兵。明太祖洪武三知县吕秉直重建"[110]）。因此，南宋时期庙学格局已经形成。

纵观两宋时期，尤其是北宋，皇帝对于"庙学"的重视程度是空前的，北宋时期也是"庙学"发展的重要历史期。该时期"庙"和"学"的结合得到大发展，全国各地或前代遗留的"庙"建学，或重建庙学，状况不一，但可以明确肯定的是"庙学合一"的规制普遍建立。而南宋时期最大的进步则是形成的殿、堂、阁、斋的庙学形制，成为后代庙学增建、演化的雏形。

1.9　辽、西夏、金——庙学并置格局的混乱及止步

辽、西夏、金是生活在古代中国北部、西部、东北部的少数民族政权，与两宋时期有着历史交集。落后的文化、迟缓的经济使得他们意识到想要维护自身的封建统治，就要从优秀的汉文化中汲取精华，大兴学校、尊崇儒学。但其相关举措毕竟是仿效，而非延续，所以"庙学制度"在这三代停滞不前，甚至稍有倒退。长期的战乱、未及时的重建和修复，也使得前代遗留的"庙学"毁于战火，被历史的尘埃所掩埋。

1.9.1　辽

辽为契丹族政权，在宗教信仰上奉行佛教，但是儒学是治国的主导思想和统治者极力提倡的行为标准。916年，耶律阿保机在内蒙古西拉木伦河流域建立了契丹国，年号神册。同年，太祖耶律阿保机问侍臣曰："受命之君，当事天敬神。有大功德者，朕欲祀之，何先？"侍臣们回答"佛"，但太祖认为佛教不是本土的教派，于是皇太子倍曰："孔子大圣，万世所尊，宜先"，太祖很高兴，随即下令建孔子庙，诏令皇太子春秋释奠[111]，为尊孔崇儒做出表率。辽太宗会同九年（946年），太宗耶律德光灭后晋称帝，建号大辽。后国号复称契丹、大辽，本书不做赘述。建国之后的辽仍然沿袭之前的四时捺钵制度，四时巡行，故国都并不固定，有辽上京临潢府、中京大定府、东京辽阳府、南京析津府、西京大同府，共称"辽五京"。

关于都城上京，史料中有这样的记载："上京临潢府，本汉辽东郡西安平之地。新莽曰北安平。太祖取天梯、蒙国、别鲁等三山之势于苇甸，射金龊箭以识之，谓之龙眉宫。神册三年城之，名曰皇都，同年五月，诏建孔子庙、佛寺、道观。"[112]辽太祖神册四年（919年），太祖亲自"谒孔子庙，命皇后、皇太子分谒寺观"[113]。辽太宗天显十三年（938年），"得后晋所献燕云十六州地，更名上京，府曰临潢"[114]。上京城内"庙学"格局的描述，有这样的文字记载："其北谓之皇城，高三丈，有楼橹。门，东曰安东，南曰大顺，西曰乾德，北曰拱辰。中有大内。内南门曰承天，有楼阁；东门曰东华，西曰西华。此通内出入之所。正南街东，留守司衙，次盐铁司，次南门，龙寺街。南曰临潢府，其侧临潢县。县西南崇孝寺，承天皇后建。寺西长泰县，又西天长观。西南国子监，临北孔子庙，庙东节义寺"[114]，就文字来看，应明

确表明了前庙后学（以面朝南、左手东为左）的格局。然而学术界对于辽代都城"坐西朝东"还是"坐北朝南"有着两个对立的观点——持"坐西朝东"观点的有：李冬楠的《辽代都城研究中的几个问题》，李逸友的《辽代城郭营建制度初探》及《内蒙古历史名城》，张郁的《辽上京城址勘察琐议》等；持"坐北朝南"观点的有：杨宽的《中国古代都城制度史》，方志云的《辽上京城建筑考》等。到底是按照坐西朝东的左庙右学还是按照坐北朝南的前庙后学，尚需考古等专业知识进一步考证。上京"庙学"格局图，沈旸先生在《东方儒光·中国古代城市孔庙研究》中采用了曹建华、金永田先生《临潢史迹》中的《辽上京城遗址平面示意图》

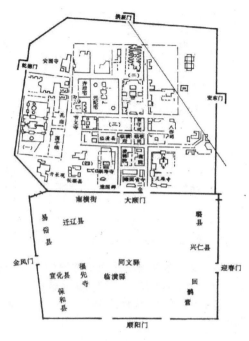

图 1-7 辽上京城遗址平面示意图

图片来源：曹建华，金永田.临潢史迹 [M]. 呼和浩特：内蒙古人民出版社，1999：20.

（图 1-7）进行标注，但是这幅图与上面所述的"西南国子监"存在冲突，且其他版本的平面示意图均未能与史料文字记载完全符合，故这里仅就将搜集到的各版本的辽上京城遗址平面示意图（图 1-8~ 图 1-10）[115] 摘录，供读者参考。

中京大定府（遗址位于今内蒙古赤峰市宁城县天义镇以西约 15 千米的铁匠营子乡和大明镇之间的老哈河北岸），建置于圣宗统和二十五年（1007 年），是辽最大的陪都，其地理位置与中原地相近，为辽国的咽喉，在辽代后期军事、战略、经济上有极重要的作用。道宗清宁六年（1060 年），中京置国子监，"命以时祭先圣先师"[116]。除此之外，没有考证到关于中京国子监的"庙学关系"，仅有辽中京城市图表征国子监在城市中的大致位置（图 1-11）。

关于都城南京，辽太宗天显三年（928 年），太宗迁渤海居民于东平郡，升号南京。天显十三年（938 年），皇都改名上京的同时，南京改名为东京辽阳府（今辽宁辽阳），同时升幽州（今北京）为南京幽都府。关于南京的国学，目前史料可见的只有："南京学。亦曰南京太学，太宗置。圣宗统和十三年，赐水碾庄一区。"[117] "九月

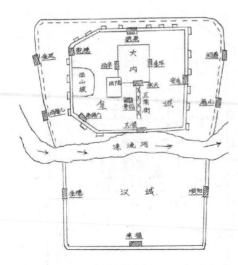

图 1-8　辽上京城遗址平面示意图（1）

图片来源：张郁.辽上京城址勘察刍议.契丹考古学术会议材料.1983.

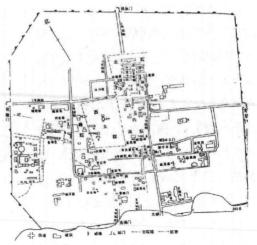

图 1-9　辽上京城遗址平面示意图（2）

图片来源：辽上京城址勘察报告.内蒙古文物考古研究所.

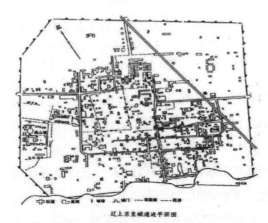

图 1-10　辽上京城遗址平面示意图（3）

图片来源：辽上京城址勘察报告.内蒙古文物考古研究所.

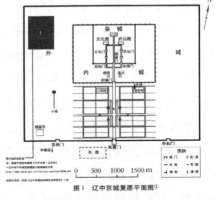

图 1-11　辽中京城复原平面图

图片来源：笔者自绘

戊午，以南京太学生员浸多，特赐水碾庄一区"[118]，关于南京太学是否具有孔子庙，没有详细记述，"庙学"关系更无从考证，东京辽阳府亦是如此。

辽代西京设置在今山西大同。大同城历史较为久远，隋唐时期为云中州。后唐同光三年（925年），以云州为大同军节度使。936年，后晋高祖石敬瑭灭后唐开国，

"以契丹有援立功，割山前、代北地为赂"[119]，大同进入辽代版图。辽兴宗重熙十三年（1044年）升为西京，府曰大同[119]。根据《乾隆大同府志》记载："旧学，在府治东，即元魏①中书学，辽西京国子监，金时之太学，元之大同县学也，明洪武八年建为府学，二十九年以府学为代藩府第。""国子监宏敞靖深冠他所"[120]，但是对于国子监内部设置以及与孔庙的关系，亦无更多史料记载，辽代西京城市国子监位置推测图如图1-12所示。

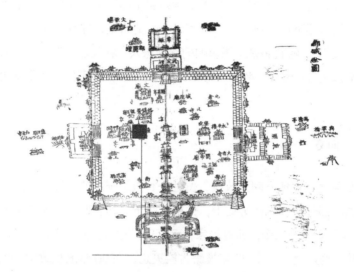

图1-12　辽代西京城市国子监位置推测图
图片来源：笔者自绘（底图来自国家数字图书馆《乾隆版本大同府志》）

对于辽代的地方学校设置，普遍观点不太乐观，可能是由于连年征战，前代学校和孔庙破坏严重，也可能因为发源于少数民族的辽代统治者对于地方学校的建设并无好感。《宣府镇志》记载："契丹初兴，惟尚武艺，燕赵间学校俱仍唐旧，间罹兵燹，十存二三。"[121]辽代圣宗以前未见到文献中有关于皇帝下诏兴、重建地方学校的记载。见诸文献的，有零零星星的记载地方官员自发兴建"庙学"的活动记录：圣宗开泰元年（1012年），"归州言其居民本新罗所迁，未习文字，请设学以教之"[122]，对于学是否有庙未予提及。然而，道宗诏令"设养士，于是有西京学，有奉圣、归化、云、德、宏、蔚、妫、儒等州学，各建孔子庙，令博士、助教教之，属县附焉"[121]，说明道宗时期已经形成一系列完整的遍及地方的教育体系。之后，道宗咸雍十年

---

① 元魏：北魏的别称。

（1074年），大公鼎“改良乡令，省徭役，务农桑，建孔子庙学，部民服化”[123]，证明了地方建立“庙学”的事实。除此之外，还有始于辽清宁间的应州庙学、清宁四年的滦州庙学，见于《辽史·百官志》的有黄龙府学、兴中府学、西京州学、上京州学、东京州学以及大公鼎所建的良乡县学，见诸记载的还有寿昌元年（1095年）萧萨八所建的永清县学、马人望所建的新城县学、乾统年间的玉田县学以及川州州学、三河县学[5]。

总体来看，辽代对于儒家思想的尊崇是自上而下的。无论是圣宗还是道宗，都自幼崇儒，后来还下达了很多关于儒家、儒学的措施，并且历代著名学者也是大通儒术儒礼之人[124]。随着儒家思想影响的逐渐深入，礼仪之风渐浓，到后来，连辽道宗耶律洪基都认为“吾修文物，彬彬不异于中国”。由此可见，辽代统治者对儒学修养的自信[125]。

1.9.2 西夏

西夏是党项族的地方割据政权，位处今甘肃、宁夏的大部分地区及陕西、内蒙古、青海的小部分地区，在历史上，先后臣服于唐朝、五代诸朝与宋朝。宋宝元元年（1038年）李元昊称帝，即夏景宗，西夏正式建国。西夏本名是大夏，因其在西方，宋人称之为西夏，至1127年被蒙古族灭止，在90年的执政中，先后与辽、北宋、南宋、金并存。在西夏的社会体系中，史学界有太多论述，同时由于史料的缺乏，难免会存在各种立场，笔者无意陷入这样的争论。但是对于西夏时期的儒学和佛学并存，且儒并非独尊，儒学水平不高，普遍存有共识——聂鸿音的《中原“儒学”在西夏》，李华瑞的《论儒学与佛教在西夏文化中的地位》，王虹的《略论西夏儒学的发展》，马旭俊、杨军的《论西夏蕃、汉礼之争的本质——以“任得敬”为个案研究》等均有论述。并且以李华瑞先生的总结精炼：“西夏文化的发展呈现出两条并行的路径，即在官僚体制及其政治文化上鲜明地打着儒家的烙印，而在思想意识、宗教信仰上几乎是佛教的一统天下。”[126]

在西夏时期流传的儒家经书，有来自宋御赐，也有通过交易所得，如北宋真宗“诏民以书籍赴沿边榷场博易者，非《九经》书疏悉禁之”[127]，西夏也通过这种方式获得儒学经典，进而流传社会。毅宗李谅祚奲都六年（1062年），“上表求太宗御制诗草隶书石本，欲建书阁宝藏之，且进马五十匹，求《九经》《唐史》《册府元龟》

及本朝正至朝贺仪。诏赐《九经》》[128]，并且还有用西夏文翻译的各类儒学经典，诸如《孝经传》《论语全解》《孟子》《孟子传》《经史杂抄》《类林》等[126]。同时，"儒家思想文化熏陶濡染了西夏党项世代皇亲宗室，使他们爱好汉族文明，崇儒尚文，编写了一些融合和宣扬儒家学说的书籍，如《圣立义海》《四言杂字》《德行记》《新集慈孝记》《新集锦合辞》等"[126]。

在教育和学校营建方面，西夏开国皇帝李元昊于延祚二年（1039 年）"以胡礼蕃书抗衡中国，特建蕃学，以野利仁荣主之。译《孝经》《尔雅》《四言杂字》为蕃语，写以蕃书。于蕃、汉官僚子弟内选俊秀者入学教之，俟习学成效，出题试问，观其所对精通，所书端正，量授官职。并令诸州各署蕃学，设教授训之"[129]，这时候蕃学注重的主要还是本地族人，也是开国之初快速选拔本族人才的策略。崇宗李乾顺贞观元年（1101 年），"国中由蕃学进者诸州多至数百人，而汉学日坏"[130]，士子学风日下。御史中丞薛元礼上言"汉学不重，则民乐贪顽之习，士无砥砺之心"[130]，李乾顺命于蕃学外特建国学，置教授，设弟子员三百，立养贤务以廪食之。这时候的国学是独立于蕃学外的"特区"，并非凌驾于蕃学之上的国家最高学府。国学以汉学生为主，教授内容也是儒学经典，汉学的地位有所凸显。

仁宗李仁孝是崇儒重学的重要推动者，采取了一系列发展中央和地方官学的措施。人庆元年（1144 年）六月，"令州县各立学校。国中增弟子员至三千人"[131]，后有记载，"始建学校于国中，立小学于禁中，亲为训导"[132]。"凡宗室子孙七岁到十五岁皆得入学。设教授，仁孝与后周氏亦时为条教训导之"[131]。人庆二年（1145 年）八月，仿照汉代旧址，设立太学，"亲释奠，弟子员赐予有差"[132]；人庆三年（1146 年）三月，"尊孔子为文宣帝。令州郡悉立庙祀，殿庭宏敞，并如帝制。按：仁孝僻处偏隅，而能尊礼先师，为世教振颓风，以圣学维国本，乃偏霸中罕觏者，书以予之"[133]；人庆四年（1147 年），立唱名法，复设童子科，扩大取士渠道（注：此为西夏设置科目之始）；人庆五年（1148 年）三月，又建"内学"[133]；天盛十二年（1160 年），任得敬请废学校，仁宗不从，可见他对于学校和儒学的重视。

关于孔子庙的建设，见诸史料的少之又少。从仁宗追封孔庙，释奠孔子庙，令地方建孔子庙来看，太学和地方中应该是有孔子庙的，但是在西夏这样一个儒、释（注：西夏在佛经和佛寺的营建的史料记载是远远多于儒学的[126]）并存的社会中，是否从中央到地方都遵从"庙学合一"，我们不得而知。沈旸先生在《东方儒光·中国古代城市孔庙研究》中根据《新修太学歌》对于太学和太学中祭孔建筑做了推测，

但是也未见能够确凿证明西夏太学"庙学"格局的史料。地方学校的建设情况，亦不得知。

1.9.3 金

1114 年，女真族首领完颜阿骨打起兵反辽。1115 年，完颜阿骨打于会宁府称帝建国，国号金，年号收国。1125 年，金灭辽。1127 年金攻占北宋东京。1153 年，海陵王完颜亮迁都燕京（辽南京析津府，今北京），作为中都。1234 年，金灭。

上京会宁府是金建立的第一个都城。"女真之初尚无城郭，星散而居，国主晟尝浴于河，牧于野，屋舍、车马、衣服、饮食之类与其下无异。金主所独享者惟一殿，名曰干元，所居四外栽柳，以作禁围而已。其殿宇绕壁尽置大炕，平居无事则锁之，或时开钥，则与臣下杂坐于炕，后妃躬侍饮食。或国主复来臣下之家，君臣宴乐，携手握臂，咬颈扭耳，至于同歌共舞，无复尊卑。"[134] 皇帝、大臣所居之处称为"皇帝寨""国相寨"[135]。天辅七年（1123 年），太宗即位，"升皇帝寨曰会宁府，建为上京"[136]。金太宗天会三年（1125 年），建千元殿，天眷元年（1138 年），更名皇极殿[137]。天眷元年，初熙宗即位，"兴制度礼乐，立孔子庙于上京"[138]，此时的孔子庙是作为尊孔之用，并非"庙学"建制。后熙宗颇读《论语》《尚书》《春秋左氏传》及诸史。《通历》《唐律》，乙夜乃罢[138]。皇统元年（1141 年）三月，熙宗亲自拜谒奠孔子庙，北面再拜，顾谓侍臣曰："朕幼年游侠，不知志学，岁月逾迈，深以为悔。大凡为善，不可不勉。孔子虽无位，其道可尊，万世高仰如此。"[138] 皇统二年（1142 年），"敕行台拨钱一万四千贯，修孔庙圣殿"；皇统四年（1144 年），又命"行省降钱一万四千五百贯，发南京入作司见材，修完孔庙，创盖大成殿"，皇统九年（1149 年），大成殿竣工[139]。金海陵王完颜亮天德二年（1150 年），在上京"立国子监"[138]，以为养士之地，学校的生员是"宗室及外戚皇后大功以上亲、诸功臣及三品以上官兄弟子孙，年十五以上者入学，不及十五者入小学"[140]。金海陵王迁都中都后，取消上京称号，并于正隆二年（1157 年），毁上京宫殿、宗庙及诸大族邸第，夷为平地。金世宗时复称上京，于大定年间陆续修复宫殿、城垣。金宣宗兴定元年（1217 年）上京兵变，再遭破坏。对于最初国子监及上述孔子庙是不是建置在一处，史料未考。

中都大兴府沿袭辽代南京幽州府（燕京析津府）。贞元元年（1153 年），海陵王迁都燕京，因觉燕京为古名不适合作为国号，"遂改为中都"[141]，"府曰大兴，汴京为南京，中京为北京"[142]。梁思成先生的《图像中国建筑史》记载："太宗天会五年（1127 年），完颜宗尧进驻辽燕京，戎马未息，首建太学，修国子监"，并被沿用。但经笔者考察，《金史》记载："（世宗完颜雍）大定六年（1166 年）始置太学"[140]，因此这段历史情况需要进一步考证。世宗完颜雍大定十四年（1174 年），国子监言："岁春秋仲月上丁日，释奠于文宣王，用本监官房钱六十贯，止造茶食等物"[143]，可见当时应该不仅设置有国子监，还有专门祭祀孔子的宫殿。十四年诏宣圣像冕十二旒，服十二章，登歌九奏，牲用少牢，州县释奠并遵唐仪。[96] 昌宗明昌二年（1191 年）把两庑的画像换为塑像，庙门下立下马碑。庆元三年（1197 年）定文宣王祀为中祀。章宗承安四年（1199 年）二月，诏令"建太学于京城之南，总为屋七十有五区，西序置古今文籍，秘省新所赐书。东序置三代鼎彝俎豆，敦盘尊罍及春秋释奠合用祭器。于是行礼于辟雍，祀先师孔子，召郡国学生通一经以上者居之，公卿以下子孙并入学受业，每季临观，课其优劣，学徒甚盛。诸生献诗颂文赋者四百人"[144]，此举可能是"仿照北宋徽宗崇宁元年（1002 年）在东京城外建太学外舍'辟雍'，并有孔庙之设"[49]，具体"庙学关系"如何，无从考证。

关于金代地方学校，金代的国子监统领国子学和太学，以及女真国子学和太学，地方学校由各府、州、县官员兴建。女真学，自金世宗完颜雍大定四年（1164 年）始，至大定十三年（1173 年），以策、诗取士，始设女真国子学，诸路设女真府学，以新进士为教授[140]；后章宗完颜璟承安二年（1197 年），"河南、陕西女真学，承安二年罢之，余如旧"，后宣宗、哀宗时候，国力衰弱，内忧外患，女真学亦随之没落。目前未考证到关于女真学校园设计的明确历史记载，对于其是否具有"庙学"格局更不可考。

关于汉学，金代整体来看，地方学校发展兴盛。金朝疆域包括今黑龙江、吉林、辽宁、河北、山东、山西的全部，陕西大部，内蒙古、甘肃的东部，俄罗斯东部外兴安岭以南、乌苏里江以东地区，以及蒙古人民共和国东方省的一部分。刘辉先生认为，孔庙的发展"大体可以分为三个历史时期。第一阶段为发展时期，即太祖、太宗、熙宗、海陵王统治时期；第二阶段为相对繁荣时期，即世宗、章宗统治时期；第三阶段为萧条时期，即卫绍王、宣宗、哀宗统治时期"[145]。这一点结合史料应该是完全符合的：海陵王时期，"命天下州县许破系省钱，修盖文宣王庙"[139]；世宗大定二十三年（1183 年），"二月乙巳，还都。戊申，以尚书右丞张汝弼摄太尉，致祭于至圣文宣王庙"[146]。同时世宗时期，"府学亦大定十六年置，凡十七处，共千人。

初以尝与廷试及宗室皇家袒免以上亲、并得解举人为之。后增州学，遂加以五品以上官、曾任随朝六品官之兄弟子孙，余官之兄弟子孙经府荐者，同境内举人试补三之一，阙里庙宅子孙年十三以上不限数，经府荐及终场免试者不得过二十人。凡试补学生，太学则礼部主之，州府则以提举学校学官主之，曾得府荐及终场举人，皆免试"[140]。大定二十九年（1189年），章宗听取大臣建议，"增养士之数，于大定旧制京府十七处千人之外，置节镇、防御州学六十处，增养千人"，府、州学生甚多[140]。赵秉文的《郏县文庙创建讲堂记》云："皇朝自大定累洽重熙之后，政教修明，风俗臻美。及明昌①改元，尝诏天下兴学。刺郡之上，官为修建；诸县听从士庶，自愿建立，著为定令。由是庙学，在处兴起。"[145]

同时有现存文庙实例：太宗时期，天会八年（1130年）修冀州（今河北冀县）孔庙；天会十二年（1134年）修大城县（今河北大城县）孔庙和彰德县（今河南安阳市）孔庙[139]；河北井陉县文庙于金太宗天会中建庙；山西襄垣县文庙于金太宗天会中建。熙宗时期，天眷三年（1140年）修兖州（今山东兖州）孔庙；皇统元年（1141年）修曲沃县（今山西省曲沃县）孔庙；皇统年间（1141—1149年）修渔阳县（今天津市蓟县）孔庙。海陵王时期，河南禹州文庙于贞元中建庙；正隆元年（1156年）修威县（今河北省威县）孔庙[139]；正隆二年（1157年）修京兆府（今陕西省西安市）孔庙[139]。世宗时期，不仅在国家至圣文宣王庙进行祭祀，且从大定三年至大定二十九年重建、新建、修复平遥县（今山西平遥县）、汾州（今山西吉县）、清河县（今河北清河县）、新乡县（今河南新乡市）、文登县（今山东文登县）、章丘县（今山东章丘县）、博州（今山东聊城市）、泰安州（今山东泰安市）、济阳县（今山东济阳县）、曲周县（今河北曲周县）、涿州（今河北涿州市）、夏邑县（今山西西夏县）、太原府（今山西太原市）、忻州（今山西忻州市）、潞州（今山西长治市）等孔庙十五座[139]，同时河北定兴县文庙于金世宗大定间建庙；山西祁县文庙于金世宗大定中建庙；山西徐沟县文庙于金世宗大定中建庙。

章宗时期，国家稳定，民族融合已经完成。明昌元年（1190年），章宗下诏，"修曲阜孔子庙学"[147]。明昌二年（1191年），诏诸郡，"邑文宣王庙、风雨师、社稷神坛隳废者，复之"[147]。"明昌二年（1191年）拨款76400多缗大修孔庙。此次大修，'三分其役，因旧以完葺者据其一，而增创者倍之'。前后历时四年，至明昌五年（1194

---

① 明昌：公元1190—1196年，共七年，是金章宗的第一个年号。

年）告竣。孔庙扩展到'殿堂廊庑门亭斋厨簧舍合三百六十余楹的规模'，'叙有次，像没有仪表以杰阁，周以崇垣'度大备于历朝'。"[139] 这次孔庙的扩建，不仅是在建筑物数量上扩大了三倍，更主要的是在建筑规模上做了突破性的提高：在专为纪念孔子讲学施教的杏坛上建起了似十字脊、四面歇山的亭子，"始用琉璃瓦，殿庑均以琉璃瓦剪边，青绿彩画，朱漆栏槛帘栊，檐柱也改为石柱，并刻龙为饰"，同时在"泮桥后石栏之东，紧接庙墙立有一通石碑，上刻'官员人等至此下马'，习称下马碑"，第一次把孔庙的建筑制式与皇宫等同了起来。与此同时在庙门前新建了"棂星①门"，按照"灵星即天田星，汉高祖祭天祈年，命祀天田星"等说法，棂星门的建造，象征着祭孔如同尊天[139]。同时，"章宗一朝在地方上从明昌二年至泰和八年（1208年）修建了太原府（今山西太原市），应州（今山西应县），棣州（今山东惠民县），许州（今河南许昌市），长子县（今山西长子县），鸡泽县（今河北永平县东南），绥德州（今陕西绥德县），保德州（今山西保德县），万全县（今河北万全县），肥乡县（今河北肥乡县），郏县（今河南郏县）等十一座孔庙"[139]。河南郏县文庙，金章宗泰和六年（1206年）建庙正；泰和四年（1204年），"诏刺史，州郡无宣圣庙学者并增修之"[148]。章宗之后，帝位更迭，战事频繁。文庙修建活动大大减少，但是仍然有建庙历史，诸如河南叶县文庙，金哀宗正大三年（1226年）创庙。同时，哀宗正兴元年（1232年），在战火纷飞的年代，仍旧于八月丁巳，"释奠孔子"[149]，可见儒学思想在金代帝王心中的地位之重。

1.10 元朝——庙学并置格局终确立

元代是蒙古族确立的政权，也是中国历史上第一个少数民族建立的统一王朝。在面对孔子和儒学的态度上，元朝皇帝和前代少数民族统治者一样，为了吸收汉族优良文化和维护皇权统治，将尊孔崇儒的思想贯穿了整个朝代。并且由于今北京城内元代国子监的确切建立，"庙学并置"格局终于确立并成为范式，影响深远。

太祖成吉思汗时期，都城（金中都）的庙学因为战乱而损毁，王檝②"取旧枢密院地复创立之，春秋率诸生行释菜礼，仍取旧岐阳石鼓列庑下"[150]，同时期，耶律

---

① 棂星亦称灵星。
② 王檝，字巨川。父王霆，在金朝为武节将军、麟游主簿。

楚材①"请遣人入城，求孔子后，得五十一代孙元措，奏袭封衍圣公，付以林庙地。命收太常礼乐生，及召名儒梁陟、王万庆、赵著等，使直释九经，进讲东宫。又率大臣子孙，执经解义，俾知圣人之道。置编修所于燕京、经籍所于平阳，由是文治兴焉"[151]。宪宗时期，"凡业儒者试通一经即不同编户着为令甲儒人免丁者实月乃合始之也"[152]。世祖忽必烈中统二年（1261年），诏令"（郡县）宣圣庙及所在书院有司，岁时致祭，月朔释奠"[153]。大元建国之后，世祖忽必烈时期，刘秉忠②进言："古者庠序学校未尝废，今郡县虽有学，并非官置。宜从旧制，修建三学，设教授，开选择才，以经义为上……孔子为百王师，立万世法，今庙堂虽废，存者尚多，宜令州郡祭祀，释奠如旧仪"[154]，世祖采纳了其建议。且根据巎巎③所述："世祖以儒足以致治，命裕宗学于赞善王恂……尝暮召我先人坐寝榻下，陈说《四书》及古史治乱，至丙夜不寐"[155]，反映了世祖对儒学的重视。元成宗即位之初，下诏"孔子之道，垂宪万世。有国家者，所当崇奉。诸路应设庙学、书院，禁官民亵渎。学田勿得侵夺"[156]。成宗大德十一年（1307年），武宗即位，诏曰："盖闻先孔子而圣者非孔子无以明，后孔子而圣者非孔子无以法，所谓祖述尧舜，宪章文武，仪范百王，师表万世者也，朕纂承丕绪，敬仰休风，循治古之良规，举追封之盛典"，加封孔子为大成至圣文宣王，遣使阙里祀以太牢[157]。元仁宗时期，又加封孔子后人、颜子、从祀人员。

关于庙学设置，宋代"庙学并置"已初现范式，元代在国家学校中继续遵照此式，并在元大都国子监"庙学"格局确立中终成定制。大蒙古建国初，即在都城和林城敕修孔子庙。太祖十年（1215年），攻破金中都，采纳王檝建议"取旧枢密院地复创立"庙学[150]。太宗五年（1233年），"权就燕京文庙，以道士兼教汉儿文字……以燕京为国学"[158]，此时庙学具体格局不考，但是就庙建学当是事实，"庙学"必在一处。后在上都平城（1255—1264年）又有立国子学于新建孔庙西侧（即左庙右学）的记载[49]。

至元元年（1264年），世祖忽必烈将金中都定为"中都"。至元四年（1267年），在金中都旧城东北新建都城。至元八年（1271年），定号"大元"。至元九年（1272

---

① 耶律楚材（1190—1244年），字晋卿，号玉泉老人、湛然居士，契丹族，蒙古帝国时期的政治家，提出以儒家治国之道并制定了各种施政方略，为蒙古帝国的发展和元朝的建立奠定了基础。

② 刘秉忠（1216—1274年），初名刘侃，法名子聪，字仲晦，号藏春散人，大蒙古国至元代初期杰出的政治家、文学家。

③ 巎巎，字子山，康里氏。父不忽木，自有传。祖燕真，事世祖，从征有功。

年）改中都为"大都"，并迁都于此。关于元大都国子监，已经有诸多关于其营建历史的文献和专著研究，在这里仅对其建筑历史发展做简要叙述。元世祖至元二十四年（1287年）即有关于国子监官职设立、校园位置的规划文件："国学前件议得：监官四员；祭酒一员，周正平；司业二员，耶律伯强、砚伯固；监丞一员，王嗣能【监察御史】；学官六员；博士二员，张仲安、滕仲礼；助教四员，谢奕【教授】、周鼎【童科】、靳泰亨【刑部令史】、王载【建宁教授】；监令史二名。学生【元议二百人先设一百二十人】蒙古五十人，诸色目、汉人五十人【十岁已上】，伴读二十人【公选通文学人充十五以上】。学舍比及标拨官地兴盖以来，拟拨官房一所，安置创建房舍讲堂五间、东西学官厅。二座【各三间】、斋房三十间【东西各十五间】、厨房六间【分左右】、仓库房五间、门楼一间。生员饮膳，每人日支【面一斤米一升】油盐醋酱，菜蔬柴炭照例勘酌应付，床桌什物锅灶碗碟等物，验人数多寡逐旋应付。厨子二名，仆夫一十人。生员各用纸札笔墨官为应付，本学各用经史子集诸书，于官书内关学产比及别行措置。以来生员饮食并一切所需之物，官为应付候置讫学田然后住支……国子监隶集贤院……文庙前件议得合行创建一所先立学校，后盖文庙，大都拨地与国学一同兴盖。"[159] 建造工程于元成宗大德十年（1306年）开始，先营造孔庙，直到元武宗至大元年（1308年），国子监竣工，此时的国子监南北方向为两进院落，拥有数十间教室。元仁宗延祐四年（1317年），重修殿庑门堂，建东西两斋，增建环廊，扩建斋舍，修建崇文阁以藏经书，为三层重檐庑殿顶建筑，自此国家最高学府国子监和文庙格局终成，即意味着"庙学并置"格局第一次以国家最高学府的身份得到确立，提供了地方学校可以参考和仿效的模板（图1-13）。

　　除"国子监"的建立表明"庙学并置"的确立之外，其他方面亦能证其成熟。元世祖忽必烈至元十九年（1282年），对于各府、县学校的学校官职配置做出明规定："总管府：教授二员，钱粮官二员，学录、学正各二员，斋长、谕各一员。散府：教授二员，钱粮官一员，学录、学正各一员，斋长、谕各一员。书院：山长二员，钱粮官一员，学录、学正各一员，斋长、谕各一员。县学：教谕二员，钱粮官一员，斋长、谕各一员。"[159] 元世祖至元二十九年（1292年）四月，"谓宜令各处旧有庙学，遇有损坏，实时修营，旧无庙宇，随力建创，立以期限，务要完整，岁时朔望，行礼唯谨"[159]。世祖时期，至元三十一年（1294年）七月日，"谕中外百司官吏人等：孔子之道，垂宪万世，有国家者，所当崇奉。曲阜林庙，上都、大都、诸路府、州、县邑应设庙学、书院，照依世祖皇帝圣旨，禁约诸官员、使臣、军马，毋得于内安下，

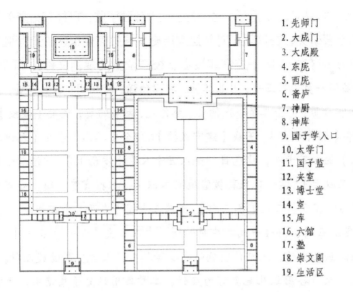

1. 先师门
2. 大成门
3. 大成殿
4. 东庑
5. 西庑
6. 斋庐
7. 神厨
8. 神库
9. 国子学入口
10. 太学门
11. 国子监
12. 夹室
13. 博士堂
14. 室
15. 库
16. 六馆
17. 塾
18. 崇文阁
19. 生活区

图 1-13　元大都孔庙、国子学平面复原图

图片来源：姜东成. 元大都孔庙、国子学的建筑模式与基址规模探析 [J]. 中国名城，2011
（3）：40.

或聚集理问词讼，亵渎饮宴，工役造作，收贮官物"[159]。

《庙学典礼》成书于元代，其记载时期始于元太宗窝阔台丁酉年间，终于元成宗
大德年间，对于"庙学"的典礼、官职设置、官职俸禄、大学小学设置等方方面面
做了十分清晰的描述，其中"庙学"字样遍布全书，如《卷之一·官吏诣庙学烧香
讲书》中"今移文各路，遍行所属，如遇朔望，自长次以下正官同首领官，率领僚
属吏员，俱诣文庙烧香。礼毕，从学官、主善诣讲堂，同诸生并民家子弟愿从学者，
讲议经史，更相授受。日就月将，教化可明，人材可冀"[159]，《卷二·江淮等处秀
才免差役庙学禁骚扰》中"今后在籍秀才，做买卖纳商税，种田纳地税，其余一切
杂泛差役并行蠲免，所在官司常切存恤。仍禁约使臣人等毋得于庙学安下，非理骚
扰。准此"[159]，《卷三·不许变卖学舍》中"扬州在城宣圣庙学舍东西两教授厅屋二
所，及先儒邹道乡先生祠宇一所，于内四柏亭等系道乡先生分教路学，手植四柏建亭，
经今二百余年"[159]，《卷四·王御史言六事》中"谓宜令各处旧有庙学，遇有损坏，
实时修营，旧无庙宇，随力建创，立以期限，务要完整，岁时朔望，行礼唯谨"[159]，《卷
四·教官任满给由》中"已后考满，须要将仕内收支钱粮、教养生员、月书季考课
业实迹，又庙学房舍、经史书籍、图志版文、祭器一切系官对象交割明白，依例开写，

从本处官司给由，廉访司体察相同，别无侵欺黏带过犯，方许求仕"[159]，《卷五·行台治书侍御史咨呈勉励学校事宜》中"庙学损坏，随即修完，作养后进，严加训诲，讲习道艺，务要成材"[159]。还有更多内容，不在这里一一赘述。元制春秋释奠改用太牢，登歌九章，后颁乐章十四奏[96]。

关于地方学校的设立，也有零星史料记载。元世祖时期，刘秉忠进言："古者庠序学校未尝废，今郡县虽有学，并非官置。宜从旧制，修建三学，设教授，开选择才，以经义为上，词赋论策次之。兼科举之设，已奉合罕皇帝圣旨，因而言之，易行也。开设学校，宜择开国功臣子孙受教，选达才任用之。"[154]元世祖至元六年（1269 年），杨果"出为怀孟路总管，大修学庙"[160]。至元十二年（1275 年），时任云南平章政事①的赛典赤"创建孔子庙明伦堂，购经史，授学田，由是文风稍兴"[161]。元大德元年（1297 年）勅有司到任先谒孔庙[96]。元成宗大德九年（1305 年），"复下诸郡邑遍立庙学，选文学之士为之教官，文风大兴"[161]。

元代统治者虽非汉人，但是依然以孔子的思想贯穿始终。尊儒重"庙学"是元代的基本特征，虽然在太宗窝阔台时期，在宣圣庙、国子学的管理和产权有过道、儒之争论，且最初的国子学是"以道士兼教汉儿文字"[158]，但在"庙学制度"上，元代从国学角度自上而下确立了一套明确、完备的"庙学"体制和"庙学"配置，并且这个配置在国家最高学府中明确体现，为明清"庙学"制度的完善提供了最初的较为完备的原型。在地方庙学中，元代恢复前代废制，在各地修文庙，完善"庙学"，对于地方官学"庙学"的兴建做出突出贡献，凡此等等，均得益于元代统一的局势和稳定的社会环境。

1.11　明朝——启圣祠对庙学并置格局的影响

明代对"庙学"并置格局的完善和发展做出了巨大的贡献，其中首先要肯定的是嘉靖年间新增的启圣祠对"庙学"格局的巨大冲击。除此之外，明代对尊孔崇儒的思想尤为推崇；在学校设置方面，明代出现了"卫学"；"庙学"格局逐渐完备，出现名宦、乡贤祠，敬一亭等单体建筑。

---

① 平章政事：一省最高行政长官。

明太祖即位前，即"入江淮府，首谒孔子庙"[162]。洪武元年（1368年）二月，诏以太牢祀孔子于国学，仍派遣使者去曲阜孔庙致祭。临行谕曰："仲尼之道，广大悠久，与天地并。有天下者莫不虔修祀事。朕为天下主，期大明教化，以行先圣之道。今既释奠成均，仍遣尔修祀事于阙里，尔其敬之。"[162]并且，定祭祀制度，"又定制，每岁仲春、秋上丁，皇帝降香，遣官祀于国学。以丞相初献，翰林学士亚献，国子祭酒终献。先期，皇帝斋戒。献官、陪祀、执事官皆散斋二日，致斋一日。前祀一日，皇帝服皮弁服，御奉天殿降香。至日，献官行礼"[162]。洪武三年（1370年），诏令"革诸神封号，惟孔子封爵仍旧。且命曲阜庙庭，岁官给牲币，俾衍圣公供祀事"[162]。洪武四年（1371年），礼部奏定仪物。改初制笾豆之八为十，笾用竹。其簠簋登铏及豆初用木者，悉易以瓷。牲易以熟。乐生六十人，舞生四十八人，引舞二人，凡一百一十人。礼部请选京民之秀者充乐舞生，太祖曰："乐舞乃学者事，况释奠所以崇师，宜择国子生及公卿子弟在学者，豫教肄之。"[162]洪武五年（1372年），罢孟子配享。逾年，帝曰："孟子辨异端，辟邪说，发明孔子之道，配享如故。"洪武七年（1374年）"二月上丁日食，改用仲丁。"[162]洪武十五年（1382年），南京太学建成，太祖"帝既亲诣释奠，又诏天下通祀孔子，并颁释奠仪注。凡府州县学，笾豆以八，器物牲牢，皆杀于国学。三献礼同，十哲两庑一献。其祭，各以正官行之，有布政司则以布政司官，分献则以本学儒职及老成儒士充之。每岁春、秋仲月上丁日行事。初，国学主祭遣祭酒，后遣翰林院官，然祭酒初到官，必遣一祭。十七年，敕每月朔望，祭酒以下行释菜礼，郡县长以下诣学行香。二十六年，颁大成乐于天下。二十八年，以行人司副杨砥言，罢汉扬雄从祀，益以董仲舒"[163]。同年，又"命礼部制大成乐器以颁天下儒学，一一国子监乐器为准"[164]。并且"令学者非五经孔孟之书不读，非濂洛关闽之学不讲"[165]，对儒学的尊崇不在话下。洪武十五年（1382年），新建太学，依然名为大成殿，勅孔子以下撤塑像用木主，大成门仍列戟二十四枝，又在前面加棂星门，诏天下通祀孔子；十七年（1384年），勅每月朔望，郡县以下诣学行香；二十六年（1393年），颁大成乐于天下[96]。明洪武戊中年令天下儒学建先贤祠，左祠贤牧，右祀贤者，成化时改称名宦乡贤祠，今仍其制[96]。

在学校生员设置方面，"明洪武二年十月辛卯，诏天下郡县并建学校，以作养士子，定在京府学生员六十人，在外府学四十人，州学三十人，县学二十人，日给廪膳，听于民间选补，仍免其家差徭二丁，八年立社学。十六年奏准天下府、州、县学自明年为始，岁贡生员各一人。二十年令增广生员，不拘额数。正统元年，令生员名缺许本处官员军民之家及社学俊秀无过犯子弟选补。六年令府学一年贡一人，州学三年贡二人，县学二年贡一人，遂为定例。十二年奏准令生员常额之外，军民子弟原入学者提调教官，考选俊秀待补，增广名缺一体考送应试。成化三年，令卫学，四卫以上军生八十人，三卫以上军生六十人，二卫、一卫军生四十人，不及者不拘，有司儒学军生二十人。正德十年，奏准都司卫所学，原定一年一贡者，与设廪膳，增广生员各三十名，原定二年一贡者，与设廪膳，内照例考宣充贡，有多余者俱作附学，不堪者不必取足。万历十一年，题准各提学，每岁考校儒学，务要不失原额，间有他故，巡历不周，次年即行如数补足，其地方果系科目数多，就试人众则于定额之外量加数名，但不许倍于原数，乏才之处，毋得因而一概取盈"[166]。

明成祖朱棣时，赞孔子"继往圣，开来学，其功贤于尧舜，故曰自生民以来未有盛于孔子者"[5]，命令"儒臣辑五经，《四书大全》及《性理全书》颁布天下"[165]。明宣宗宣德三年（1428 年），"以万县训导李译言，命礼部考正从祀先贤名位，颁示天下"[162]；十年（1435 年），"慈利教谕蒋明请祀元儒吴澄。大学士杨士奇等言当从祀，从之"[162]。明英宗正统二年（1437 年），"以宋儒胡安国、蔡沈、真德秀从祀"[162]；三年（1438 年），"禁天下祀孔子于释、老宫。孔、颜、孟三氏子孙教授装侃言：'天下文庙惟论传道，以列位次。阙里家庙，宜正父子，以叙彝伦。颜子、曾子、子思，子也，配享殿廷。无繇、子晳、伯鱼，父也，从祀廊庑。非惟名分不正，抑恐神不自安。况叔梁纥元已追封启圣王，创殿于大成殿西崇祀，而颜、孟之父俱封公，惟伯鱼、子晳仍侯，乞追封公爵，偕颜、孟父俱配启圣王殿。'帝命礼部行之，仍议加伯鱼、子晳封号"[162]。正统九年（1444 年），增乐舞为七十二人。正统十三年（1448 年），命中外学官悉改元时塑圣像之左衽者[96]。明宪宗成化二年（1466 年），"追封董仲舒广川伯，胡安国建宁伯，蔡沈崇安伯，真德秀浦城伯"[162]；十二年（1476 年），"从祭酒周洪谟言，增乐舞为八佾，笾豆各十二"[162]。明孝宗弘治八年（1495 年），"追封杨时将乐伯，从祀，位司马光之次"[162]；九年（1496 年），"增乐舞为七十二人，如天子之制"[162]；十二年（1499 年），"阙里孔庙毁，敕有司重建"[162]；十七年（1504 年），"阙里孔庙成，遣大学士李东阳祭告，并立御制碑文"[162]。明武宗正德十六年（1521 年），"诏有司改建孔氏家庙之在衢州①者，官给钱，董其役，令博士孔承义奉祀"[162]。

---

① 衢州：北宋末年，金兵南侵，宋高宗赵构仓促南渡，建都于临安，孔子第 48 代裔孙孔端友，负着孔子和孔子夫人的楷木像，离开山东曲阜，南迁至衢州，后敕建孔氏家庙，为宗庙。

明世宗嘉靖九年（1530年），引发了一场关于祭祀孔子及颜子、曾子、子思父亲的讨论，揭开关于"父辈在哪个位置祭祀好？"的大讨论，大学士张璁言："'先师祀典，有当更正者。叔梁纥乃孔子之父，颜路、曾晳、孔鲤乃颜、曾、子思之父，三子配享庙庭，纥及诸父从祀两庑，原圣贤之心岂安？请于大成殿后，别立室祀叔梁纥，而以颜路、曾晳、孔鲤配之。'帝以为然，因言：'圣人尊天与尊亲同。今笾豆十二，牲用犊，全用祀天仪，亦非正礼。其谥号、章服悉宜改正。'璁缘帝意，言：'孔子宜称先圣先师，不称王。祀宇宜称庙，不称殿。祀宜用木主，其塑像宜毁。笾豆用十，乐用六佾。配位公侯伯之号宜削，止称先贤先儒。其从祀申党、公伯寮、秦冉等十二人宜罢，林放、蘧瑗等六人宜各祀于其乡，后苍、王通、欧阳修、胡瑗、蔡元定宜从祀。'"[162] 群臣进言，均不得世宗心意，他甚至大发雷霆，贬谪徐阶、黎贯、王汝梅等人。后礼部会同诸臣议论，"人以圣人为至，圣人以孔子为至。宋真宗称孔子为至，宋真宗称孔子为至圣，其意已备。今宜于孔子神位题至圣先师孔子，去其王号及大成、文宣之称。改大成殿为先师庙，大成门为庙门。其四配称复圣颜子、宗圣曾子、述圣子思子、亚圣孟子。十哲以下凡及门弟子，皆称先贤某子。左丘明以下，皆称先儒某子，不复称公侯伯。遵圣祖首定南京国子监规制，制木为神主。仍拟大小尺寸，著为定式。其塑像即令屏撤。春秋祭祀，遵国初旧制，十笾十豆。天下各学，八笾八豆。乐舞止六佾。凡学别立一祠，中叔梁纥，题启圣化孔氏神位，以颜无繇、曾点、孔鲤、孟孙氏配，俱称先贤某氏，至从祀之贤，不可不考其得失。申党即申枨，厘去其一。公伯寮、秦冉、颜何、荀况、戴圣、刘向、贾逵、马融、何休、王肃、王弼、杜预、吴澄罢祀。林放、蘧瑗、卢植、郑众、郑玄、服虔、范宁各祀于其乡。后苍、王通、欧阳修、胡瑗宜增入。"[162] 嘉靖皇帝采纳了建议，命令悉如议行。之后又以行人薛侃议，"进陆九渊从祀"[162]。自此启圣祠成为全国各地学校必须建设的一个重要建筑单体，它的出现，深深影响了"庙学"格局的形制变化。

关于木主的设置，洪武时，"司业宋濂请去像设主，礼仪乐章多所更定"，没有得到太祖朱元璋的允许[162]。后成化、弘治年间，"少詹程敏政尝谓马融等八人当斥。给事中张九功推言之，并请罢荀况、公伯寮、蘧瑗等，而进后苍、王通、胡瑗，为礼官周洪谟所却而止"[162]。之后嘉靖时期，张璁力主，众不敢违。"毁像盖用濂说，先贤去留，略如九功言。其进欧阳修，则以濮议故也"[162]。嘉靖九年（1530年），通撤天下学官塑像祀以木主改大成殿曰先师庙，大成门为庙门，撤戟。

明代不仅仅对于孔子极力推崇，对于配祀孔子的具体人物、配祀启圣祠的人物等具体方面做出了细致规定。明世宗嘉靖十年（1531年），国子监的启圣宫祠建设完工，并对于启圣祠祭祀日期、祭祀人员等做出了一系列规定："从尚书李时言，春秋祭祀，与文庙同日。笾豆牲帛视四配，东西配位视十哲，从祀先儒程晌、朱松、蔡元定视两庑。辅臣代祭文庙，则祭酒祭启圣祠。南京祭酒于文庙，司业于启圣祠。遂定制，殿中先师南向，四配东西向。稍后十哲：闵子损、冉子雍、端木子赐、仲子由、卜子商、冉子耕、宰子予、冉子求、言子偃、颛孙子师皆东西向。两庑从祀：先贤澹台灭明、宓不齐、原宪、公冶长、南宫适、高柴、漆雕开、樊须、司马耕、公西赤、有若、琴张、申枨、陈亢、巫马施、梁鳣、公晳哀、商瞿、冉孺、颜辛、伯虔、曹恤、冉季、公孙龙、漆雕哆、秦商、漆雕徒父、颜高、商泽、壤驷赤、任不齐、石作蜀、公良孺、公夏首、公肩定、后处、鄡单、奚容蒧、罕父黑、颜祖、荣旂、秦祖、左人郢、句井疆、郑国、公祖句兹、原亢、县成、廉洁、燕伋、叔仲会、颜之仆、邦巽、乐欬、公西舆如、狄黑、孔忠、公西蒧、步叔乘、施之常、秦非、颜哙，先儒左丘明、公羊高、谷梁赤、伏胜、高堂生、孔安国、毛苌、董仲舒、后苍、杜子春、王通、韩愈、胡瑗、周敦颐、程颢、欧阳修、邵雍、张载、司马光、程颐、杨时、胡安国、朱熹、张栻、陆九渊、吕祖谦、蔡沈、真德秀、许衡凡九十一人"[162]。之后明代历代皇帝，均有增祀：明穆宗隆庆五年（1571年），"以薛瑄从祀"[162]。明神宗万历年间，"以罗从彦、李侗从祀"[162]；十二年（1584年），"又以陈献章、胡居仁、王守仁从祀"[162]；二十三年（1595年），"以宋周敦颐父辅成从祀启圣祠""又定每岁仲春、秋上丁日御殿传制，遣大臣祭先师及配位。其十哲以翰林官、两庑以国子监官各二员分献。每月朔，及每科进士行释菜礼。司府州县卫学各提调官行礼。牲用少牢，乐如太学。京府及附府县学，止行释菜礼"[162]。明毅宗崇祯十五年（1642年），"以左丘明亲授经于圣人，改称先贤。并改宋儒周、二程、张、朱、邵六子亦称先贤，位七十子下，汉唐诸儒之上。然仅国学更置之，阙里庙廷及天下学宫未遑颁行也"[162]。

明代官方学校主要分为两大系统，"学校有二曰国学，曰府、州、县学"[167]，即中央官学和地方官学。中央官学主要是国子学（或称国子监，明代国子监即国子学），是全国最高学府，兼有教育贵胄子弟的宗学、专门培养武将人才的武学、医学、阴阳学，后三者为专科性质的学校，与"庙学"无甚关系。地方学校，按照行政区域划分为府、州、县官学，是"庙学"的集中体现对象。

明代国家最高学校，开始有南京国子监、中都国子监，之后明成祖朱棣永乐十八年（1420年）移都北京，在元大都国子监基础上增创北京国子监。元惠宗至正二十五年（1365年）九月，吴王朱元璋将元代的集庆路儒学（即南宋江宁府儒学）改为中央国子学[168]。明太祖朱元璋建大明后，定都南京，洪武十四年（1381年），"鉴于国学生日众，而国子学地方狭隘"[168]"诏改建国子学于鸡鸣山之阳"[164]，并且太祖亲自前往视察学校建设情况。洪武十五年（1382年），"正月甲午作先师孔子庙"[164]，三月"改国子学为国子监，初定监规九条"[164]，五月乙丑"太学成"[163]，太祖亲自释奠、释菜，之后令祭酒等次第讲学。"庙学"格局为：庙在学东，中大成殿，左右两庑，前大成门，门左右列戟二十四。门外东为牺牲厨，西为祭器库，又前为棂星门[163]。当年，太祖亲自释奠于先师孔子。洪武三十年（1397年），"以国学孔子庙隘，命工部改作，其制皆帝所规画。大成殿门各六楹，灵星门三，东西庑七十六楹，神厨库皆八楹，宰牲所六楹"[162]。明成祖朱棣永乐年初，建庙于太学之东[162]。关于南京国子监的具体格局，沈旸先生已有十分缜密、完整的对于南京国子监孔庙格局的探析[49]，在这里不做重复描述。中都国子学是在明太祖朱元璋的老家凤阳府所建的，洪武八年（1375年），"置中都国子学"[169]。洪武十五年（1382年），"改国子学为国子监。中都国子学，为中都国子监"[169]。洪武二十六年（1393年），"革中都国子监"[169]，并入南京国子监。关于中都国子监的具体格局，未见史料记载，"中都国子监前后存在了18年，其中的具体活动，各类史籍都缺乏记载。以此可以推知，在这18年间，中都国子监并没有在当时的教育中占有重要地位。因此，终洪武一朝，位于京城的国子监始终是国子教育的主体"[170]。

明朝是地方"庙学"发展的成熟期。郡县学校，创立自唐代，宋代设置诸路学官，元代因宋，但是对于学校设置、规定等没有具体明确的规定。明代时期，不仅仅命令地方设置学校，并且对于学校的官员配置、选举制度、教官俸禄等做出明确规定，"天下府、州、县、卫所，皆建儒学，教官四千二百馀员，弟子无算，教养之法备矣"[167]。

明太祖洪武二年（1369年），朱元璋谕中书省大臣曰："学校之教，至元其弊极矣。上下之间，波颓风靡，学校虽设，名存实亡。兵变以来，人习战争，惟知干戈，莫识俎豆。朕惟治国以教化为先，教化以学校为本。京师虽有太学，而天下学校未兴。宜令郡县皆立学校，延师儒，授生徒，讲论圣道，使人日渐月化，以复先王之旧"[167]，于是"大建学校，府设教授，州设学正，县设教谕，各一。俱设训导，府四，州三，县二。生员之数，府学四十人，州、县以次减十。师生月廪食米，人六斗，有司给以鱼肉。学官月俸有差。生员专治一经，以礼、乐、射、御、书、数设科分教，务求实才，顽不率者黜之"[167]。明洪武二年己酉，诏"天下郡县并建学校以作养士子"[4]。洪武十五年（1382年），颁布"学规于国子监，又颁禁例十二条于天下，镌立卧碑，置明伦堂之左。其不遵者，以违制论"[167]。关于学校的设置，"盖无地而不设之学，无人而不纳之教"[167]。具体情况参考《世界孔子庙》中的"洪武年间设立儒学、文庙情况表""明代各朝设立儒学文庙数字表"。

除按照行政区域划分之外，出于统治和管理需要，明代在军事制度上，实行"卫所制度"，包括都司、行都司、卫所，都是由朝廷根据各地的防卫、战略需要而设置，或数府一卫，或一府数卫，具有较强的独立性。都司、行都司、卫所多分布在东北、沿海、西南等偏远地区，都司、行都司、卫所内具有地方官学性质的儒学，配置与地方学校相同，"都司儒学，洪武十七年置，辽东始。行都司儒学，洪武二十三年置，北平始。卫儒学，洪武十七年置，岷州卫，二十三年置，大宁等卫始。以教武臣子弟。俱设教授一人，训导二人"[171]。关于卫是军事制度下的建制、养军寓民的举措，其带有强烈的"武"的色彩，但是却建以"文"为重的儒学的原因，《辽东志》中道明："粤稽三代，学校与军旅常相关焉，故王制云：天子将……受成于学，出征，执有罪；反，释奠于学，以讯馘告。《鲁颂》云：既作泮宫，淮夷攸服，亦见文武之道合而一也。后世弗循古典，文武之教歧而为二，事于武者诋文士为迂阔，事于文者陋武士为麤戾，有国家者亦或别立武学而以前代名将祀是，岂知学校军旅相关而文武无异道哉……惟武功修而文教不可以缓也。"[172]

辽东都司城内，旧有元代儒学，《都司庙学碑记》中大学士秀水吕讲到"自京都达于郡县莫不建学立师，其设武卫而无郡县者亦莫不有学，何其盛也"[172]。因此明太祖洪武十四年（1381年）命建学，选址，庀材亦同年进行；十五年（1382年）建大成殿、两庑、戟门，之后又重建明伦堂，志道、据德、依仁、游艺四斋，神厨、射圃，增广学舍。明成祖永乐十年（1412年），塑先师以下像，规制略备。明英宗正统十一年（1446年）、明代宗景泰四年（1453年）在明伦堂后建高阁四楹，建屋二十间作为学生藏修所。明英宗天顺二年（1458年），为龛于两庑；三年（1459年）重修。明宪宗成化七年（1471年）重修，十一年（1475年）改造祭器。明孝宗弘治五年（1492年）建四斋，东西号房；六年（1493年）开凿泮池；十一年（1498年）改建棂星门；十四年（1501年）建尊经阁。明武宗正德十年（1515年）修庑像、设雅乐。明世宗嘉靖八年（1529年）拓其南方垒石为山，凿泮池；十三年（1534年）开拓尊经阁后地基，增置尊经阁五间；十六年（1537年）重修殿庑堂斋、泮池、三面牌坊。

辽东都司下设的各卫，如广宁卫、广宁右屯卫、义州卫、宁远卫、前屯卫、海州卫、金州卫不无设学，甚至都司辖区内出现辽左习武书院、崇文书院、仰高书院、辽右书院、蒲阳书院等私学[172]，足可见文风之盛。

卫学中比较有代表性的有山东威海卫学（图1-14）。威海卫之地，原来属北齐牟平县，后天保七年（556年）分牟平县置文登县，威海即随文登县出，后历经隋唐、宋元不改。明太祖洪武三十一年（1398年），"析文登县辛汪都三里"立威海卫。明成祖永乐元年（1403年），建城领左、迁、后三所，总部系山东都司兼辖属宁海州。卫学在卫治所东。明英宗正统年初，卫学"日就毁颓，礼殿仅存，风日穿漏，丹青不圭，堂庑斋垣欹倾压覆"。明世宗嘉靖六年（1527年），巡察海道副使冯时雍巡行至威海卫，"乃谒文庙先师，历生徒具得庙学废状"；七年（1528年），重建完整"殿庑堂斋廊舍门库垣堵之属，咸严正如法"。明神宗万历八年（1580年），重修。明熹宗天启五年（1625年），指挥李世勋重建。明思宗崇祯二年（1629年），指挥王运隆重建明伦堂，指挥陶运化重修戟门、泮池、棂星门、石坊；顺治间重修；康熙间创建崇圣祠，守备朱孚吉创建名宦、乡贤二祠，教授王瀛改名宦祠草堂为瓦屋，又守备张迈良竖御碑二座，教授王谦志创建照壁，守备韩公远重修两庑、遍设两庑木主、树栅栏于棂星门外；雍正四年（1726年）教授张介正重修明伦堂；雍正七年（1729年）守备张昭奉文镌圣训碑一座竖明伦堂；乾隆二年（1737年）邑人布政使王士任捐俸银二百两，重修大成殿，改梁易柱，桷栱全易，高起五尺，肖像一新，邑贡生

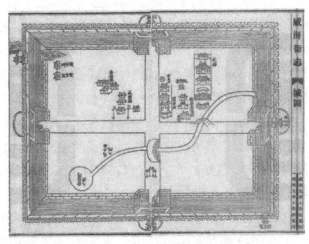

图1-14　山东威海卫城图
图片来源：《民国威海卫志》（国家数字图书馆）

郭文大有威海学纪事词；乾隆四年（1739 年）、五年（1740 年）阖学用学田租息增修两庑各二间，易竹笆以木板，重整周围墙垣；乾隆八年（1743 年）用学田余资重建崇圣祠。威海卫学的"庙学"格局为前庙后学：庙制中为大成殿，东西为两庑，前为戟门及泮池，池之南为棂星石坊。两庑迤南左为名宦祠，右为乡贤祠，殿后明伦堂，东为崇圣祠，西为教授宅[173]。

　　靖海卫位于山东省威海市荣成市西南端，现为靖海卫村。卫学据史料记载，是明正统四年（1439 年）指挥潘兴草创，规模与地方官学相同，有两庑、大成殿、明伦堂、泮池、启圣公祠等。嘉靖年间兵道冯时雍东巡，移文修葺，万历末乡官宋廷训捐资修饰，后清顺治、康熙重修久废的明伦堂、两庑、启圣官祠等[174]。

　　潼关卫于洪武九年（1376 年）设卫，后清代改为潼关县，位于陕西省关中平原东端。潼关卫文庙旧在卫治东，明正统四年（1439 年）都指挥佥事奏建。后来因为水患于成化十一年（1475 年）迁址卫治西南，为左庙右学格局，皆南向。嘉靖元年到嘉靖二年（1522—1523 年）重修，自大成殿、东西两庑、棂星门、戟门、明伦堂、四斋、师生号舍皆焕新，嘉靖二十一年（1542 年）、二十三年（1544 年）大加增修，卫学格局大备，仍然为左庙右学：先师殿左右为翼室，东西列两庑，前为庙门，门外东为名宦祠，西为乡贤祠，泮池（引潼水自南门入折流而注入泮池，又折而达于黄河）建石桥，前为棂星门，门内西为神厨库、宰牲所、东西号舍，左为启圣祠，右为明伦堂，东斋曰志道、依仁，西斋曰据德、游艺，前为仪门，又前为大门，堂后为敬一箴亭，左为讲堂，右为教官斋，儒学门外牌坊二，东曰德佩天地，西曰道观古今。万历十七年（1589 年）兵宪公斌重修启圣祠、名宦乡贤祠[175]。

　　云南的金齿卫军民指挥使司①建有儒学。根据尚书王直《重修金齿司学记》："明洪武十五年（1382 年），取永昌府置军卫镇志，之后以民少，遂罢永昌府，改卫为金齿军民指挥使司，洪武二十七年（1394 年），命秀才前往教学，始立孔子庙于中正坊之西，军民子弟都前来听学。之后庙学建成，殿堂门庑斋舍、厨库及诸器用靡不备俱。"[176]

　　关于其他卫、都司、行都司建学情况，可以参考孔祥林先生的《世界孔子庙研究》中的"明代军队儒学一览表"。纵然在全国的卫所已经广泛设置都司学、行都司学、卫学，但也存在个别卫未设置"庙学"的情形，比如戚继光镇守的临山卫（明

---

① 军民指挥使司：融合卫所和府州的功能，既管辖军户，处理卫内军务，也兼辖民户，处理民政事务，同时下辖当地土司机构。主要负责维护明朝在西部少数民族聚集地区的统治。

洪武二十年设卫所）即无"庙学"记载，当是未设"庙学"，或是出于当地居民不多，或是出于仅有军队驻扎设防需要。福建镇海卫（成化二十一年请示按照平海卫设学，后来获批之后才正式设学）"卫初无学。正统间礼部勘合令诸生附于县学，诸生以僻远辞乞自设学，许之。后郑晋、陈珠相继登荐而文庙学舍之制渐起。成化二十一年，本卫指挥使张文奉，乞照平海卫建立儒学，指挥使田霍复申，前奏俱回文行勘到部未报。嘉靖元年巡抚御史尚书王公以旂从诸生之请复奏之。三年报可，始建学，立师学以佛堂地为之学，庙以前所地为之，庙学隔为两处。朔望师生展谒勿便。二十六年训导张奋扬呈合庙学为一，又卫人愿以军钞为废，始克就绪。嘉靖三十四年，乃建儒学，在文庙之右，教谕在学堂之后，嗣后以时修缮人物益彬彬焉。万历二年，知府刘志业重修学，旧无廪教授钱惇请于志业谓卫故有指挥使十八员，今十血食者七若移无继禄以抵士廪事可相当于有司亦无扰，知府从之，即请于两墅监司俱报可戊寅春檄，海澄县缺俸米二百四十石给予贡生廪著为令，诸生自是享有实饩焉"[177]。

除此之外，"河东又设都转运司儒学，制如府。其后宣慰、安抚等土官，俱设儒学"[171]，且《民国重修蒙城县城书》中对明代学校的设置做如下描述："庠序学校之设由来旧矣，自秦而后汉晋唐宋元明无不崇儒重道，况我国家圣教昌明，各府州县皆已立学"[178]，可以说明代在地方官学上的设置是十分全面的，不仅有按照行政等级设置的府、州、县学，在其他特殊的位置，尤其是边疆区域、军事扼要、少数民族自治区域的统治区内，也广泛设置有儒学，构建了一套完备、有序的梳纳人才的系统。

关于明代学校相关制度，《宣化县新志》学制志记载："明宣德七年，诏置万全都司①（图1-15）学，先洪武二年诏府、州、县立学时，宣镇甫用经兵燹，民皆内徙，故未有立，是年，令卫所官舍军余俊秀者许入附近府、州、县，听赴本处乡试，总兵都督谭广奏请该镇俱为兵卫，无附近府、县，宜别置学，诏从之。正统元年，诏以监察御史督畿内②学政，是年，奏准各省南北直隶监察御史各一员，请敕专一提调学校，十年，令提学官遍诣所属学校，严加考试，时居庸关外等处地方俱属畿内，其学校皆提学御史管理。景泰五年，诏边卫置社学，自洪武至正统间，宣镇已立社学，延师儒以教民间子弟，其经兵有过之人不许为师，后令读御制大诰，师领其徒赴礼

---

① 万全都司：全称为万全都指挥使司。明宣德五年（1430年），宣府镇总兵谭广"请置都指挥使司，分直隶及山西等处卫隶之"，并获批。治所在宣府镇城的都指挥使司取名万全，借了万全卫的名号。

② 畿内：古称王都及其周围千里以内的地区。一指京城管辖之地。

部考，较次第给赏，复命兼读律令，后又令有俊秀向学者许补儒学生员，兵燹后社
学多毁，至是叶文庄请置，及嘉靖三十八年御史栾尚约增置宣府镇城社学凡三区。
成化二年，定卫学贡制：正统四年令府学一年贡一人，州学三年贡二年，县学二年贡
一人，至是礼部奏准卫学照县学例二年贡一人，三年，令卫学四卫以上军生八十人，
三卫以上军生六十人，二卫一卫军生四十人，不及者不拘，有司儒学儒生军生二十
人。弘治十四年定万全都司学贡制：初成化十六年令军民司卫府学例一年贡一人，都
司与州学例三年贡二人，弘治八年奏准府、州、县、卫学每年各增贡一名，至是年
都指挥使王祥奏准万全都司照府学例一年一贡，其余都司所属卫分少省不许滥比，
又令岁贡生员愿授教职人，本监送吏部严加考试，中者许廷试取中，选用不中仍回
本监肄业。隆庆三年诏复以宣大巡按御史督理学政，万历二十二年诏选贡：是时十二
学，得士止十有一人，二十三年大修万全都司学，先是堂宇湫隘，泮水桥门迫窄潢汙，
至是诸士请于巡抚王象乾，百废都爱胥，饬堂宇椓楔，焕然改观，建尊经阁于都司
学宫，有巡抚王象乾及翰林侍讲叶向高记，见艺文志。天启元年，诏选贡，是时为
十三学，共得士十有二人，四年礼部覆准加宣镇举人额数，先是本镇举子每科不乏
人如，隆庆丁卯四人，内亚元一人，亚魁一人，万历己酉科解元一人，自乙卯科缺名，
士子始议比照辽东加额五名，疏见艺文志，至是科始得加额三名，每科顺天府另编
旦字号，永著为例。崇祯八年诏拔贡：是年令天下学校于廪生中考拔其制，分为两场，
第一场试四书义三篇，经义二篇，第二场论一，表一，判一，策一，时合宣、大两
镇士子于宣府镇城，有监试提调官以两镇各道为之，有考试同考试官，及受卷，腾录、
对读、弥封等官皆于两镇同知、通判、推官、州县内取用，而巡按御史监临焉，其
名数大同十七学共十七名，本镇十三学共十三名，合共三十人，仍梓录宴于万全都司，
诏士子习射于学宫，时以流寇乱，欲得文武兼资之士，故有是诏。清顺治元年诏拔
贡，都司学二人，州县卫学各一人，宣镇十三学，共十有四人，五年诏拔贡，选授
通判推官县令，六年以畿内督学御史来较士，八年复以巡按御史兼理学政，诏拔贡，
九年颁至教士卧碑，十一年以畿内督学翰林院来较士，时罢巡方畿内督学改用赐林，
诏拔贡，十二年复林巡按御史兼理学政，十五年以后仍以畿内督学翰林院来较士，
至是遂永为定制，十四年裁减廪粮三分之二，十七年令岁科并为一考，北直学院遇科
年始一出关考试，罢宣、大乡实武闱，自顺治乙酉犹合宣云武士或于宣府镇城或在
蔚州试之，至丁酉而后令宣镇赴京闱应试，大同赴山西应试，省宣镇举人额数：宣镇
每科额例三名，自是科省一名。康熙三年裁各学训导，停止岁贡，五年更各卫学训

导皆为教授，本镇则龙门卫左卫延庆卫，八年更万全都司学为宣府前卫学，北直抚院题称据护理口北道印务下北路通判黄玉铉呈称东南二路城堡九处，生童向隶司学，今裁去，都司不便以镇城之大学归并州县之小学，援山西宁武所学之例请改司学为宣府前卫学，仍责令在城同知提调。九年复岁贡，十一年礼部覆请拔贡，从之，宣镇共十人，前卫学二名，余八学各一名。十二年复科岁两考，礼部覆台臣张疏内止有文生童，准其两考，并未议及武生童。十四年复武生童考试枝勇，兵部题称，自顺治十七年奉上谕，停止开弓舞刀掇石马箭射帽步箭射帽近射小把，嗣后考试生童以及乡会试，应照旧例，竖立大把射马步箭外，再试开弓舞刀掇石，验其树勇，三场考试，策论务取文理明通以取真才奉旨依议。十五年因钱粮匮乏，准文童捐银：其例文童生捐银百两得与考入童生一体科岁考试，本年省童生儒学额数，并将文童科岁两试暂减数目，府学共取十名，大学五名，中学三名，小学二名。十九年令捐纳武生，二十年复童生儒学额数并停捐纳生员。二十五年颁至御书匾额于学宫：御书万世师表已诏悬于阙里庙庭，仍允礼臣议颁行天下学宫摹勒匾额，一如阙里式，宣镇九学属在畿内而附郭前卫学瞻仰犹先命直隶督学翰林院来拔贡：时有条奏特行旷典励学宫普皇仁以崇文教之疏礼部，复准通行直省大臣大学拔二人，中小学一人，宣镇九学共拔十名，前卫学二名，余各一名。二十六年命修理文庙祭器：礼部覆台臣赵题国子监直隶各省府州县文庙礼制原有不同每年春秋二季丁日致祭十笾十豆，舞用六佾，各府州县八笾八豆，舞亦用六佾，并乐器各项俱照会典，原定遵行，久其间或有残缺未修者，亦未可定饬学臣及该管官员遵照定例修理具备，先期演习，不得视为具文，奉旨依议。二十七年令修理学宫，不可派累。二十九年命经过文庙下马并禁兵作践：京口将军张提准官兵人民经过文庙务须下马并禁止兵民不许在学宫内放养马污践。三十二年改宣府前卫为宣化县学，其儒学教授改为教谕：旧有学田若干顷亩，坐落花园，东据鸡鸣山，南至洋河岸，西至花园墙，东至沙河，北至山岗，每年共收租一百一十六石，稻米三石六斗，府县两学公分纳粮，亦如之。三十七年命直隶督学来拔贡：自是以后每十二年考取拔贡一次，县学一名，府学二名，永著为例。以上皆旧志。雍正十二年加中举人额数：礼部奉上谕：遇乡试之年，宣化府属另立旦字于奉天府属夹字号，额数相同，各取中三名，今宣郡人才教前渐盛又添蔚州一属应举人数加多，查夹字号前已应额二名，则旦字号亦应加增中式之数，着礼部定议具奏，故定为每科四名。光绪初因赴试者人家取销旦号统归大号，取中嗣因三科落空于年又请规复旦号，立有碑记，见艺文。" [179]

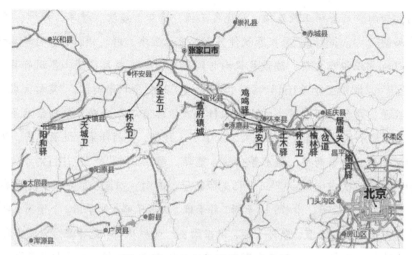

图 1-15　万全都司驿路示意图

1.12　清朝——庙学并置格局鼎盛及没落

清代是"庙学"并置格局的鼎盛期，同时由于清末战争破坏、科举废除等历史原因，"庙学"并置格局走向没落。清代尊孔崇儒为历史之最，史学研究的学者多有研究其原因，吴云以为有四："应对华夷之辨""文化上的'中国'认同""承继治统""以文教佐太平"[180]，孔祥林先生认为"为了体现政权的正统性，在思想上大力推崇孔子思想，提倡程朱理学"[5]，表明了尊孔崇儒是带有一定政治需要的，这个目的与前代大致无异，尤其对于非汉人传统的清朝来说。

明万历四十二年（1614 年），建州女真部首领努尔哈赤建立后金。万历四十三年（1615 年），努尔哈赤在赫图阿拉城内建起文庙，以表对孔子的尊崇。清崇德元年（1636 年），"建庙盛京，遣大学士范文程致祭。奉颜子、曾子、子思、孟子配。定春秋二仲上丁行释奠礼"[181]。

顺治元年（1644 年），清军入关，同年顺治帝迁都北京，清朝开始了长达二百七十六年的统治。世祖章帝福临定大原，基本上遵循明代国子监形制，"以京师国子监为大学，立文庙。制方，南向。西持敬门，西向。前大成门，内列戟二十四，石鼓十，东西舍各十一楹，北向。大成殿七楹，陛三出，两庑各十九楹，东西列舍如门内，南向。启圣祠正殿五楹，两庑各三楹，燎炉、瘗坎、神库、神厨、宰牲亭、井亭皆如制"[181]。同年，"每岁春秋仲月上丁日，直省、府、州、县各行释奠于先师之礼，以地方正印官主祭，陈设礼仪均与国子监同……每月朔望，各州府县官依旧例行香"[182]。顺治二年（1645年），世祖应国子祭酒李若琳奏请，"定称大成至圣文宣先师孔子，春秋上丁，遣大学士一人行祭，翰林官二人分献，祭酒祭启圣祠，以先贤、先儒配飨从祀。有故，改用次丁或下丁。月朔，祭酒释菜，设酒、芹、枣、栗。先师四配三献，十哲两庑，监丞等分献。望日，司业上香"[181]，并且对于先师孔子和四配十哲的位次做出规定："正中祀先师孔子，南向。四配：复圣颜子，宗圣曾子，述圣子思子，亚圣孟子。十哲：闵子损、冉子雍、端木子赐、仲子由、卜子商、冉子耕、宰子予、冉子求、言子偃、颛孙子师，俱东西乡。西庑从祀：先贤澹台灭明、宓不齐、原宪、公冶长、南宫适、公皙哀、商瞿、高柴、漆雕开、樊须、司马耕、商泽、有若、梁鳣、巫马施、冉孺、颜辛、伯虔、曹恤、冉季、公孙龙、漆雕徒文、秦商、漆雕哆、颜高、公西赤、壤驷赤、任不齐、石作蜀、公良孺、公夏首、公肩定、后处、鄡单、羑容蒇、罕父黑、颜祖、荣旗、句井疆、左人郢、秦祖、郑国、县成、原亢、公祖句兹、廉洁、燕伋、叔仲会、乐欬、公西舆如、狄黑、邦巽、孔忠、陈亢、公西蒇、琴张、颜之仆、步叔乘、施之常、秦非、申枨、颜哙、左丘明、周敦颐、张载、程颢、程颐、邵雍、朱熹，凡六十九人；先儒公羊高、穀梁赤、伏胜、孔安国、毛苌、后苍、高堂生、董仲舒、王通、杜子春、韩愈、司马光、欧阳修、胡安国、杨时、吕祖谦、罗从彦、蔡沈、李侗、陆九渊、张栻、许衡、真德秀、王守仁、陈献章、薛瑄、胡居仁，凡二十八人。启圣祠，启圣公位正中，南向。配位：先贤颜无繇、曾点、孔鲤、孟孙氏，东西乡。两庑从祀：先儒周辅成、程珦、蔡元定、朱松"[181]。顺治九年（1652年），皇帝视学，释奠先师，"王、公、百官，斋戒陪祀，前期，衍圣公率孔、颜、曾、孟、仲五氏世袭五经博士，孔氏族五人，颜、曾、孟、仲族各二人，赴都。暨五氏子孙居京秩者咸与祭。是岁授孔氏南宗博士一人，奉西安祀"[181]，且颁行"六谕"，令地方官责成乡约人等每月朔望宣诵，内容为："孝顺父母、尊敬长上、和睦乡里、教训子孙、各安生理、莫作非为"[183]。顺治十一年（1654年），定"提学按临①，次日祗

---

① 提学按临：提学官，又称督学，是省级教育行政长官，由朝廷任命，其任务是巡视省内各府、州、县学，检查教学质量，选拔进入国子监学习和参加乡试的生员。按临：巡视之意。

谒先师行礼"[184]。顺治十四年（1657 年），给事中①张文光言："追王固诬圣，而'大成文宣'四字，亦不足以尽圣，宜改题'至圣先师'"[181]，皇帝采纳了他的建议。

康熙六年(1667 年)，颁太学中和韶乐。康熙九年(1670 年)颁发《御制学校论》，全文如下："治天下者，莫亟于正人心，厚风俗，其道在尚教化，以先之学校者教化，所从出将以纳民于轨物者也是以。古者家有塾，党有庠，术有序，国有学，人生八岁自王以下至于庶人之子弟皆入小学，及其十有五年则自元子、众子以至公卿大夫元士之适子与凡民之俊秀皆入大学。盖自家至于国莫不有学，自天子至于庶人莫不学，自幼至于长莫不有学，凡学有诗书礼乐以为之本，干戈羽龠以为之文，父子君臣长幼之道于是焉，观之六德六行之教于是焉，取之所以淑其耳、目、手足之举措而养其心，以复其性，以为修己治人之大者可谓备至矣。是以当时之君子履信思顺以事其上，小人亦皆乐循礼而耻犯法，侯挞不事而至治以兴后世学，寖广博士之途寖繁所以立教之方失先王之遗意士之游其中者直以为利禄之阶欲期道德之一诬不难哉，且夫今之所谓教者诵读焉，而已尔而又弗实致其力以防其放僻邪侈之心，使气之充而识之明，以渐求复其性，其何以为修己治人之道哉，故曰教隆于上，化成于下，教不明于上而欲化成于下犹却行而求前也，教化者为治之本，学校者教化之原，欲敦隆教化而兴起学校者其道安在，在务其本而不求其末，尚其实而不务其华，以内行为先不汲汲于声誉，以经术为要不屑屑于文辞，如是则于圣人化民成俗之道庶乎其有当也夫。"[185]同年十月，颁发《圣谕十六条》：① 敦孝悌以重人伦；② 笃宗族以昭雍睦；③ 和乡党以息争讼；④ 重农桑以足衣食；⑤ 尚节俭以惜财用；⑥ 隆学校以端士习；⑦ 黜异端以崇正学；⑧ 讲法律以儆愚顽；⑨ 明礼让以厚风俗；⑩ 务本业以定民志；⑪ 训子弟以禁非为；⑫ 息诬告以全善良；⑬ 诫匿逃以免株连；⑭ 完钱粮以省催科；⑮ 联保甲以弭盗贼；⑯ 解仇忿以重身命[185]。康熙十二年（1673 年），议准先师庙用六佾。康熙十八年（1678 年），颁《乡约全书》，每月朔望，有司偕绅衿齐集明伦堂及军民人等俱听宣讲[183]。康熙二十二年（1683 年），御书"万世师表"额悬大成殿，并颁发到直省②学宫[181]。康熙二十五年（1686 年），定"直省武官协领副将以上，遇文庙祭祀照例文东武西，陪祀行礼"[184]。康熙二十六年（1687 年），颁发御制孔子赞序、颜曾思孟四赞镌之石，并且揭其文颁发直省；同年，勅礼部修文庙

---

① 给事中：掌侍从、谏诤、补阙、拾遗、审核、封驳诏旨，驳正百司所上奏章，监察六部诸司，弹劾百官，与御史互为补充。

② 直省：为各省之意。

礼制乐器，令天下学官择乡郡俊秀习佾舞。康熙二十九年（1690年），议准文武官军民等经过文庙下马[182]。康熙三十七年（1698年），颁《御制平定朔漠碑文》于直省学官。康熙四十九年（1710年），谕直省府、州、县春秋致祭先师，凡同城大小武官，均照文官例入庙行礼[184]。康熙五十年（1711年），礼臣奏言直省府州县文庙乐章令改用平字以归画一[184]。康熙五十一年（1712年），"以朱子昌明圣学，升跻十哲，位次卜子。寻命宋儒范仲淹从祀"[181]。

雍正元年（1723年）三月，诏"追封孔子五代王爵，于是锡木金父公曰肇圣，祈父公曰裕圣，防叔公曰诒圣，伯夏公曰昌圣，叔梁公曰启圣，更启圣祠曰崇圣。肇圣位中，裕圣左，诒圣右，昌圣次左，启圣次右，俱南向，配飨从祀如故"[181]。雍正二年（1724年），视学释奠，世宗以祔飨庙庭诸贤，有先罢宜复，或旧阙宜增，与孰应祔祀崇圣祠者，命廷臣考议。议上，帝曰："戴圣、何休非纯儒，郑众、卢植、服虔、范宁守一家言，视郑康成淳质深通者有间，其他诸儒是否允协，应再确议。"复议上。于是复祀者六人：曰林放、蘧瑗、秦冉、颜何、郑康成、范宁。增祀者二十人：曰孔子弟子县亶、牧皮，孟子弟子乐正子、公都子、万章、公孙丑，汉诸葛亮，宋尹焞、魏了翁、黄幹、陈淳、何基、王柏、赵复，元金履祥、许谦、陈澔，明罗钦顺、蔡清，国朝陆陇其。入崇圣祠者一人，宋横渠张子迪[181]。不久，又命令避开先师讳，加"邑"为"邱"，地名读如期音，只有"圜丘"字不改。同年六月，颁《御制平定青海碑文》于直省学官[184]。雍正三年（1725年），御书"生民未有"扁额悬于正殿。是年，诏避圣讳，（丘）加"阝"旁为"邱"[186]。雍正四年（1726年）八月仲丁，世宗亲诣释奠，"初，春秋二祀无亲祭制，至是始定。牺牲、笾豆视丁祭，行礼二跪六拜，奠帛献爵，改立为跪，仍读祝，不饮福、受胙。尚书分献四配，侍郎分献十一哲两庑。明年（1727年），定八月二十七日先师诞辰，官民军士，致斋一日，以为常。又明年（1728年），御书"生民未有"额，颁悬如故事。十一年，定亲祭仪，香案前三上香"[181]。同年，议定孔子圣诞官民人等致斋一日，禁止屠宰[187]。雍正五年（1727年），定每岁春秋上丁日，省会之祭，督抚、学政率司道、府、州、县官齐集致祭，学政考试各府即于考试处文庙行礼[184]。雍正六年（1728年）二月，颁御制仲丁祭文庙诗章石刻于直省学官[184]。

乾隆二年（1737年），皇帝下令易大成殿及门为黄色瓦，崇圣祠为绿色瓦，"复元儒吴澄祀"[181]；同年，颁御书兴天地参匾额[187]于国学，阙里及天下文庙。乾隆三年（1738年），升有子若为十二哲，位次卜子商，自此十二哲完备，"移朱子次颛孙子师"[181]。同年上丁，乾隆帝亲自视学释奠，"严驾出，至庙门外降舆。入中门，俟大次，出盥讫，入大成中门，升阶，三上香，行二跪六拜礼。有司以次奠献。正殿，分献官升东、西阶，入左、右门，诣四配、十二哲位前，两庑分献官分诣先贤、先儒位前，上香奠献毕，帝三拜，亚献、终献如初。释奠用三献始此。其祭崇圣祠，拜位在阶下，承祭官升东阶，入左门，诣肇圣王位前上香毕，分献官升东、西阶，入左、右门，分诣配位及两庑从位前上香，三跪九拜。奠帛、读祝，初献时行。凡三献，礼毕。自是为恒式"[181]。乾隆十八年（1753年），"改正太学丁祭牲品，依阙里例用少牢，十二哲东西各一案，两庑各三案。崇圣祠四配，两庑东西各一案，十二哲位各一帛，东西共二篚。其分献，正殿东西，翰林官各奠三爵；西庑国子监四人，共奠三爵；十二哲两庑奉爵用肄业诸生。定两庑位序，按史传年代先后之"[181]。乾隆三十三年（1768年），修葺文庙成，增大门"先师庙"额，正殿及门曰"大成"，帝亲自书榜，制碑记，选内府尊彝中十器，凡牺尊、雷文壶、子爵、内言卣、康侯爵、鼎盟簋、雷纹觚、召仲簋、素洗、牺首罍各一，颁之成均[181]。乾隆五十年（1785年），"新建辟雍成，亲临讲学，释奠如故"[181]。乾隆十四年（1749年）十二月，颁《御制平定金川告成太学碑文》于直省学官[184]。乾隆二十年（1755年）十月，颁《御制平定准噶尔告成太学碑文》于直省学官[184]。乾隆二十六年（1761年）六月，颁《御制平定回部告成太学碑文》于直省学官[184]。

嘉庆元年（1796年），颁御书圣集大成匾额[187]于国学、阙里及天下文庙。嘉庆三年（1798年），"释奠文庙，临雍讲学"[188]。

道光元年（1821年），颁御书圣协时中匾额[187]与国学、阙里及天下文庙。道光二年（1882年），诏刘宗周；三年诏汤斌，五年诏黄道周，六年诏陆贽、吕坤，八年诏孙奇逢，从祀先儒。道光八年（1888年），湖北学政王赠芳"请祀陈良，帝以言行无可考，寝其议。未几，御史牛鉴以李颙请，部议谓然，帝斥之"。道光十六年（1896年），诏"祀孔子不得与佛、老同庙。是后复以宋臣文天祥、宋儒谢良佐侑飨云"[181]。

咸丰初，增先贤公明仪，宋臣李纲、韩琦侑飨。咸丰三年（1853年）二月上丁，行释菜礼，越六日，临雍讲学，自圣贤后裔，以至太学诸生，圆桥而听者云集；七年（1857年），增圣兄孟皮从祀崇圣祠，先贤公孙侨从祀圣庙，宋臣陆秀夫、明儒曹端并入之；十年（1860年），"用礼臣言，从祀盛典，以阐圣学、传道统为断。余各视其所行，分入忠义、名宦、乡贤。至名臣硕辅，已配飨帝王庙者，毋再滋议"[181]。

同治二年（1863年），"御史刘毓楠以祔祀新章过严，如宋儒黄震辈均不得预，恐酿人心风俗之忧，帝责其迂谬""是岁鲁人毛亨，明吕柟、方孝孺并侑飨。于是更订增祀位次，各按时代为序。乃定公羊高、伏胜、毛亨、孔安国、后苍、郑康成、范宁、陆贽、范仲淹、欧阳修、司马光、谢良佐、罗从彦、李纲、张栻、陆九渊、陈淳、真德秀、何基、文天祥、赵复、金履祥、陈澔、方孝孺、薛瑄、胡居仁、罗钦顺、吕柟、刘宗周、孙奇逢、陆陇其列东庑，谷梁赤、高堂生、董仲舒、毛苌、杜子春、诸葛亮、王通、韩愈、胡瑗、韩琦、杨时、尹焞、胡安国、李侗、吕祖谦、黄幹、蔡沈、魏了翁、王柏、陆秀夫、许衡、吴澄、许谦、曹端、陈献章、蔡清、王守仁、吕坤、黄道周、汤斌列西庑，并绘图颁各省。七年，以宋臣袁燮、先儒张履祥从祀"[181]。

光绪元年（1875 年），增入先儒陆世仪。自是汉儒许慎、河间献王刘德，先儒张伯行，宋儒辅广、游酢、吕大临并祀焉。光绪二十年（1894 年）仲秋上丁，亲诣释奠，仍用饮福、受胙仪；三十二年（1906 年）冬十二月，升为大祀[181]。

先师祀典，自明成化、弘治间，已定八佾，十二笾、豆。嘉靖九年，用张璁议，始釐为中祀。康熙时，祭酒王士禛尝请酌采成、弘制，议久未行。至是命礼臣具仪上，奏言："孔子德参两大，道冠百王。自汉至明，典多缺略。我圣祖释奠阙里，三跪九拜，曲柄黄盖，留供庙庭。世宗临雍，止称诣学。案前上香、奠帛、献爵，跪而不立。黄瓦饰庙，五代封王。圣诞致斋，圣讳敬避。高宗释奠，均法圣祖，躬行三献，垂为常仪。崇德报功，远轶前代。已隐寓升大祀至意。世宗谕言：'尧舜禹汤文武之道，赖孔子以不坠。鲁论一书，尤切日用，能使万世伦纪明，名分辨，人心正，风俗端，此所以为生民未有也。'圣训煌煌，后先一揆。近虽学派纷歧，而显示钦崇，自足收经正民兴巨效。"疏上，于是文庙改覆黄瓦，乐用八佾，增武舞，释奠躬诣，有事遣亲王代，分献四配用大学士，十二哲两庑用尚书。祀日入大成左门，升阶入殿左门，行三跪九拜礼。上香，奠帛，爵俱跪。三献俱亲行。出亦如之。遣代则四配用尚书，馀用侍郎，出入自右门，不饮福、受胙。崇圣祠本改亲王承祭，若代释奠，则以大学士为之。分献配位用侍郎，西庑用内阁学士。余如故。光绪三十四年（1908 年），定文庙九楹三阶五陛制。御史赵启霖请以王夫之、黄宗羲、顾炎武从祀。下部议。先是署礼部侍郎郭嵩焘、湖北学政孔祥霖请夫之从祀，江西学政陈宝琛请宗羲、炎武从祀，并被驳。至是部议谓："三人生当明季，毅然以穷经为天下倡，德性问学，尊道并行，第夫之黄书，原极诸篇，讬旨春秋；宗羲明夷待访录，原君、原臣诸篇，取义孟子，似近偏激。惟炎武醇乎其醇，应允炎武从祀，夫之、宗羲候裁定。"帝命并祀之[181]。

　　清朝历代皇帝对曲阜孔庙也给予了极高的重视，康熙中，皇帝东巡亲祭，康熙三十二年（1693 年），阙里文庙重修告竣，皇帝自己祭祀，"行礼杏坛"[181]。雍正二年，曲阜庙毁，皇帝遣官慰问并重建，八年重建工程竣工，宛若官殿之制，之后特诏皇五子前往祭祀。乾隆八年，制定阙里孔庙乐章。乾隆二十三年（1758 年）东巡，乾隆帝亲自祭祀，并派遣官员祭祀颜、曾、思、孟专庙。乾隆中命令府尹遵照皇帝礼器图造作，特颁太学以及各省学官，并命令选择佾生赴太常学习乐舞[181]。

　　清代末年，由于起义军毁坏（诸如太平天国、小刀会起义、云南回民起义等）、修理费用不足、外国人入侵，各地文庙渐渐圮坏，即历史上有名的"废科举、兴学堂"。1905 年清廷发布谕旨，宣布从光绪三十二年（1906 年）开始，停止各级科举考试，"庙学"并置格局中的以明伦堂为核心的学遂废，"庙学"被改造成了各种学校和学堂，"庙学"并置格局也就此终结。

第2章
庙学并置格局下的官学校园规划与建筑

中国古代官学校园的存在形式历经发展，西周时期立五学①，两汉时期兴太学，两晋时期起国子学并于其内立孔庙，南北朝时期立国子寺，隋朝时期立国子监，两宋时期庙学并置格局初现，元朝时期庙学并置格局确立。自汉代起，逐步确立了儒学在意识形态领域的主导地位，对于儒学的创始人孔子的尊崇也不断提升，并逐渐开始设置专庙以祭祀。由于儒学是各级官学教授的核心内容，需要进行释奠、乡饮等祭孔活动，因而逐渐有了"即庙立学"或"即学立庙"，将学官与孔庙并置的校园规划亦逐步形成了中国古代官学设计最具代表性的庙学并置格局。庙学并置格局的典型特征为校园由以大成殿为核心的"庙"（孔庙）与以明伦堂为核心的"学"（学官）构成，是精神与物质的统一体。"庙"主要以祭孔及其相关祭祀为主要活动内容，"学"则承担主要的教学功能。

庙学并置格局的发展反映了古代教育思想、人文精神、规划理念等诸多方面的思想内核，其规划选址亦反映出不同时代文化背景下，国人对于城市规划的认识与教育建筑群体选址的理念和精神。

2.1　庙学选址

中国古代官学校园的选址并没有过于机械地讲究，尤其是在地方城市建设中，并不一定遵循"文东武西"的建筑配置，体现出一定的随意性。很多情况下，既有可用基地和既有"庙"或者"学"就决定了校园的选址。由于元代以后庙学发展趋于稳定

① 五学：南为成均，北为上庠，东为东序，西为瞽宗，中为辟雍。

和成熟，明代各级地方志出现，很好地保留了一些关于庙学选址的信息，让我们可以一探古人的校园选址精神。通过对 650 个案例进行分析和总结，古代官学校园设计的选址主要出于以下几方面因素：风水因素，强调与自然山水景观的联系；以旧换新，主要是充分利用旧有基地而建庙学；大多择址城内，东多为上，南向为尊；远离不利因素，减少外界打扰等。古代庙学的营建，并非一蹴而就，是随着年代逐渐演化发展的，免不了有多次迁址的情形，多次迁址的原因也不尽相同，往往是多种原因混杂在一起的复杂过程。同时，庙学迁址的原因多为用地湫隘卑劣，不能满足扩建和增建的需求；或是经常遭遇水患；抑或是因为靠近淫祠①或者闹市区，对校园内的学生造成干扰；还有相当一部分是因本地人才不多而归咎的"风水不利"或"方位不利"。

2.1.1　风水形势，与自然山水对话

风水，或称堪舆，是中国古人基于自身文化形成的一类自然哲学，而非简单迷信。建筑风水理论包含建筑与自然和谐统一的规划设计思想，是古人认识与处理自然与建筑关系的规划思想方法的一种综合与提炼。美国风水学博士尹弘基在《自然科学史研究》1989 年第 1 期撰文说："**风水是为找寻建筑物吉祥地点的景观评价系统，它是中国古代地理选址布局的艺术，不能按照西方概念将它简单称为迷信或科学。**"[189] 古建筑学家潘谷西教授在《风水探源》的序言中指出："**风水的核心内容是人们对居住环境进行选择和处理的一种学问，其范围包含住宅、宫室、寺观、陵墓、村落、城市诸方面。其中涉及陵墓的称阴宅，涉及住宅方面的称为阳宅。**"[190] 建筑风水理论研究的知名专家王其亨教授在《风水理论研究》中提到："**风水深深根植于中国传统文化，在对建筑环境的选址规划中，还极为重视自然景观的审美，讲究建筑人文美与环境自然美能达到和谐有机的统一**（图 2-1），**在理论和实践方面，表现出很强的美学性质，显示出中国传统文化的鲜明特色。**"[191]

1. 祖山
2. 少祖山
3. 主山
4. 青龙
5. 白虎
6. 护山
7. 案山
8. 朝山
9. 水口山
10. 龙脉
11. 龙穴

最佳城址选择

图 2-1　城市选址风水形势

图片来源：王其亨.风水理论研究 [M].天津：天津大学出版社，2005：27.

---

① 淫祠：淫祠意为不合礼义、不符礼制而滥建的祠庙。

这些论述，概括出建筑风水理论对于科学认识我国古代建筑群体规划与建筑设计的重要价值。

以建筑风水为主要依据亦是官学选址常见的做法。信奉风水之说，由堪舆家择地建校，校园空间环境与自然和谐。校园"依山林、择圣地"，与自然山水相结合，远离城市的喧嚣，为学生营造了"鸟鸣山更幽"的清肃环境，有利于学生学习、修身。这种重视教育、重视学校建设的做法，也促进了社会崇尚文风的氛围。风水虽然有一定程度的迷信色彩，认为人才多是因为风水好是不够科学的，但它是中国古人认识自然的一种特定的思维方式，是社会文化诸多方面特征的一种外在映射。以此为媒介，可以使公众更加容易认可庙学选址的决策，影响学风、文风，进而带动当地的社会风气，培养更多的优秀人才。

广西灌阳县"庙学"发展历史上，有依据风水选址的明确记载。灌阳县学，隋大业十三年（617年）建于县城东部，此时根据《宋嘉定十六年重修学门》的记载已经建有夫子庙。北宋徽宗崇宁间（1102—1106年），因用地湫隘，迁于县城西门外离城一里许，建有大成殿。南宋建炎三年（1129年），司教进士范昂将其迁回县治东部。后因县治东的学校无孔庙，县令与范昂合计将西门外庙学内的大成殿迁址至县治东的学校并进行重修，"重饬圣像，绘群弟子于壁间，缥裳元衣，秉圭端冕，乃左乃右，若趋若揖，灿然可观"[192]。南宋淳熙九年（1182年），县令赵永以崇宁时期旧址"厥土爽垲，襟袍环密"[192]，遂又迁回县城西旧址。

宋嘉定十六年（1223年）有一篇记文对于淳熙九年迁建县西的文庙风水格局进行了这样的描述："其山来自八桂，号曰台山，面古钟源，源上群峰森列，参错秀整，左曰华山，有舜庙，前曰灉江，江有禹祠，又其前曰笏山，西曰王楼山，有望华岩，有古城岗，西向洮水水流揖学，前有亭曰雩亭，环亭皆江也，洪涛沃日，澄澜际天，盖其亭登览之胜，士夫经从每叹赏云。"[192] 我们可以从图2-2、图2-3中看到其风水格局：背有龙脉台山、主山，前有朝山古钟源群，朝山左曰华山，山上有舜庙，中有案山笏山，灉江从前环绕而过，西有王楼山环抱。整体格局与王其亨先生《风水理论研究》中的最佳城址选择（图2-1）颇有一番相似之处。此后，明嘉靖二年（1523年），认为建于荒僻卑隘的城外不妥，仍迁回县城东原址。乾隆四十八年（1783年）则再迁于西门故址。风水形势与实用功能在两个校园选址基本因素权衡中此消彼长，不断左右校园选址的决策。

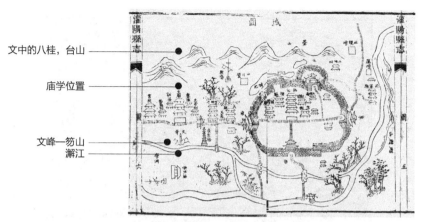

图 2-2　灌阳县县城图（1）

图片来源：苗严自绘（底图来自国家数字图书馆《道光灌阳县志》图考卷）

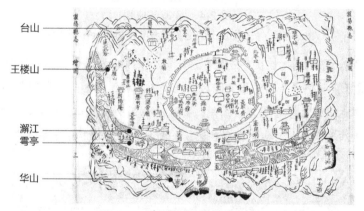

图 2-3　灌阳县县城图（2）

图片来源：苗严自绘（底图来自国家数字图书馆《民国 23 年灌阳县志》图考卷）

　　四川名山区文庙[①]于明洪武三年（1370 年）由知县杨矩建于月华山麓，庙附于学。至清代道光二十一年（1840 年）移建于月华山山顶旧时唐宋文庙遗址（期间曾为罗汉寺）建立"庙学"。知县王宝华移建文庙的时候，就充分考虑了"庙学"的风水格局（图 2-4）："相阴阳，度基址于县治北月心山废寺基处，得吉壤焉，其地后控蒙顶，前瞰衣江，登高眺望水秀山明，实爽垲之胜域，为神灵之奥区。"[193]

---

① 文庙：很多情况下并非单指孔庙，它常常是庙与学的统一体。

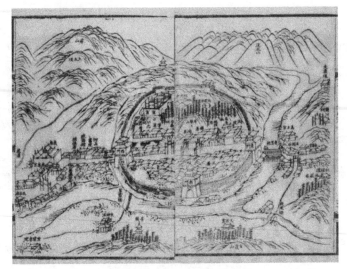

图 2-4　名山县城图

图片来源：《光绪名山县志》图考卷（国家数字图书馆）

嘉定府（现四川乐山市）文庙的选址同样以风水为重要依据。县志中江朝宗的《嘉定州重修庙学碑记》中对于文庙风水格局（图 2-5）做了这样的描述："嘉州，蜀之文献巨邦也，州之学宫据万景山麓，去州治西百步许，三峨峙其右，九顶列其左，雅锦二江潆洄环合于前，实州之形胜也，士之游歌其间者彬彬济济出。"[194]

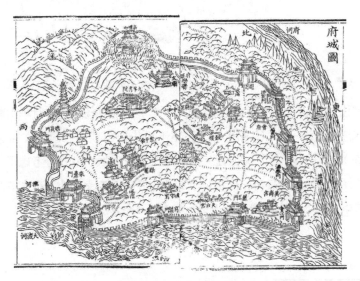

图 2-5　嘉定府城图

图片来源：《中国地方志集成·嘉庆乐山县志》图考卷（国家数字图书馆）

宋宣和五年（1123 年），福建安溪县令杨幹将县庙学迁址至风水宝地。从总图（图 2-6）与县志记载中可以看到安溪庙学的具体格局为：背山面水，左右翼山环抱，后踞凤山，前俯龙津（指龙池，这里隐喻学校前的河），三峰外面，爽岠端拱[195]。此外还有，四川广元昭化县文庙，"其建庙之地面睨白水，背依翼山"[196]。凤山庙学，"康熙二十三年始建焉，在兴隆庄，前有莲池潭，为天然泮池；潭水澄清，荷香数里。凤山对峙，案如列榜，打鼓（山名）半屏（山名）插于左右，龟山、蛇山旋绕拥护，真人文胜地，形家以为甲于四学"[197]。

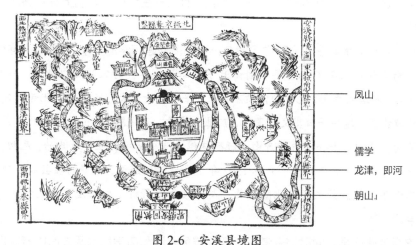

凤山

儒学

龙津，即河

朝山

图 2-6　安溪县境图

图片来源：苗严自绘（底图来自国家数字图书馆《1963 年重刊嘉靖安溪县志》图考卷）

通过上述案例可以清晰地看到我国古代学校（庙学）选址所蕴含的风水形势层面的考量。校园风水格局与城市选址类似，常采用"背山面水"的风水格局，有条件的还会考虑朝山、案山、砂山等因素。从文献整理分析的结果来看，风水是庙学选址的重要因素，但并非全部，有时也并非主导因素。选址对风水因素考虑的程度与"庙学"所处城市、地理位置有着密切的关系，毕竟并非古代每个城市都能做到处于风水绝佳的位置；更重要的是与当地行政官员、堪舆家的责任意识、学识水平和用心程度等紧密相关。至于有个别因风水而反复迁址的"闹剧"，如"嘉靖五年知县龙宣和以形家言迁永泰县庙学，于东皋山之麓""万历二年知县陈克侯亦以形家言复迁还旧址"[198]，则说明了风水之说的局限性。从当代规划与环境理论的视角来看，"庙学"风水格局的确在择址优势（近水又防水患）、视线联系、营造氛围、陶冶情操方面有其客观的优势。但真正谈到风水环境在整肃学风、振奋士气、使学校培养更多优秀人才方面，起到的作用还是局限的、肤浅的。

2.1.2 因旧更新，节材省力

由于朝代更替、战乱、各类灾害及木结构本身体系之弊端等多种因素作用，庙学建筑常遭罹难或渐渐凋敝。且由于实际情形多受到财力、物力之限，故有部分庙学并非大兴土木，完整铺开重建，而是采用因旧更新的策略。从更新的程度，因旧更新可以分为部分因旧与全部因旧。从因借的主体来看，有的是因借旧庙学原址建设新的庙学，如前文提到的广西灌阳县学；有的则是因借旧的寺庙、宫殿、廨署建设新庙学，这与寺庙、宫殿和大成殿、明伦堂两主殿在结构和外观上有着高度的相似性相关。

江苏苏州长洲县学，文献中记载有三次因旧地建庙学的记录。"县初未有学，附于府。南宋景定三年（1262年）制诏天下县新设主学，时宋楚材以选至，叹曰：官以主学名，而居无庐士，无禀师倚席不讲，可乎？遂请于太守陈均即广化寺改建学校，建讲堂曰礼堂，建四斋曰富文、贵德、广业、博学，又仰慕范文正公，因此建景文堂，建友德堂，绘学中士登大魁者黄由、阮登炳像于堂中墙壁，立学从此始；元初，以县之驿舍为孔子庙，大德六年（分院1302年）县迁徙到丽郡，移驿材在县故址建学校；正德二十年，教谕萧文佐以地隘不称，与巡按御史舒汀、知府迁城东之福宁寺，新建庙学。"[199]

安徽池州府学，同时综合考虑了迁建避免水患和庙学风水两方面因素。旧府学学宫初建于城东南隅。北宋太祖开宝六年（973年），知府成昂移建于城西北。北宋仁宗至和元年（1054年）知府吴中复仍移建于城东南，此后经历了多次的重修，于元末毁于战乱。明洪武三年（1370年）至嘉靖十一年（532年）经多次修缮，逐渐形成完整的庙学格局。但是由于学宫"地卑湿，夏涝时至，江涨迫棂星门下，数月不降，则有事学宫者屡沮洳①中修习，展礼所不便"[200]，并且堪舆家说"形势无所据"。明隆庆元年（1567年），知府尹士龙将其从毓秀门移建到新址。校址为宋景德、太平②两座禅寺（图2-7）的旧址，后经万历、天启直到清代均有修缮与增建，庙学未

---

① 沮洳：湿。晋代左思《魏都赋》："隰壤瀸漏而沮洳，林薮石留而芜秽"；《新唐书·韩全义传》："遇贼广利城，方暑，地沮洳，士皆病疡"；清代薛福成《出使四国日记·光绪十七年二月初四日》："昔城中沮洳之地颇多积水，自营此沟，而民不苦卑湿，秽气亦有所渫，始少疾病"。

② 太平寺：考察嘉靖府志即指太平罗汉寺，在景德寺西。

曾再迁址。该府学迁址到二禅寺的原因是因为其地"依山面流，形与胜合"（图 2-8）。
《明徐绅池州府迁建庙学碑记》中赞叹道："若夫撤其旧而特新之不安，于卑隘湫陋之
常而必择夫高明光大之区以更置之，此其用心之贤何如也。"[201]

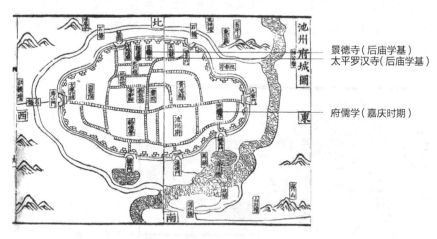

图 2-7　池州府城图（1）

图片来源：苗严自绘（底图来自国家数字图书馆《嘉庆池州府志》图考卷）

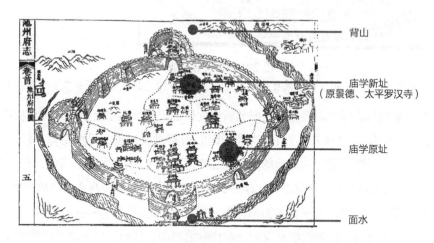

图 2-8　池州府城图（2）

图片来源：苗严自绘（底图来自《中国地方志集成·乾隆池州府志》图考卷）

安徽芜湖县庙学，在历史上也经过多次迁址，且文献中有在他庙建庙学和复因
旧庙学建新学的记载。县学为宋元符三年（1100 年）建，在县东南一里许，南面辟
城垣，城垣出曰金马门，直迎山川，东南俱城墙，西面以察院为界，北抵宣春门长

衙（图 2-9）。自崇宁元年至嘉靖三十三年（1554 年）均有增修的记载。万历十二年（1584 年），城墙东缩，于是学官距离城墙过近，格局变得湫隘起来，于是迁建到城隍庙与察院旧址。万历十九年（1591 年），知县听从儒士的请求，上报郡守，仍迁回旧地。万历四十四年（1616 年），"应天府推周于蕃义奉委至调庙，顾学址面逼于城，自定方属，知县魏士前辟金马门"[202]，格局才有所宽敞，明后期、清代多次增建补修，庙学格局逐渐完备。

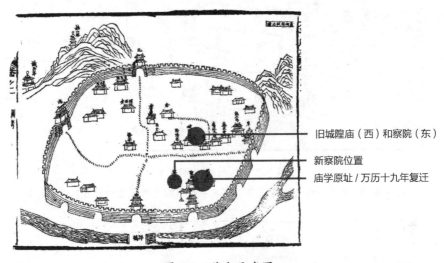

旧城隍庙（西）和察院（东）

新察院位置
庙学原址 / 万历十九年复迁

图 2-9　芜湖县城图

图片来源：苗严自绘（底图来自《中国地方志集成·康熙修光绪刊太平府》图考卷）

安徽蒙城县庙学也有在原文庙旧基新建文庙的记载。县学之始建年代无从考证，元至元二十一年（1284 年），县令李仲卿因旧庙基建设新庙。元贞元间，县尹刘正平改建到新的用地（记文①显示新建位置在庙之东偏）。安徽太和县庙学，有"在县治东南，元大德间路花赤李英创建，后毁于兵。明洪武五年知县马良沿旧址重建"[203]的记载。其他的案例还有福建龙海镇海卫儒学，最初是因佛寺草创；江西饶州府学，旧县治东有文翁宅，疑为汉学官遗址，清代顺治时期，知府将淮王废址改建府学[204]等。可见，因各类旧址建设新庙，是庙学选址的主要方式之一。

---

① 资料主要参考：汪箎，（民国）重修蒙城县城书，卷之五 学校，卷之十一 艺文（中国台北成文出版社出版）。

2.1.3　多在城内，东为上位，南向为尊

古代庙学营建，在选址的方位上也是很讲究的。在考虑风水形势的基础上，庙学方位设计常见的特点有以下几个：

（1）选址多在城内，个别特殊情况下选址于城外。

（2）选址会尽量避免放置在西侧。

（3）庙学的朝向多以南向为尊，个别情况下因为设计的局限，也会有其他朝向。

庙学绝大多数都选址于城内。广西富川县庙学属于初在城外后移到城内的情况。富川县庙学于明洪武二十九年（1396 年）建成，在城外西南郊。成化四年（1468 年）、弘治二年（1489 年）在原址重修。正德元年（1506 年），因"**南郊湫隘尘嚣，弗利多士藏修**"，督学姚镆徙建城内北隅，"**称得形胜**"[205]。选址于城外的，常因为城外有绝佳的风水"吉地"，风水形势因素占据了主导地位，如前文提到的灌阳庙学。

湖南永兴县庙学建于城外。宋绍定元年（1228 年），县令赵汝炳将庙学从县衙迁址到西关外重建（图 2-10），坐壬向丙（即坐北向南），明、清多次增修。清顺治圯毁，康熙五十五年（1716 年）重修。乾隆二十七年（1767 年），知县沈维基以学自改寅山申向，科第渐歇，改建艮山坤向，两次改向均处于坐东北朝西南向，后直到咸丰、光绪陆续有所增建[①]。

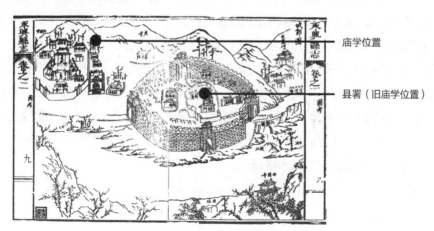

庙学位置

县署（旧庙学位置）

图 2-10　永兴县城图

图片来源：苗严自绘（底图来自《中国地方志集成·光绪永兴县志》图考卷）

---

① 资料主要参考：《中国地方志集成·湖南府县志辑》（江苏古籍出版社），第二十五册。《乾隆永兴县志》卷之七祀典志。《光绪永兴县志》第四册卷十六至卷十七，祀典、祠庙。《湖南府县志辑》（江苏古籍出版社），《光绪永兴县志》。

庙学放于城东的位置是较常见的做法。福建沙县县学约建于唐武德七年（624年）。宋庆历元年（1041年），杜京到任拜谒孔庙时谈道"先师之庙，上自庠序，自郡县无不见之于东之位，此独不然，乃在县治之西。诚非其所博雅均值，将有间焉"[206]。于是在庆历二年（1042年），徙于魁星坊，距离县治东半舍许，庙学斋舍等形制都很完备。由此记文可见，庙学选址于城的东侧是很普遍的做法。

考证全国现存文庙选址，大都是符合面南的特点。这里谈到的面南向并非严格坐子向午，常因地势、县城方位等不可抗因素稍有偏差。缪思齐、宋坤在《中国古代城市与建筑方位尊卑观探源及演变》一文中认为，西汉时期已由东为尊开始转变为以南为尊，唐都城"更加系统、规矩地体现了'面南为尊'的观念……宋代以后，直至清朝，随着封建社会的延续和封建礼教的强化，南北轴线最终完全击败东西轴线，成为了城市规划、建筑群落的主宰"[207]。庙学格局从宋初定到元代成形与"以南为尊"的历史时期相重合，多为南向，南向也被这段时期的古人认为是"合礼"的方位。即使有个别案例不朝向南向，也是由于风水形势、地形限制、旧有基地格局等因素所限制。如福建德化县县学"宋时，在县治之东，后迁于县东南隅沙坂，坐巽向乾，议者谓弗称南面之义"。坐巽向乾，大致方位是坐东南，面向西北方位。于是，建炎中（1127—1130年）迁建于县治东，面朝南向，之后明清均有增建①。广东吴川庙学，原在旧县治左，南向。自元至雍正时期，一直保持了这一格局。雍正五年（1727年），训导许绍中率绅士议请台使在分司废址处改建今所，一切都按照原来的建筑布局，改为面向西，庙学方向于是改为向西（图2-11、图2-12）。从上述记载可知，吴川庙学之所以呈西向布置是因为原分司废址向西，直接借用原有建筑建学的缘故。创建于宋建炎年间的灵川庙学，康熙五十年（1711年），知县以"学宫地卑"，迁址到城南门外高地上，并听从堪舆家的建议，改庙学方位朝北。乾隆二十九年（1764年），知县认为庙学向北"非礼也"[208]，将其迁址到嘉靖年间的旧址，确定了右庙左学、面南而建的基本格局。

---

① 资料主要参考:《中国地方志集成·福建府县志辑》（上海书店出版社），第二十七册。《康熙德化县志》，第四卷学校、祠庙。《民国德化县志》，卷八学校志、卷九祠宇志。《康熙德化县志》《民国德化县志》。

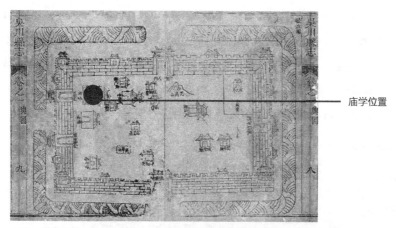

庙学位置

图 2-11　吴川县城图（1）

图片来源：苗严自绘（底图来自国家数字图书馆《道光吴川县志》图考卷）

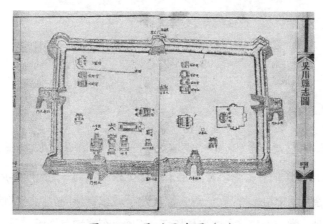

图 2-12　吴川县城图（2）

图片来源：苗严自绘（底图来自国家数字图书馆《光绪吴川县志》图考卷）

2.1.4　规避科第不佳、闹市扰学、水患圮学、用地湫隘等问题

庙学的迁址有诸多原因。风水不宜、闹市扰学、水患圮学、科第不佳、用地湫隘、增建无地都是重要的动因。

浙江景宁庙学较为典型地体现了风水和水患的迁址原则。此庙学于明景泰年间由潘氏贯道书院改建而成，当时"科第晨星，犹号称得士"。崇祯十年（1637 年），由于学校培养人才成果不佳，"咎由其地隘陋，且面向弗称，故吉气不踵者"[209]。崇祯十四年（1641 年），庙学因"原地湫隘，风水不宜"第一次迁建。知县徐日隆亲自

相地，于县北承恩门外五十余步，前临大路，后枕石印山麓，改建新学。《明知县徐日隆迁建儒学记》中记载如下："学宫之设，以安圣灵，亦以开文运，凡都会郡邑人才隆茂，恒必谣之。余己卯春泣斯邑，初谒宣圣即周视学宫，前后坐山无脉，去水无情，讯之庠师诸生咸云创自景泰三年，分邑时建，邑后从未有腾发者，且庙柱倾斜，堂斋庑废，因叹曰与其修业，不如迁。"[209]（图2-13）

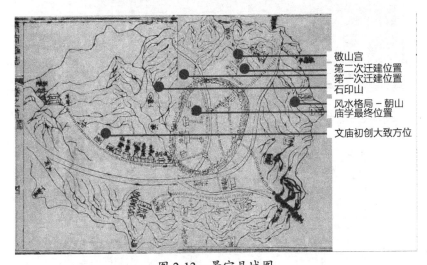

敬山宫
第二次迁建位置
第一次迁建位置
石印山
风水格局－朝山
庙学最终位置
文庙初创大致方位

图2-13　景宁县城图

图片来源：苗严自绘（底图来自国家数字图书馆《同治景宁县志》图考卷）

迁址之后，人才依然寥落。乾隆二十七年（1762年），又因庙学风水不好，"学址为县治坐山余气，堂局无情"[209]，第二次迁建至城东春华门外。这次迁址不太成功，位于地势之低处，常年湿气，木材容易朽坏，正殿、东庑均有坍塌。后只能再次迁建。因科第不佳而迁址的案例还有福建漳州庙学，其于庆历四年（1044年）创建在州治东南方向，政和二年（1112年）移到州左。绍兴九年（1139年），儒生们认为科举成绩不佳是庙学选址不好造成的，请求还迁回东南方的旧址。福建尤溪县庙学，"乾隆五十八年，知县童槭以科甲关于学宫风水，且殿宇圮坏，复迁"[210]。

安徽泗县文庙迁址躲避水患的因素较为突出。泗县（原为泗州）庙学于元代借用宋代旧址创建。清顺治六年（1649年）遭水灾，学宫部分坍塌，十一年（1654年）尊经阁被火灾焚毁，康熙十一年（1672年）棂星门又遭雷击坍塌，十八年（1679年）再次遭水灾。于是，康熙二十二年（1683年），在州城外堤岸上重建庙学。康熙二十四年（1685年）州城水灾，将学宫全部损毁。福建长汀县庙学也是因洪水而迁庙，"成化八年河决漫及文庙，生员踵正等请于御史洪性、提学游明、训道周谟、知府李桓议迁城内，乃规官地市卫所屋基移迁"[211]。沙县文庙，"（万历十四年）学圮于水，袁令应文迺谋迁之"[212]；江西萍乡县庙学，"弘治元年水圮，知县江吉迁建西隅沈家窄左"[213]等。

用地湫隘，增建无地，是庙学建设中较多遇到的情况，一方面是庙学本身的择址之地，比较湫隘，比如太迫近城墙，或者太迫近民居等，使得学校的氛围和规制不展；另一方面是因为，庙学从开始的祭祀用的泮池、庙、大成殿、学、堂、斋、号舍，到最后的名宦祠、乡贤祠、忠义节孝祠、崇圣祠、尊经阁、敬一亭的建设，都是庙学增建所必需的基本要素，所以随着庙学的标准规制的完备，所需要的土地面积也是越来越多的，这时候也会造成庙学土地不太够用，或者即使勉强够，也会显得湫隘。如福建惠安县庙学，南宋淳熙九年（1182年），士人诟病庙学湫隘，因此"请于邑令蔡易迁登科山之阳……淳熙十五年，县令成之"[214]。贵州静宁庙学，明嘉靖时期以"庙当崇，学当肃……陋弗宏，隘弗敞"[215]迁址。《民国恩平县志》卷之十八艺文中记载康熙五十一年（1712年）广东恩平庙学迁址的原因，"前令佟君虽复锐意更新，然但仍其旧址，地势卑狭，士气弗舒，欲振其敝而壮其观……未萃山川之淑气而发玉石之精英，予将卜而迁址……诸生曰邑之东北隅有地爽垲，名镇彦楼者，本吴新之业"[216]，于是迁建庙学到这个敞阔清幽的地方（图 2-14）。

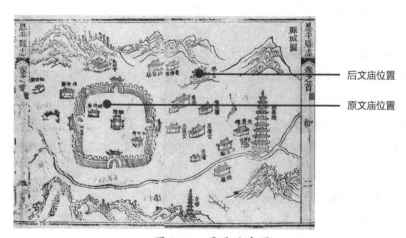

图 2-14　恩平县城图

图片来源：苗严自绘（底图来自国家数字图书馆《道光恩平县志》图考卷）

综上所述，中国古代官学校园（庙学）选址、迁址受到风水理论、人才培养效果、经济性、基地建设条件、规避自然灾害等方面因素的共同作用。这一分析、总结所得的普遍规律为：一方面让我们看到中国古代官学在城市营建中的重要地位，另一方面对于今人真切认识中国古代官学校园选址的考虑因素亦具有重要的意义，同时我们亦能够感受到古人在营建活动之中所透露出的方位观、风水观，以及历史局限性。

2.2 官学校园与城市建筑的对话

古代庙学体系，除"庙""学"这两个本体之外，还包含与"庙学"关系十分密切的文昌阁、奎星阁①、节孝祠，以现代建筑学的视角来看，它们都属于城市规划的范畴，注重研究本体与城市内建筑物的内在关系。

校园与文昌阁、魁（奎）星阁的关系本质上是想要阐释"庙学"与专祈文运建筑之间在城市角度上的方位联系。专祈文运的建筑，按照祭祀人员的不同，主要分为两大类，一是以祭祀文昌帝君为主，二是以祭祀魁星为主。祭祀文昌帝君的主要有文昌阁、文昌祠、文昌庙。祭祀魁星的主要是魁星阁或名奎文阁、奎星阁。但很多时候二者关系密切，大多都是同时设置，*"学校仍多祀者，以紫薇垣文昌六星次在斗魁之南，均为文明之府，故与魁星并祀云"*[217]。

2.2.1 文昌阁

文昌阁、文昌祠、文昌宫，祭祀对象为文昌之神，阁强调垂直构图和形式，一般为多层，与城市地形和风水紧密相关，自然与文风关系最甚；祠、宫不强调垂直方向延展，呈现水平向铺开状，祠与宫都是为纪念伟人、名士等而修建的供舍（相当于现在的纪念堂），有祭祀特性，建筑特点与单独体量同庙相似，一般来讲，宫比祠的建筑规模和形制稍显宏伟壮阔，有配属的东西庑。文昌宫是祭祀文昌星的建筑群体。文昌祠多为祭祀文昌星的建筑单体。文昌阁为祭祀文昌星所设的高阁。

文昌之神，明代时祭祀日期与文庙同，均为春秋二仲月上丁，陈设为制帛一、爵三、羊一、豕一、簠一、簋一、笾一、豆四。文昌星是六星之总称，《史记·天官书》所载：*"斗魁戴匡六星，曰文昌宫，一曰上将，二曰次将，三曰贵相，四曰司命，五曰司中，六曰司禄"*[6]，大意为在斗魁星（即民间所称北斗星）上方如同筐般形状

---

① 奎星阁，也有名"魁星阁"。

的六颗星叫作文昌宫（图2-15①），名称分别是上将、次将、贵相、司命、司中、司禄。六星被认为分管者"将相禄命"[218]，上将（威武）、次将（正左右）、贵相（理文绪）、司命（主灾咎）、司中（主右理）、司禄（赏功进士），各有专司，掌管天下文运禄籍，所以自古以来就受到士人学子的崇拜。后来相传，梓潼帝君者姓张，名亚子，居蜀地之七曲山（四川省梓潼县），仕晋，后殁，后人为立庙祈祷，后来唐宋累封为至英显王。道家称："上帝命梓潼掌文昌府事及人间禄籍"，元加号为帝君②，天下学校皆有祠祀文昌[162]。明景泰中，在京师旧庙开辟新庙，每年以二月三日生辰遣祭。成化元年（1465年），礼科张九成请正祀典，下部议曰："梓潼显灵于蜀，庙食其地为宜。文昌六星与之无涉，宜敕罢免。其祠在天下学校者，俱令拆毁。"[162]清嘉庆六年（1801年），川省用兵，神威屡著，特诏天下学官皆立文昌庙，春秋致祭，与关帝并列，且岁以二月初三日、八月十八日致祭，列入祀典[218]。咸丰六年（1856年），"升入中祀，岁以二月初三日诞日告祭，春秋二仲部颁祭期，牲牢祭祭器并同关庙，后殿祀帝君先代神位（亦嘉庆六年太常寺奏立，以三代姓名查无确据未便请加封号，故神牌但称先代）"[219]。

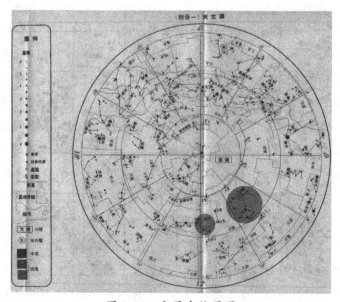

图2-15　文昌宫位置图
图片来源：《宋书》卷二十五 志第十五 天文

① 图中大黑圈阴影表明文昌宫位置，小黑圈阴影表明北斗星位置。
② 元仁宗加封张亚子为"辅元开化文昌司禄宏仁帝君"。

　　见于志书的关于文昌庙、祠、官的记载不胜枚举，列举几例如下。《嘉庆密县志》文昌庙记载："按《华阳国志》梓潼县善板祠一名张恶子，民岁上雷杵十枚，后秦禄、姚苌据秦称帝于梓潼岗，立张相公庙祠恶子。《明史·礼志》云神，姓张，名亚子，居蜀七曲山仕晋战没，人为立庙，唐宋屡封至英显王，道家以帝命掌文昌，府事及人间禄籍，故元加号为帝君，于是附会不经之说，遂布满天下，或以为周之张仲，或以为张六星，或以为天翁张坚，或以为陷河神张恶子化，书悉刺取之其妄已甚。国朝（明）朱氏锡鬯求其说而不得，谓文昌即祀蜀文翁，又何诞也，考《周礼·大宗伯祀·司中、司命》，郑司农云：司中，三能三阶也，司命，文昌宫。郑康成云，司中、司命，文昌第五第四星，盖人受中廪命于天，故有司中、司命，以其隶文昌宫，故以文昌统之，然则文昌之祀，其即司中、司命欤，而《化书》又以文昌帝君为魁前之司禄，盖因铁围山业谈三余赘笔谰言长语等书所载，唐宋士大夫及进士过梓潼岗得送者皆为宰相，得殿魁，遂有司禄之说而不知其无据也。又按宋《东京考》帝君左右乃桂、禄二籍仙官而蠡海禄言梓潼文昌君从者曰：天聋地哑，盖帝君不欲人之听明书用，故假聋哑以已耳夫，天地可以聋哑哉？"《嘉庆密县志》文昌祠记载："汉唐以来代有伟人，而形家之言，固不尚也……乃择城之巽隅，捐建阁以奉文昌之神……元明以来立象学宫……考天官书，文昌宫六星，一曰上将，二曰次将，三曰贵相，四曰司命，五曰司中，六曰司禄……而今而后，密之人士庶几争相感发砥砺，止其谊而明其道于以追踪古人母徒，以此阁为巽震配令得形势之利，欲邀福于神，以弋取科名已也。"[220]《光绪祥符县志》关于文昌祠记载："梓潼祠祀文昌帝君由来久矣，帝君何祀乎？余闻之上古黄帝时命南北二正典司天地群后棐常生斯际者善善恶恶福祸无爽，何其明也？大道既隐，淳气日漓，人同魍魉，心如枭獍，善恶淆乱，福祸舛忒，孔子曰：斯民也，三代之所以直道而行也，盖有忧焉，因以伤夫，世之不古也。于是不得已归诸天道曰：天道作善降祥，作不善降殃，又不得已归诸神教曰：鬼神、福善、祸淫，夫圣人岂不知天道远而顾又语神哉？言天示人，以理所必有。言神示人，以机所必致报应之说彰如也。文昌帝君者其世代历履真图秘篆得而纪之，余所弗论常观所著，宝经一篇，及近传冲一真君嗣禄奇谈，大都多规诫世训导，劝愚俗忠孝阴德等语，至于有祈则应，无祷不灵，吉凶之报捷于影响意其神必传，所谓聪明正直而一者也，嗟乎……凡郡之东南为于卦位为巽，术家为主文章科第，夫离之火也，文昌司命者，系斗魁戴筐六星四曰司命，主赏而进德，故今士子进取祀之，考黄帝占曰文昌宫者，天府之离宫，则固以离[①]属文明，今巽方祀之得相生之意，宜祀之，久而不替矣，汴城桂香文昌祠，在郡东南隅，正系巽位。"[221]《文昌祠说》记载："按学宫之旁建文昌祠，古未有也，始于元人惑道家言：谓梓潼神孝德忠仁上帝命掌文昌府事及人间禄籍，加号辅元，开化司禄宏仁文昌帝君，立庙京师而天下学校亦多建祠以祀，考舆图志，梓潼神乃张亚子，其先越嶲人，因报母……战殒，显灵于蜀土，人立庙祀之，唐明皇西狩追封左丞，僖宗入蜀，封济顺王，宋咸平中改封英显王，皆于蜀地封之，他未有庙也。则梓潼神者，人鬼耳，按天文书文昌六星在北斗魁，前为天六府，则文昌者星曜也，元人合而为一，殊属妖妄。景泰五年更新庙制，去旧封号，饬赐文昌宫额，一洗元人之陋然，每二月三日仍故事，遣官致祭。臣倪岳上言梓潼神食其地于礼宜，祀之京师，不合典礼，仍行天下学校旧有文昌祠者亦令拆毁，则文昌与国家建学明伦之意绝无相涉。况所传七十等书有垂圣教，今各省学宫每有庸陋者因附祀于此以表迁建之是而勿复为学。"[222]据《光绪临高县志》记载："文昌庙，《会典》为群祀，咸丰七年升中祀。案《史记·天官书》：'斗魁戴匡六星曰文昌宫：一上将，二次将，三贵相，四司命，五司中，六司录。魁下六星，两两相比者，名三台。'《文耀钩》云：'文昌宫为天府。'《孝经》援《神契》云：'文者，精所聚；昌者，扬天纪。'《明史·礼志》：'梓潼帝君，姓张，名亚子，居蜀七曲山。仕晋战殁，唐宋屡封王。'道教谓梓潼文昌府事及人间禄籍，元加号帝君，因相沿，祀于学校。据崔鸿《后秦录》，立庙始于姚苌，唐中和中，封顺济王。宋咸平中，赐号曰英显王庙。元延祐三年，封文昌司禄宏仁帝君。明景泰五年，敕建文昌宫。国朝嘉庆六年，上谕：'敬思文昌帝君，主持文运，福国佑民，崇正教，辟邪说，灵迹最著，允宜列入祀典，用光文治。'是年夏五月，诏天下崇祀文昌帝君，岁以二月初三日、八月十八日致祭。礼仪视关庙，承祭官迎神送神俱行三跪九叩礼，初献、亚献、终献，读祝各行一跪三叩礼……咸丰七年升中祀，一切礼节祭品与关帝同。"[223]

文昌宫和文昌祠的位置，一般呈现两种状态，一种是与学校共处，另一种是另建祠/宫于城内他处。文昌阁因关于文昌帝君是有诏文要建专祠，因此一般来说，城市中如果已经存在祭祀文昌的专祠，则主文运、振文风会选择建设魁（奎）星阁，而魁星阁上面不单会祭祀魁星，也会充分发挥阁的优势，选择一层祭祀文昌帝君；或者建设文昌阁，开辟一层供奉魁星。

---

① 离，八卦之一，符号是"☲"，代表火。

2.2.2 魁星阁

魁（奎）星阁也叫魁（奎）星楼、魁阁、奎阁，祭祀对象为魁星之神，"祭日陈设并同文昌阁"[218]。因文昌星与魁星关系密切，且都与文运相关，所以二者多设于一阁。因此魁星阁也出现了奎星阁（如青海贵德文庙）、奎文阁、聚奎阁、大魁阁（广东从化学宫）、大魁楼（广东增城学宫）、五星聚奎祠（河南南乐学宫）等称谓。明嘉庆六年（1796年）诏天下学官皆立文昌庙春秋致祭，与关帝庙并列，而魁星不在祀典，世俗因魁字从鬼从斗，就画其肖像为恶鬼持斗状，"则失之不经① 矣"[218]。《嘉庆密县志》记载如下："按说嵩神象狰狞，右手持笔，翘右膝架斗，盖象魁字形也。《天文志》北斗七星一星至四为魁，魁前文昌乃司禄，籍无与于文事，壁九度下九尺为天之中道，主文章，天下秘府故为文明之耀，庠序聚业之宫名为泮壁也，奎司天下武库亦无与于文事，而比垣于壁，故古人祀奎必于泮壁之前，则天文而取象也。今在黉宫南城上，于意为当又按诗定之方中疏壁居南在室东，故名东壁也。"[220]

关于魁星阁的来源，有指来自北斗七星的第一星天枢，有指北斗七星中前四颗星，即天枢、天璇、天玑、天权的总称，但总体来说主要作用为主文运、文章。东汉纬书《孝经援神契》中有"奎主文章"之说，后世附会为神，建奎星阁并塑神像以崇祀之，视为主文章兴衰之神，科举考试则奉为主中式之神，并改"奎星"为"魁星"。宋张元干《感皇恩·寿》词："绿发照魁星，平康争看。锦绣肝肠五千卷。"元刘壎《隐居通议·造化》："淳熙中，殿试进士，有邓太史者告周益公，魁星临蜀。"清李渔《奈何天·虑婚》："只要做些积德的事，钱神更比魁星验。"魁星又称"馗星"，指唐朝时陕西西安户县石井镇阿姑泉钟馗故里欢乐谷人"唐赐福镇宅圣君"钟馗。魁星是中国古代神话中主宰文章兴衰的神。魁星原为古代天文学中二十八宿之一"奎星"的俗称，指北斗七星的前四星，后道教尊其为主宰文运的神，作为文昌帝君的侍神。其造型面目狰狞，赤发环眼，头上长角，右手握一大毛笔，称朱笔，专门点考试中榜者的姓名，左手持一只墨斗，右脚金鸡独立，脚踩鳌鱼，左脚后踢星斗，取"魁星点斗、独占鳌头"的祥瑞。魁星面相虽不佳，但为古代读书人所百般供奉，视若神明。在古代，读书人青灯黄卷，发愤有年，科举的成败，往往决定着一生的命运。因此，读书人总乐意奉祀魁星，希望对自己能有所庇护，最起码也求得心理

① 失之不经：指犯了不合常规的错误。

上的寄托。自宋代以来，对魁星的信仰日益兴盛，经久不衰，不少地方纷纷建立魁星楼、魁星阁。俗传七月七日是魁星的生日，到这一天，读书人纷纷到魁星楼馨香祷祝，祈求魁星保佑自己考运亨通，龙门一跃，金榜题名。

魁星楼的作用如《雍正井陉县志》记载："魁星楼，多在学宫，陉建于城东南隅，亦居巽，以维文运之意。论曰：惟木有本，本固而枝自荣，惟水而源，源深而流乃远，学宫为重道、崇儒、兴贤、育才之地，国家犹有额设，修学银两官士人民谁不当切水源木本之思乎？陉之学宫巍然高耸层累而上，势如凌云翠柏苍松，蔚然挺秀，失诚体朝廷之典培钟毓之基，经营修饰无或废弛，安知其不宏开文运如文翁之兴蜀常衮之兴闽者耶？"[224]

魁星阁多建在高处，可以主人文，振当地文风，所以阁以高为佳，诸如甘肃永昌县庙学，关于魁星楼的记文：《重修魁星楼记》，南济汉，魁星楼邑乡多有而斯为大，尊经阁峙其西，文笔踞其东北，枕城垣，南窥龙峪，登之则万峰仰拱，众渠环流，旷若境内数百里。"[225] 同时，魁有为首的、居第一位的意思，因此魁星楼也在振文风的基础上，带有寄希望于本地能出科举高第之意，"邑之获大魁，掇巍科，文运蒸蒸日上者，皆兆基于此"[226]。

关于文昌祠/阁/庙和魁（奎）星阁的设置规律，有两种放置情形：一是设置在学校内，二是设置在城市中，但大多数都在对应参照对象的东南位置，因为古人认为"东南为文明之位，神以象之，增炜烨①焉"[227]"形家言其向居丙，丙属火，而象文明"[226]。具体的设置，因为根据每个府、州、县的理解不同而情形各异，不一而足：有一县不仅在学校内设置文昌阁和魁星阁，同时在县城设置文昌祠、文昌宫、魁星阁的情形；有时还有文昌、魁星同祭于一阁的情形；有时有文昌祠设置在西侧、南侧，甚至文昌阁设置在东侧的情况。

山西绛州庙学（图2-16、图2-17），光绪时期格局已经大备，文昌阁在学校泮池东北方位，即庙学格局的东南角，另有一聚奎楼在东南城角上[228]。绛州文庙中，魁星楼既不叫魁星楼，也不叫奎星楼，而叫聚奎楼。

---

① 炜烨：文辞明丽晓畅。

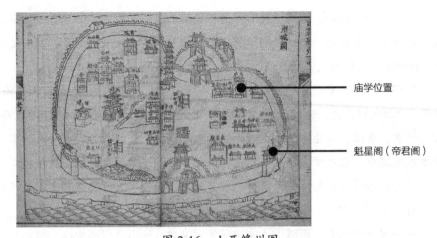

庙学位置

魁星阁（帝君阁）

图 2-16　山西绛州图

图片来源：《直隶绛州（山西）志》20 卷，坿卷首 1 卷，朱友洙等纂

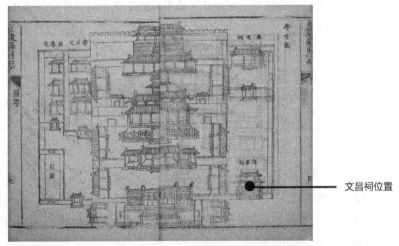

文昌祠位置

图 2-17　山西绛州庙学学宫图

图片来源：《直隶绛州（山西）志》20 卷，坿卷首 1 卷，朱友洙等纂

山西介休县庙学（图 2-18、图 2-19），据《乾隆介休县志》记载：文昌祠在文庙路东，五奎楼在文昌祠前，为乾隆三年（1738 年）国学生朱怡棠捐千金重修，学校内虽已兼备文昌祠、奎楼，但在城市东南城墙上还存在一个奎楼[229]。

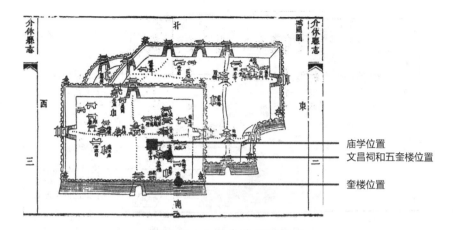

庙学位置

文昌祠和五奎楼位置

奎楼位置

图 2-18　山西介休县城治图

图片来源:《中国地方志集成·山西府县志辑》24 嘉庆介休文庙

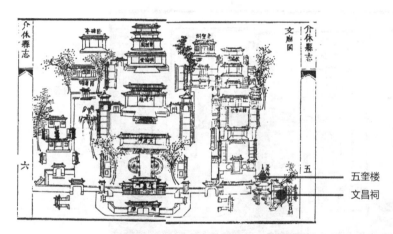

五奎楼

文昌祠

图 2-19　山西介休县庙学学宫图

图片来源:《中国地方志集成·山西府县志辑》24 乾隆介休文庙

山西榆次县庙学（图 2-20、图 2-21），学校内东侧有魁星阁，在庙学西北方位有文昌祠，东南城角有一魁星阁[230]。

安徽歙县文庙："南垣之外即圭山，巅筑砖塔，称文笔峰"[231]，讲究学校建筑群与城市内的对应关系。

河北盐山庆云县庙学的文昌阁为双层，居于庙学东偏（东南），位于庙学东南方位。

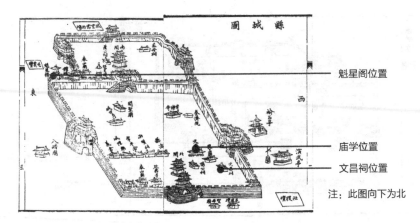

图 2-20　山西榆次县县治图

图片来源:《中国地方志集成·山西府县志辑》16《同治榆次县志》

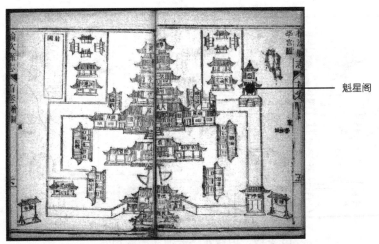

图 2-21　山西榆次县庙学学宫图

图片来源:《榆次县(山西)志》14卷(张天泽纂)

　　浑源州庙学，顺治时期文昌、魁星楼同楼，在儒学大门内，大成殿左。浑源州在万历三十九年（1611 年），州守赵之韩即建高阁三重，上肖魁星，中奉文昌，下辟礼门，后废，万历四十六年（1618 年）州守张述龄建文昌阁、魁星楼于南门外恒岳行宫之西。至清顺治六年（1649 年）文昌阁焚毁，只存魁楼，亦颓败殊甚，后顺治时期文昌魁楼建于学校内。

　　福建永定县文庙，文昌祠不在庙学中，而在当地书院中。

　　陇西巩昌文庙，《重修聚奎阁记》有曰：“人才关乎气运，而气运之转移要必有人培植之……改建聚奎阁于儒学之东……上凌北斗，旁映晴岚，登之则崇如巍如牧，四面之奇，眺之则恢如廓，如萃一方之秀，水绕基下由南折西，既波光之澄澈，神栖楼头，坐巽向艮，复气象之轩昂。"[232]

户县文庙，康熙版本记载：奎星阁之前在文庙东南，后来移动到城市东南，是因为觉得在文庙的话，不太高耸，于风气不利。

湖南石门文庙，魁星阁建设在学后的桂山上。

城固文庙，魁星阁原在文庙的东南隅，后来移动到城东。

魁星阁也有不在东南方位的，诸如陕西富平文庙，魁星楼在文庙后，文昌祠在魁星楼前，二者在庙学东北方位。华阳文庙，在明万历时期的修建，是考虑了风水的，记文显示其庙学与迎莲峰相对。陕西合阳文庙，顺治时期文昌阁在县治西北。广东罗定学官，奎星阁在学官西北，说是很广袤，推测很可能奎星阁要视野好[233]。福建屏南双溪文庙，泮池在学内，奎星阁即奎章阁，在文庙西，不是文庙东南。宁德文庙明伦堂，文昌阁在文庙序列的北边，不在东南方向，有内外泮池。

一个城市中可能建有多个阁。如陕西兴平文庙，城市最中心有一个奎星阁，东南城上还有一个奎星阁。渭南文庙，记文记载了文昌阁的位置，里面提到：堪舆家说东南位为文明之位置。且文昌阁的营建，是一种各行政等级遍及的现象，据考证广西盘县普安州文庙的光绪版本县志记载，"文昌阁在城外东坛山……文昌阁一在南里大冲屯，离城二十五里……文昌宫一在下屯，咸丰间绅民修建"[234]。再如四川中江庙学，"文昌宫凡三，一治西，谭家街，创始无考……一城内大东街……一在大东街考棚内"[235]。河南郏县文庙，一个城市内有三个魁星阁。杭州府学文庙，东南方位有文昌祠、文昌阁、魁星阁。

关于文昌、魁阁方位最特殊的要数广东丰顺东海庙学（图2-22、图2-23），文昌祠和魁星阁左右分列文庙轴线两端，同时在城市的东侧有一个文昌阁。这样特殊的格局，极大的可能是因为东海庙学城市"邑城褊小"的缘故，光庙学的选址就进行了多次变化，最终以吴少师太平公馆基址风水即佳，"前把银瓶峰，后枕大应案"[236]，故选定此基。

总体来看，"人才关于气运，而气运之转移要必有人培植之，然后地灵人杰乃得乘时而崛起"[232]，奎星阁／魁星阁／魁阁单独放置在城市东南城上角部，是一个比较常见的现象，学校内并设文昌、奎星阁于巽方（即东南位）亦是如此，同时也有

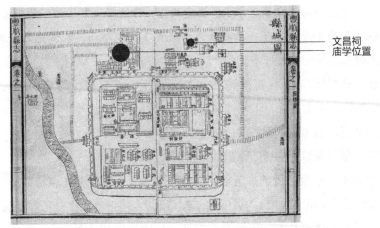

图 2-22　广东丰顺县县城图

图片来源:《乾隆丰城县志》(出版信息不详)

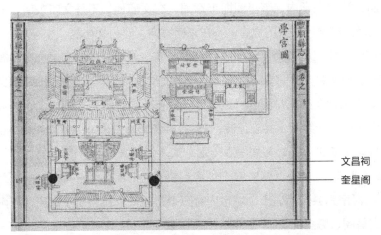

图 2-23　广东丰顺东海庙学学宫图

图片来源:《乾隆丰城县志》(出版信息不详)

放置文昌宫、文昌祠于其他方位的情形,可能是迫于地方具体地理位置(比如高山位置)相关,也可能是迫于地方经济财力暂居别处,具体原因不一而足,但是透过上面的案例和数据整理,可以清晰地看到庙学与古人认为的主导文运的文昌、魁阁的方位关系。

2.2.3　节孝祠

忠义节孝祠，是雍正皇帝下诏颁发的文书。雍正元年（1723 年），"诏直省州县各建节孝祠，有司春秋致祭。所以励风教维廉耻者至矣，宜不复沿陋习也"。关于节孝祠位置，清朝诏文规定，节孝祠位置并不要求设置于学校内，所以可以在城内择址兴建。

节孝祠的位置一般不太固定，有如下几种设置情形：一是与忠义孝悌祠相对列于文庙轴线左右；二是与忠义孝悌祠成组独立附于庙学一侧；三是择址设置于城内一处。

2.3　庙学并置类型

"庙"与"学"是庙学并置格局中的两大主体。研究其二者并置关系，对于探析庙学内尊卑关系、理清古人营建校园活动之流线设计和具体活动具有重要作用。

以全国现存文庙作为考察起点，对 650 例个案（数据详见附录表 1）进行数据检索，分析比较得知：前庙后学占 234 个，左庙右学占 120 个，右庙左学占 116 个，前学后庙占 5 个，248 个不明（不同文庙在不同时期有不同形制，故数据有叠加），其他为非"庙学"研究案例（为书院、乡村孔庙、现代营建孔庙等情况）。因此基本可以得到结论：前庙后学在庙学关系中数量最多，最为常见，左庙右学和右庙左学基本持平，前学后庙最少（图 2-24）。

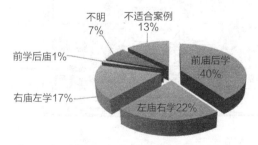

图 2-24　全国现存文庙的庙学关系统计

图片来源：笔者自绘

同时，在庙学个案研究中有两点值得注意：一是对于个案而言，庙学格局并非一成不变的。随着现实要素改变，庙学格局也会随之发生改变，尤其是在庙学发生迁址行为、遭遇灾难重建之时，故而不少庙学格局是多样的（前述统计数据以其最终格局为统计数据）。二是考察古代文献，并未见关于"庙"与"学"布局关系规定的皇家诏文或规定，这或许正是"庙学"格局种类各异的原因所在。

2.3.1　前庙后学

前庙后学，庙在前、学在后，二者南北同轴纵向展开，与中国古代"前朝后寝"的格局有相似之处。庙学关系内含两条活动流线：第一是生员进入讲堂的流线，第二是文庙祭祀流线，这两个流线的组织原则是不交叉影响。因为在前庙后学的格局中，生员活动的流线不能直接穿过文庙序列进入学校，而是围绕在文庙周围有一狭长步行空间供入学使用：首先经过牌坊，之后进入学门，接着经过明伦堂前东西的圣域／贤关门进入讲堂前院落，最终进入讲堂空间，祭祀的活动流线则遵照祀典流线（详见2.7节中校园活动流线的分析）。关于两者之流线，可以通过《生员入学流线图》（图2-25）、《释奠流线简图》（图2-26）、《光绪鱼台县学宫图》（图2-27）、《乾隆南昌府学图》（图2-28）进行理解。

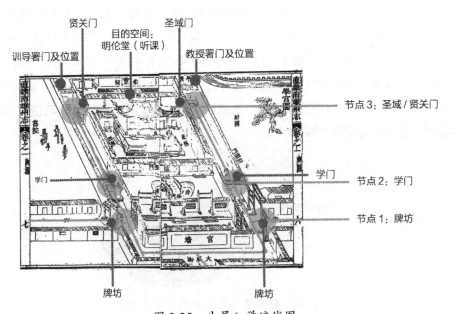

图 2-25　生员入学流线图

图片来源：苗严自绘（底图来自《中国地方志集成·道光南雄州志》图考卷）

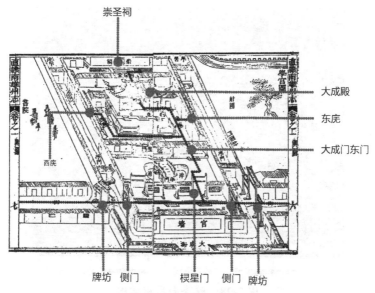

图 2-26 释奠流线简图

图片来源：苗严自绘（底图来自《中国地方志集成·道光南雄州志》图考卷）

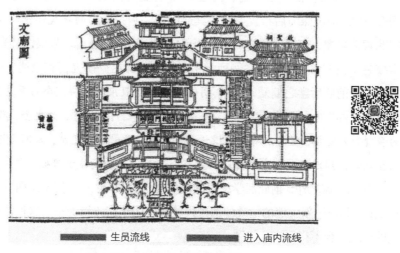

图 2-27 光绪鱼台县学宫图

图片来源：苗严自绘（底图来自《中国地方志集成·光绪鱼台县志》图考卷）

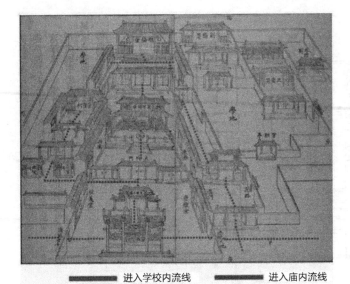

▬▬▬▬ 进入学校内流线　　　▬▬▬▬ 进入庙内流线

图 2-28　乾隆南昌府学图
图片来源：苗严自绘（底图来自哈佛大学图书馆《乾隆南昌府志》图考卷）

对比考察，汉、唐、明、清皇家宫室及明清时期重要坛庙建筑[①]（图 2-29、图 2-30），均按照前后布置展开，其原因为"加强纵向的建筑和空间层次"[237]。按照此营造习惯，庙学并置格局中采用前庙后学当不难理解。且根据《光绪德安府志》学校卷（在右学、左学的案例列举中对于其具体格局研究仍有论述）中记载亦可见古人对于前庙后学之偏爱，"旧制明伦堂与大成殿东西并峙，今乃更易其制，由棂星门、戟门内为庑、为殿，殿之后为斋、为堂，堂之内为讲堂，为生舍，殿外复立二室，为乡贤、名宦祠，堂外别有诸生退讲堂、馔堂、庖厨悉如定制，宏闳爽垲，丹漆坚厚，助坐炳焕，周以垣墙，表以坊牌，通以泮池百，凡制度侈于旧观"[238]。

除此优点之外，前庙后学格局的缺点亦十分凸显：一是偏于东西两侧的入学流线较长；二是对于新加建的建筑的适应性较低，由于启（崇）圣祠这种需要明确加建建筑的出现，会不得已产生问题。

[①] 本文仅列举两例作为佐证，其余重要建筑平面图可以参阅《中国建筑史》第四章"官殿、坛庙、陵墓"。

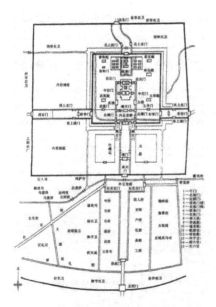

图 2-29　明南京皇城宫城复原图

图片来源：潘谷西.中国建筑史 [M].北京：中国建筑工业出版社，2009：118

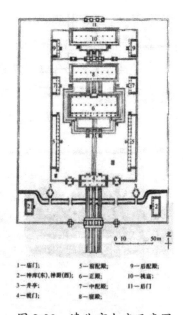

1—庙门；　　　5—宿配殿；　　9—后配殿；
2—神库(东)、神厨(西)；6—正殿；　10—祧庙；
3—井亭；　　　7—中配殿；　11—后门；
4—戟门；　　　8—寝殿；

图 2-30　清北京太庙示意图

图片来源：潘谷西.中国建筑史 [M].北京：中国建筑工业出版社，2009：119

2.3.2　左庙右学及右庙左学

左庙右学和右庙左学属于庙学东西并列的格局，二者在庙学关系处理上相对较为独立。

左庙右学是元、明、清国子监格局，因国子监的特殊地位，这种庙学格局常被认为是理所当然遵照的范式。且这种庙学并置格局较为成熟：一是"庙""学"二者尊卑关系通过实际方位得到明确界定，即"庙"为尊，在东侧，如广东梅州学官相关文献中记载："弘治三年，佥事袁庆祥檄知县辛贵重修纳粟，指挥陈昂新文庙，义官钟华作明伦堂移于文庙之右……袁公因地之狭长更张之，尊左则庙，次右为堂，皆南向"[239]；二是"庙""学"相对独立，流线关系清晰明确，不会产生互相交叉混乱的情形；三是无论祭祀功能或教学功能的加建，适应性都比较强。

右庙左学，虽然在数据统计中占比与左庙右学相近，但是不应该被认为是"学"比"庙"高的案例。理由如下：一方面从"庙"和"学"的历史发展来看，"庙"所祭祀的孔子具有至高无上的地位，而"学"仅仅是作为教育功能的实体，无祭祀含义，因此"庙"比"学"尊自是必然①；二是因为具体实际用地（场地环境、已有建筑等）限制条件等方面的影响，使得右庙左学成为被迫产生的庙学并置格局。

广西北流庙学（图2-31），"清康熙元年，署县安九埏迁明伦堂右，详请捐资鼎建大成殿东西两庑及棂星门"[240]。据记文记载："旧址湫隘，两庑泮池逼近棂星阶前不数武，袒割登江有弗便，去之，相地于明伦堂之右一舍，而近密，势高敞。"[241]

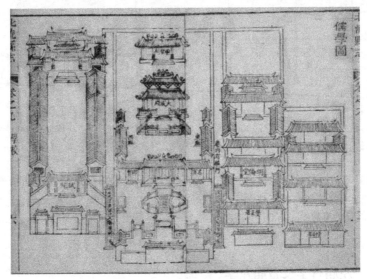

图 2-31　广西北流庙学学宫图

图片来源：《光绪北流县志》图考卷（国家数字图书馆）

湖北德安府庙学，景泰五年（1454年），"知府周铎益饰之，两庑各增为十五楹，每楹为一坛，东为文昌祠，西为碑亭，为神厨，谓明伦堂隘，仍辟左徙焉，为教职廨五，斋舍门垣悉加于旧"[242]，因为明伦堂湫隘，故而移建东侧，形成左学右庙格局，后弘治三年（1490年），"建藩第欲取益学地，知府和鸷力争之，庙得不毁而学地割者半，鸷乃徙学宫于庙，同知沈编绲继成之，堂斋如制"[242]，形成前庙后学格局（图2-32），沿用至清。

---

① 《光绪德安府志》卷之七　学校中第3页记文中记载："夫有学以容其身，而不至于外驰，有庙以致其敬而不敢苟焉。"

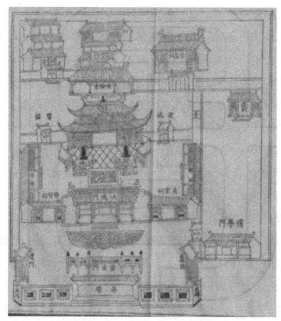

图 2-32　湖北德安府庙学学宫图

图片来源:《光绪德安府志》图考卷（国家数字图书馆）

2.3.3　后庙前学

后庙前学，笔者仅考证到寥寥几例，究其原因，多受到用地限制或者建造限制之故。举例如下。

甘肃张掖文庙，"位于城内东南隅文庙巷……始建于北宋庆历四年，明洪武年间改建，清顺治九年又加修建。文庙经历代的维修，雄秀河西，整个建筑群布局严谨，层次分明，金碧辉煌，和谐统一，正面门外立有'文官下轿武官下马'石碑。接近正面迎门为一座高大的琉璃照壁，中间嵌有'二龙戏珠'菱形琉璃图案。牌楼上嵌有金字匾额'大成至圣先师孔夫子庙'，边墙开'圣域''贤关'两座牌楼门。门内泮池架设三座石桥，正中桥面有九龙盘绕，桥后立有'棂星门'牌坊，浮雕密集，镂刻精细，堪称佳作，坊后建有明伦堂，堂后拱上龙蟠丹墀，拾阶而上为主题建筑大成……戟门左右为名宦、先贤祠，殿后……孟轲殿坐落期间"[243]。

湖南武冈县庙学，"武冈之有学，自崇宁五年始，时初置武冈军即建军学于宣恩门外，教授陈沂主其事；绍兴八年，迁于谯门之西；淳熙二年，知军王可大及武冈县主簿范尧誉重建，其后数年，知军何李羽增葺且别建武冈县学，武冈县之有学盖自

101

此仿也，湖南转运判官邓均为之记；嘉泰元年，湖南提点邢狱陆世良修葺；嘉定七年，知军史弥修葺，教授王之制为之记；景定间，知军赵希迈修葺；咸淳二年，知军杨巽摄教，唐日宣建奎文阁，文天祥为之记；元末，路学县学皆毁于兵，吴王元年迁明伦堂于溪南；洪武三年重建府学；景泰九年，知州伍芳增葺，黎淆为之记（前学后庙）；成化中，知州李复初重修；成化二十年，署知州刘宗周造礼乐器，林璧有记；弘治三年，知州刘选重修，复迁明伦堂于溪北文庙后之左，俄迁右，寻复左”，大致表明庙学格局发展为前庙后学——左学右庙——左庙右学，在明代景泰九年修建之时，考证当时记文：“始于丁丑六月，首建明伦堂三间，高二丈九尺，堂之下东西相向为三斋各六间，斋之南为内门三间，外门一间，其高则次减焉，堂之后为膳堂，堂之后引溪水为泮桥，渡桥则建大成殿三间，高三丈六尺，左右十哲六间，东西二十间，其高亦以次递减，而戟门五间，则视两庑高四尺余，圣贤像设皆新绘”[244]，考察其历史，原因为：迁明伦堂于溪南当为先，后结合溪水设置泮水，而大成殿又只能在泮水后，故形成前学后庙之格局，但是无论在高度还是规制上，都以大成殿为高大尊贵。

陕西洋县庙学，“洋邑，古州治，学建于治东，明伦堂建于庙南，以其迫近市井，人皆病之，庙于堂斋年久俱敝，欲从新者而未能。弘治已未春，崔侯以丙辰进士来令兹邑，谒庙之余，其容虁然，师生固已知其行矣，于时候方急于洗涤黜旧政而致之新，一钱一丝不科于民，民甚怀之，越明年庚申，弊政以新，移民以附地方……召匠兴工，庙修于堂基，堂修于庙北，棂星戟门斋号厨原釐，内外而一新”[245]。

2.3.4　庙学分离

庙学分离情形的出现原因有二：一是多为早期庙学案例，唐宋时期庙学还未完全结合，到元明时期庙学结合定性稳定，已鲜有庙学分离的情形；二是受限于具体建设条件，暂时分离，因地制宜所设，并非定式。举例如下。

广西德保镇安府庙学，旧为土司① 儒学。康熙七年（1668年），通判彭惟创建于府治东。之后康熙二十九年（1690年）通判王洪移建于城外东街，今墟场其旧址也。雍正元年（1723年），署通判事林兆惠迁于城内东隅，仅屋一区。“康熙初年，改设流官，雍正十年孔君傅堂守此土请建圣庙、崇圣祠、两庑暨乡贤祠、名宦诸祠而明伦堂未建”[246]，雍正十二年（1734年），署府事陈舜明“请项建明伦堂三楹于文庙右偏，规模狭隘，体制不称，十三年又建教授署于堂后，两相毗连，历任学官因聊

---

① 土司：少数民族边远地区所设的行政单位。

为住室。而明伦堂斯废，聚①下车谒庙，会诸生其间，周旋坐立苦无处所，又何以宣教化而饬众志，乃相视署右隙地更建三楹，规制虽不壮丽宽敞，视旧有加矣"[247]，一直为左学右庙格局。因旧址湫隘，"嘉庆四年，署知府孟昭详请移建于东郊外；七年，知府宋本敬督建，工竣"，从此庙学格局分离，庙在东郊，学在城内。后来"同治四年，毁于火，（同治）八年，知府兴福移建于东街，大成殿崇圣祠各三间，东西两庑，戟门并左右掖门共三间，官廨二间，有屋一间，棂星门，围桥泮池，宫墙，规模略具，郡人现议扩大成殿为五楹并拓宫墙，溶泮池，重建名宦乡贤祠以符体制，尚未兴工"[247]，庙学仍未合于一体（图2-33、图2-34）。

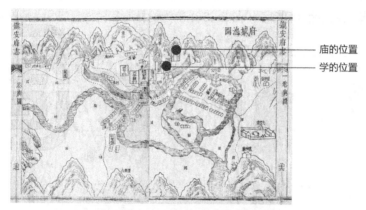

图2-33　广西德宝镇安府府境图
图片来源：《乾隆镇安府志》图考卷（国家数字图书馆）

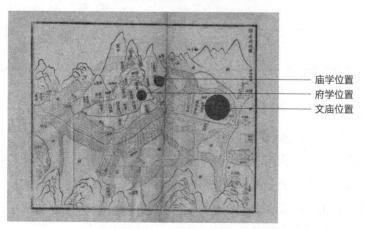

图2-34　广西德宝镇安府府城图
图片来源：《光绪镇安府志》图考卷（国家数字图书馆）

---

① 考证文献，聚应为乾隆十八年，知府傅聚。

2.3.5 一庙双学

一庙双学是庙学关系中较为特殊的一类。就形成原因来看，其是政治影响下的产物：一方面，庙学并置格局在上下级别的行政区域之间容易模仿，一般是对上一行政级别的庙学进行模仿，见诸于文献的记载很多，尤其是同一府、州下辖的州县一般都采用同一庙学形制；另一方面，古代官府如府治、州治，驻地都是在对应下一级别的城中，因此府县同城、府州同城的情况下，往往会出现共文庙情形。

现存的一庙双学的案例，多数是高行政级别学校与较低等级学校共同附设于庙之左右。诸如陕西榆林县庙学（图 2-35），即为榆林府和榆林县庙学共用文庙的案例。

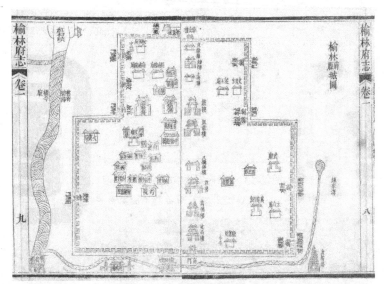

图 2-35　陕西榆林县县城图

图片来源：《道光榆林府志》图考卷（国家数字图书馆）

亦有同城但不同文庙的情形，诸如陇西巩昌府庙学和陇西县庙学，庙属各自分治，府文庙在府治东，南向；县庙在府庙东，东向，雍正十三年（1735 年）建。且府崇圣祠在文庙殿右，县崇圣祠在文庙殿左，格局完全不同。巴陵县庙学和岳阳府庙学即属于分别放置的情形，且形制不同，巴陵县学（图 2-36）采用左庙右学，岳阳府学（图 2-37）采用左学右庙。

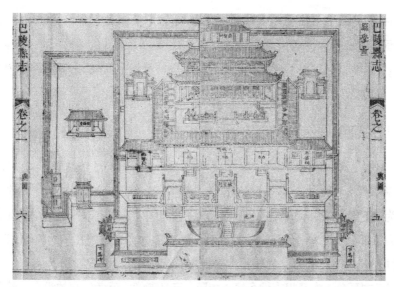

图 2-36　巴陵县学图

图片来源：《嘉庆巴陵县志》图考卷（国家数字图书馆）

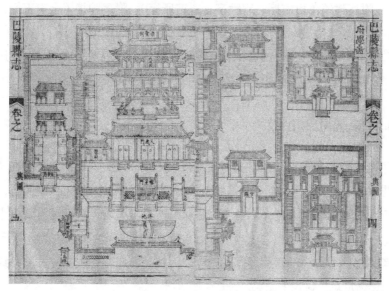

图 2-37　岳阳府学图

图片来源：《嘉庆巴陵县志》图考卷（国家数字图书馆）

通过上述分析和案例列举，可以看到中轴递进的建筑观对于古人前庙后学格局的庙学序列营造的影响，可以看到庙学并峙关系中"庙"的绝对至尊的地位，亦可以看到政治因素如行政区划对于不同等级庙学格局的一定影响。

同时最重要的一点是结合具体庙学营建，因为实际场地限制，诸如用地湫隘、风水考量等方面，庙学格局亦在满足礼制、功能等多方面需要的情形下产生变化，这种变化，无不体现出古人在庙学格局乃至建筑格局的考量中反映出的智慧和灵活性。

2.4 孔庙——官学校园中的祭祀空间

庙学并置格局由"庙"与"学"两大主体构成。"庙"是校园构成中的祭祀部分，其内容为满足祭祀功能和营造祭祀氛围。根据祭祀对象的不同，庙的主要构成又可以划分为三部分：第一部分为大成殿及其东西庑部分，为祭祀孔子的组合；第二部分为崇圣祠及其东西庑部分，为祭祀孔子祖先五代的组合；第三部分为名宦、乡贤祠，忠义、节孝祠部分，为祭祀本地名宦、乡贤、忠义孝悌、节孝妇女的组合。除此之外，还有附属功能的建筑、小品等，包含池（内外泮池）、门（棂星门、圣域/贤关、金声玉振）、附属建筑（更衣厅、宰牲亭、斋宿所等）、附属牌楼（金声玉振、德佩天地道冠古今等）、下马碑等。

本节针对各个部分的建筑单体，从规划格局的角度思考，追溯其形成历史，研究其在"庙学并置"格局演变过程中的功用及其与相关建筑的关系。

2.4.1 崇圣祠及东西庑 [①]

崇圣祠原名为启圣祠，主祭孔子父亲叔梁纥及其祖先。设祠之目的在《道光中江县新志》中有记载："学者无不以孔圣为宗，而启圣为圣之所自出宜乎，乡国学校奉天子右文重道之至意建立启圣祠，春秋配享，不惟有以教学并有寓教孝之微文也"[248]，一方面是庙学祭祀之功能，另一方面是将儒家极为重视的孝道寓于教学中。但这种孝文化并非自庙学萌芽即体现其中，而是随着庙学并置格局发展并经历代学者、君王逐渐反思、讨论的结果。

文献可考的最早祭祀叔梁纥的庙宇为北魏时期（386—534年）叔梁纥庙，即现尼山孔庙前身。"鲁郡秦置，为薛郡，高后改为鲁国，皇兴中改……有牛首亭、五父

---

① 关于崇圣祠的历史和在庙学格局中的演变的内容，主要参阅作者苗严的硕士论文《建筑学视域下启（崇）圣祠对庙学并置格局影响之探析》。

衢、尼丘山、房山、鲁城、叔梁纥庙、孔子庙、庙、沂水、泗水、季武子台、颜母祠、鲁昭公台、伯禽冢、鲁文公冢、鲁恭王陵、宰我冢、兒宽碑"[249]，至唐代《史记三家注》对此庙具体说明："《正义》①《括地志》②云：'叔梁纥庙亦名尼丘山祠，在兖州泗水县五十里尼丘山东趾。地理志云鲁县有尼丘山，有叔梁纥庙。'"[250]叔梁纥死后安葬于防山，尼山为孔子诞生之处，因此叔梁纥庙或为纪念叔梁纥尼山得子。

经历隋唐及至五代，据《曲阜县志》记载：后周显德三年（956年），"鲁守赵侯以尼山为孔子发祥地，始创庙祀"[251]，开创孔庙与叔梁纥庙并存的局面。后尼山孔庙于宋庆历三年（1043年）重建夫子殿、讲堂、学舍等，金明昌五年（1194年）大修，布局基本同于现存规模。金末塌毁，"元后至元二年（1336年），中书左丞王懋德奏请在尼山创建书院，并保举彭璠为山长，创建尼山书院"[251]。元后至元四年（1338年）尼山书院重建，后明清多次重修。据乾隆版本《曲阜县志》图档所绘，尼山建筑群分为东、中、西三区。中区有前后两院，前为大成殿，后为寝殿。东区有讲堂、土地祠，西区南有启圣殿及寝殿，东南部与中区相接处有毓圣侯③祠（图2-38），整体建筑群落与当时曲阜孔庙格局类似。

图 2-38　尼山书院图

图片来源：《中国地方志集成·乾隆曲阜县志》

---

①《正义》：全名《史记正义》，是唐代张守节为《史记》所做注释。

②《括地志》，由唐初魏王李泰主编，是唐代的大型地理著作。

③ 毓圣侯：尼山神。

叔梁纥的地位始受重视上溯至北宋大中祥符年间。大中祥符元年（1008年），真宗[①]幸鲁时"谒庙毕，幸叔梁大夫堂，封文宣王父为齐国公，母为鲁国太夫人"[252]，自此叔梁纥进而为公[②]（此时孔子庙号"玄圣文宣王"），在地位上开始得以被重视。十一月，"勅[③]告报皇帝封禅[④]毕，车驾至兖州曲阜县谒先圣庙，取十一月初一日，备礼躬谒"[253]，"仪当肃揖，帝特再拜，以伸崇奉之意，百官皆拜，又幸叔梁大夫堂，命刑部尚书温仲舒等分奠七十二子先儒，帝敛衽[⑤]北面式，瞻粹容，仍顾庙制度，嘉叹久之"[8]。

关于庙学内叔梁纥祭祀地位的讨论始于南宋。《河北府县志辑·雍正阜城县志》关于其争论历史记载如下："叔梁纥进公而王，自宋大中祥符始也，称启圣公自元始也。宋时颜、曾、子思配享堂上，颜路、曾晳、孔鲤从祀两庑，洪迈[⑥]、姚燧[⑦]以为崇子抑父。熊禾[⑧]谓宜别设一室祀叔梁纥而以三子配，程敏政主其说。嘉靖九年特诏建专祠以奉之配颜、曾、孔、孟孙四氏皆大贤之父也，从食程朱蔡三人皆先儒之父也。万历二年从郭惟贤之请增周敦颐父，周辅成推所自出而崇报之义始著。迨毅宗诏祭曰先祀，而子虽齐圣不先父食之义始全，惟我皇上追王上及五代木金父、睾夷、防叔、伯夏、与叔梁纥并祀易启圣为崇圣，而追远报本之义益隆，成万世不易之典矣。"[254]

南宋熊禾在讲学时，关于祀典礼进行论述："学校之祀典，不正久矣……学莫大于明人伦，人伦莫先于父子，子坐堂上，父立庑下，非人道一日所可安也。且子虽齐圣，不先父食久矣。必仍今之制，则宜别设一室，以齐国公叔梁纥居中南面，颜路、曾晳、孔鲤、孟孙氏侑食西向。春秋二祭，当先圣酌献之时，以齿德之尊者为分献官，行礼于齐国公之前，其配位亦如之。两庑更不设位。如此则亦可以示有尊而教民孝矣"[255]，全文首先提出天下学校位次不正已久，并对于五贤祠、四配位次、祭祀升位等做出论述，实则反映出古人在庙学中通过位次的顺序、朝向、高低等反映人员

---

① 真宗赵恒：宋朝第三位皇帝（997—1022年在位），年号有咸平、景德、大中祥符、天禧。
② 宋朝爵位等级分为十二级，分别为王、嗣王、郡王、国公、郡公、开国公、开国郡公、开国县公、开国侯、开国伯、开国子、开国男。王号高于公爵号。
③ 勅：帝王的诏书，命令。
④ 封禅：古代皇帝去泰山祭天，以示正统。
⑤ 敛衽：整理衣襟之意，敛为收起，收注之意；衽为衣服，袖子之意。
⑥ 洪迈：南宋著名文学家，主要作品有《容斋随笔》《夷坚志》。
⑦ 姚燧：元朝文学家，官翰林学士承旨、集贤大学士。
⑧ 熊禾：宋末元初著名理学家、教育家。

地位的文化内涵，而关于庙庭中父子关系的尊卑讨论，其观点为设一祠于孔庙，主祀孔父，以配祀之诸父配享。

元至顺元年（1330 年）冬十一月己酉，以董仲舒从祀孔子庙位列七十子之下，再次引发孔庙内从祀位次的讨论。王祎作《孔子庙庭从祀议》亦对庙庭父子尊卑做出争论，从配祀者对于儒学传承、发扬的角度对从祀次序进行论述，同时对从祀人员中的父子、长幼次序及坐次的混乱情况予以批判，他认为应将诸子之位各降于诸父之下，四配中的颜子、子思等人亦应各归其父之下 [256]。而持相反观点者如张起严，则认为学庙当以彰功德为主，不以私情判断是非，这才是最大的人伦 [257]。至顺三年（1332 年），叔梁纥地位升至王：“宗庙之礼，爱其所亲，敬其所尊，于以报功而崇德。尚笃其庆，以相斯文。齐国公叔梁纥，可加封启圣王，鲁国太夫人颜氏，可加封启圣王夫人。” [252]

明初，天下庙学未有专祠祭祀父辈，独阙里国庙西偏侧有启圣王殿，家庙亦未有专殿祭祀父辈，且各哲、贤之父从祀廊庑，位次混乱。英宗正统三年（1438 年），发布禁令，“禁天下祀孔子于释、老宫” [162]。同年，孔、颜、孟三氏子孙教授裴侃言：“天下文庙惟论传道，以列位次。阙里家庙，宜正父子，以叙彝伦。颜子、曾子、子思，子也，配享殿廷。无繇、子晳、伯鱼，父也，从祀廊庑。非惟名分不正，抑恐神不自安。况叔梁纥元已追封启圣王，创殿于大成殿西崇祀，而颜、孟之父俱封公，惟伯鱼、子晳仍侯，乞追封公爵，偕颜、孟父俱配启圣王殿”，帝命礼部行之，仍议加伯鱼、子晳封号 [162]，开始了关于子父地位的争论。

这场争论的极点在世宗嘉靖年间（1522—1566 年），史称“大礼议”。古代帝位传子，子称帝，父称皇考，嘉靖皇帝登基之时，诏议追崇生父生母，但其生父为兴献王并非弘治皇帝，“孝宗崩，子武宗立，武宗崩，无子，而孝宗弟兴献王有子，伦序当立，大学士杨廷和以遗诏迎立之，是为世宗” [258]。因此引发了朝廷关于称弘治、兴献王谁为皇考的讨论，最终嘉靖帝完成了自己的孝思心愿，称生父兴献王为“皇考”，弘治皇帝为“皇伯考”。

明世宗嘉靖九年（1530 年），大学士张璁言：“先师祀典，有当更正者。叔梁纥乃孔子之父，颜路、曾晳、孔鲤乃颜、曾、子思之父，三子配享庙庭，纥及诸父从祀两庑，原圣贤之心岂安？请于大成殿后，别立室祀叔梁纥，而以颜路、曾晳、孔鲤配之” [162]，皇帝赞许他的建议，这个事件与“大礼议”同期，可能二者存在内在的联系，毕竟“尊父”在当时是敏感的话题。同年，从张璁议，“以启圣无祭，为阙典；

又颜子、曾子坐于堂上，而颜子父路、曾子父点乃在庑下：及孔鲤、孟孙氏，亦无祭，非推崇所生之义。乃请立启圣公祠祀叔梁纥，以颜无繇、曾点、孔鲤、孟孙激配，程珦、朱松、蔡元定从祀"[259]，于是诏"去封爵，仍称启圣公，令国子监并天下学宫皆启圣祠，祀叔梁父，而以颜无繇、曾点、孔鲤、孟孙激配飨，程珦、朱松、蔡元定从祀，神宗朝增周辅成从祀"[252]。自此之后，启圣祠在庙学中兴建起来，《光绪慈溪县志》记载："天下庙学建有启圣祠肇自肃皇之代，礼协义精，高绝千古"[97]，这也引发了全国范围内的"庙学格局"的大变革。

清雍正元年（1723年），诏追封孔子五代王爵，于是锡木金父公曰肇圣（孔子的太高祖），祈父公曰裕圣（孔子的高祖父），防叔公曰诒圣（孔子的曾祖父），伯夏公曰昌圣（孔子的祖父），叔梁纥公曰启圣（孔子的父亲），更启圣祠曰崇圣祠。肇圣位中，裕圣左，诒圣右，昌圣次左，启圣次右，俱南向[162]，即采用昭穆之制①。

崇圣祠的内部陈设及位次，中为肇圣王锡木金父、左供高祖父裕圣王祈父、右供曾祖父诒圣王防叔、再左供祖父昌圣王伯夏、再右供孔子父亲启圣王叔梁纥；东配：先贤颜无繇（颜回之父）、先贤孔鲤（孔子唯一的儿子）；西配：先贤孔孟皮（咸丰三年入祀）、先贤曾点（"宗圣"曾参之父）、先贤孟孙氏（孟子先辈）、先贤孟孙激（四配之一亚圣孟轲之父）；东庑：先儒周辅成（先贤周敦颐之父）、先儒程珦（北宋理学大师程颢、程颐之父）、先儒蔡元定；西庑先儒张迪（先儒张载之父）、先儒朱松（朱熹之父朱松）、先儒蔡元（蔡沈之父）为从祀。

启圣祠对于"庙学关系"的格局，可以说是一次影响深远的冲击。启圣祠从其性质来讲，为祭祀性质，且因为祭祀对象为孔子父辈，因此，其尊贵地位在"庙学"关系当中为二，因此放置何处，是中央和地方官学都需仔细斟酌的要素，同时启圣祠出现的时期为明嘉靖时期，经过宋元积淀已经是"庙学"关系相对稳定的成熟期，加建也势必会为增建位置带来难度。

启圣祠的出现对前庙后学格局的冲击可以说是最大的，因为前庙后学格局，前为孔庙，后面为学，中间突然加进来一个启圣祠，那么它的位置就要有所考究，假如在明伦堂或者尊经阁后面加建启圣祠，无论是从祭祀流线，还是从学生的流线来

---

① 昭穆之制：祠堂神主牌的摆放次序，如：始祖居中，左昭右穆。父居左为昭，子居右为穆；二世为昭，三世为穆；四世为昭，五世为穆；以此类推。《道光思南府志》记载："李沄以诸侯庙数定为五，庙据紫阳都宫之论，以肇圣律五庙之太祖居北，裕圣居左，诒圣居右，昌圣、启圣亦以昭穆区左右，同堂异室，二昭二穆，以次而南之礼也。"

说都会带来极大的麻烦，因此对于前庙后学格局，最好的办法就是在大成殿的一侧加建启圣祠，这也是大部分前庙后学规制庙学经常采用的方式之一，且所加一侧，多位于东侧（因东侧较西侧位尊），少数建于西侧。

山东济南府庙学，"崇圣祠在庙东前为玉带河，左为文昌祠"[185]。山东临沂县庙学，"庙后迤东为崇圣祠"[260]。山东乐陵县庙学（图 2-39）、陕西临潼县庙学（图 2-40）亦如此。

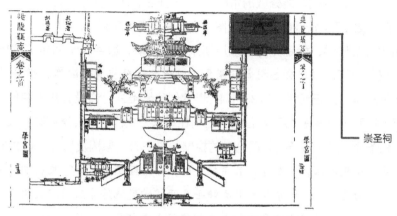

崇圣祠

图 2-39　山东乐陵县庙学学宫图
图片来源:《中国地方志集成·乾隆乐陵县志》

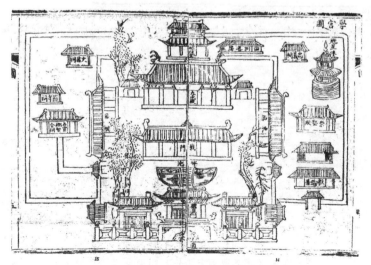

图 2-40　陕西临潼县庙学学宫图
图片来源:《中国方志丛书·临潼县志》（乾隆版本）

甘肃正宁洛川县庙学，祠在西侧，较为特殊，"崇圣祠在文庙西，明嘉靖九年始敕建祠……国朝雍正元年……以启圣祠为崇圣祠"[261]。

河北盐山庆云县庙学，即为东侧偏加崇圣祠。

但是前述方法，造成祭祀建筑与学习建筑的混乱，同时与祭祀流线上也造成一定的困扰，亦难以体现重礼崇儒之意。及至明晚期、清代有实例表明，出现了启圣祠和大成殿后明伦堂换位的情形，遂有一部分的庙学格局从此由"前庙后学"变化为"左学右庙"，从现代功能分区的角度来看，这样的换位是健康的、合理的，同时结合2.7节中校园活动流线的释典流线图，也能够直观感受到。

四川中江县庙学，始建无考，经历明末战乱至清，康熙五十四年（1715年），知县李来仪任中江，以"启圣祠尚有阙焉，以致春秋祭祀竟无配享，嗟乎①"，遂重建启圣祠三楹，雍正元年（1723年），奉旨创建崇圣祠，恭设五代王牌位。乾隆四十九年（1784年）署知县王尔昌以崇圣祠在殿东，规模狭隘，谋诸绅士改原建之明伦堂为崇圣祠。关于崇圣祠与明伦堂的换位（图2-41）原因及历史，记文载："今祠宇在殿东，规模湫隘，非制也，且年岁久远，渐致倾颓，乾隆甲辰秋桐城王君尔昌来署邑……为己任，力图修整，爰集绅士及两儒学度地筹非改原建之明伦堂为启圣祠，而于学宫之左另建明伦堂三楹，立儒学门于堂之前……而启圣之尊崇于学宫为是益巨。"[248]

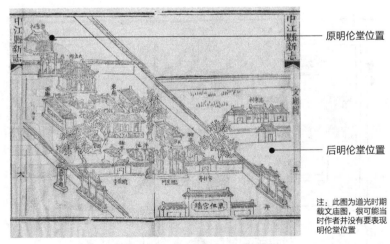

图 2-41　四川中江县文庙图

图片来源：《道光版本中江县志》（国家数字图书馆）

---

① 嗟乎，在古语中为"唉"，在原文中表示遗憾和惋惜。

陕西蓝田县庙学，在县治西。明时为前庙后学规制，启圣祠即在文庙东（图 2-42）。清代乾隆六十年（1795 年），庙学格局发生变化（图 2-43），《嘉庆蓝田县志》中《重修崇圣祠棂星门记》写道："谒文庙，虽未嵸崣[①]，而典制无缺，惟崇圣祠居宫墙东首，棂星门与照墙逼近不满五尺，而墙垣颓败，又将鞠为茂草矣……与学博宋君淮君计筹，余首捐廉俸……鸠工庀材，将崇圣祠移建大成殿后，以尊体制，移文昌祠于学宫东首，以免障蔽"，体制为何，已经不言自明。

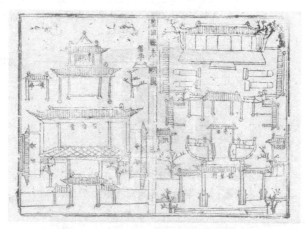

图 2-42　陕西蓝田县文庙图（明时期）

图片来源：《雍正蓝田县志》（国家数字图书馆）

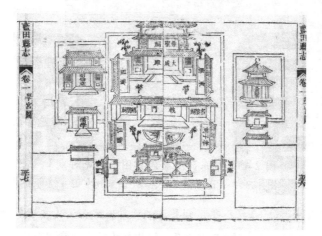

图 2-43　陕西蓝田县文庙图（清时期）

图片来源：《光绪蓝田县志》（国家数字图书馆）

---

① 嵸崣：嵸同"嵸"，基本释义是高耸；崣，古同"隆"，高，总意为高耸。

广东阳江县庙学，为前庙后学制度，"嘉庆五年，知县李协五倡捐平基重建，李迁去，知县朱麟徵继成之，大恢旧制，旧崇圣殿在明伦堂后（图2-44），今改建大成殿后而于崇圣殿后建明伦堂，又其后为尊经阁（图2-45），伦次秩如，规制大备，遂成巨观"[262]。

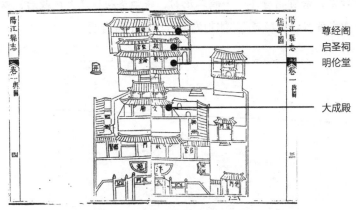

图 2-44　广东阳江县学宫图（嘉庆时期）

图片来源:《中国地方志集成·康熙阳江县志》

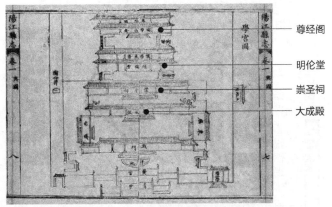

图 2-45　广东阳江县学宫图（道光时期）

图片来源:《道光阳江县志》（国家数字图书馆）

广西岑溪县庙学，"嘉靖八年，知县王诰迁外城北……（嘉靖）十八年，知县曾广翰建启圣宫于圣殿左,（嘉靖）二十六年，知县赵礽迁启圣宫于殿右……崇祯十一年，知县卢日就作照墙，迁启圣宫于殿后"[263]。

恭城县庙学，在明末兵毁之后，"清康熙九年，知县曹林韵详请重建，先茸大成殿及两庑，启圣祠以备春秋上丁释典，每月朔望行香"[264]，足可见大成殿与启圣祠在祭祀上的关系之密切，之后历代仍然保持大成殿、启圣祠在一条轴线的格局。

对于左庙右学和左学右庙的格局来说，这种冲击很显然要相对小一些，解决办法即是在大成殿后加建启圣祠即可，毕竟启圣祠和大成殿的性质相同，同为祭祀性质，并且这样一来既不影响学校的流线，也会使得前为孔庙、后置启圣祠的格局与国子监的格局近似。

徽县文庙在嘉庆版本的记文里启圣祠记中，有记载要把启圣祠移动到文庙后的原因。该文庙刚开始为前庙后学格局，后来因为崇圣祠的原因，把崇圣祠移动到文庙后旧明伦堂基址，而形成左学右庙格局。广东阳江学官在康熙版本的记录中显示，虽然该文庙一直是前庙后学的格局，但之前崇圣祠在明伦堂后，之后崇圣祠提前到明伦堂前、大成殿后，该过程为礼制的原因。兰州文庙在康熙年间的记文《移建兰州启圣祠记》中，关于启圣祠初期增建多附设的情形状况和后期改建状况进行了总结："*启圣有祠所以淑人心，配风化，甚盛典也。但缔造之初，有司绌于物方，率以故事奉行，每于学宫近侧附创数栋……礼制衰……方公捐葺学庙之后，因诸生公请移运本庠，改祠启圣。*"[265]广东遂溪文庙，启圣祠原来在文庙东，到最后移动到了大成殿后。广州增城学官，雍正八年（1730 年），移动崇圣祠在庙后以表尊敬。中江文庙在道光版本的记文显示，因为崇圣祠地湫隘，不符合礼制，所以把崇圣祠移动到明伦堂，而把明伦堂新建在左。广东徐闻学官也因为把崇圣祠移动到明伦堂，所以格局改变。湖南澧县文庙也因明伦堂而演变为左学右庙格局。

2.4.2　大成殿及东西庑

大成殿的历史可以追溯到北宋时期，宋徽宗赵佶崇宁三年（1104 年），诏"*辟雍文宣王殿以大成为名*"[233]，政和四年（1114 年）御书大成殿额颁孔子庙，"*自是郡县学俱称大成殿*"[185]。明世宗朱厚熜嘉靖九年（1530 年），更大成殿曰先师庙，戟门曰庙门[110]。清高宗乾隆二年（1737 年），国子监大成殿及大成门易黄瓦，崇圣祠易绿瓦[185]；乾隆三年（1738 年），大成殿诏易黄瓦[97]。光绪三十四年（1908 年），文庙升为大祀，改覆黄瓦[262]。

大成殿之称谓，亦有礼殿之称。苏州长洲县学，宋元为礼殿，明成化间改称大成殿，"*宋景定三年制诏天下县新设主学，时宋楚材以选至叹曰：官以主学名而居无庐士无禀师倚席不讲可乎，请于太守陈均即广化寺改建焉，建讲堂曰礼堂……至元三年达鲁花赤元童俾……营建，周以长垣，辟以广庭，翼以遂庑，前为礼殿……明*

洪武七年知县宋敏文、张翔辟学门于庙右，又立先贤祠祀季札，韦应物、陆龟蒙、范仲淹、魏了翁、文天祥，久之俱废。成化九年巡按御史郑铭、提学御史戴珊、郡守邱霁又拓东南地改建左为大成殿夹以两庑" [199]。

大成殿内高悬清代皇帝御制先师庙匾额："万世师表"匾额（康熙二十三年颁）、"生民未有"匾额（雍正五年颁）、"与天地参"匾额（乾隆二年颁）、"圣集大成"匾额（嘉庆四年颁）、"圣协时中"匾额（道光元年颁）、"德齐帱载"匾额（咸丰年间颁）、"圣神天纵"匾额（同治年间颁）、"斯文在兹"匾额（光绪年间颁）、"中和位育"匾额（宣统年间颁、南书房代笔）、黎元洪"道洽大同"匾额（黎元洪）。

大成殿内除正位祭祀孔子外，配祀四配、十哲。四配：复圣颜子，述圣子思子东位西向，宗圣曾子，亚圣孟子西位东向；十哲先贤为两序：东为闵子损、冉子雍、端木子赐、仲子由、卜子商、有子若皆西向。西为冉子耕、宰子予、冉子求、言子偃、颛孙子师，朱子熹皆东向。

东西两庑奉祀先贤（先贤者以明道修德为主），先儒（先儒者以传经授业为主），各先贤 39 位，先儒 35 位，各共 74 位，总计 148 位（见附表 2）。

屋顶的建设形式是区分古代建筑等级的重要标志。但是大成殿屋顶的设置，庑殿顶、硬山顶、（重檐）歇山顶均有。如河北盐山庆云县庙学即为单檐庑殿顶。

2.4.3 大成门/戟门

文庙设置戟门的历史始于宋太祖建隆年间，嘉靖九年（1528 年）改名先师庙门，"庙门，旧名戟门。宋太祖建隆年间诏用正一品礼，立十六戟于文宣王之庙内，徽宗大观四年诏用王者制，庙门增二十四戟，此戟门之名所由仿也。明嘉靖九年改戟门曰先师庙门，至庙门之外更设棂星门，以著尊崇之义" [185]。

戟门历史由来已久，当先从戟谈起。戟在古书中也称"棘"，是一种将戈和矛结合在一起、具有勾啄和刺击双重功能的格斗兵器，《说文解字》记载："戟，有枝兵也。"戟在商代就已出现，西周时也有用于作战的，但是不普遍。到了春秋时期，戟已成为常用兵器之一。

先秦时期，《周礼 天官冢宰第一》①记载："设车宫，辕门；为坛壝宫，棘门；为帷

①《周礼》成书于两汉之间，时间范围为先秦时期（旧石器时期至公元前 221 年），内容为先秦时期社会政治、经济、文化、风俗、礼法诸制。

宫，设旌门；无宫则共人门"[266]，此句之意在《周礼注疏》中有详细解释：为坛壝宫，棘门。谓王行止宿平地，筑坛，又委壝土起堳埒以为宫。郑司农①云："棘门，以戟为门"；杜子春云："棘门或为材门""委壝土起堳埒"者，止宿之间，不可筑作墙壁，宜掘地为宫。土在坑畔而高，则堳埒也。郑司农云"棘门，以戟为门"，知棘是戟者，见《左氏》隐十一年，"郑欲伐许，授兵于大宫。子都与郑考叔争车，子都拔棘以逐之"，故知棘即戟也。杜子春云"棘门或为材门"者，闵二年，卫文公居楚丘，国家新立，齐桓公共门材，先令竖立门户。故知棘门亦得为材门，即是以材木为门也[267]。通过上文描述得知，立戟为门成为先秦帝王外出时在止宿处插戟为门的表现。且戟门之所以为"棘门"或"材门"，是因为伐木立门仿戟竖立之态，以表尊严。

两汉时期，戟的作用有三：一是作为兵器广泛使用，"武帝坐未央前殿，天雨新止。朔②执戟在殿陛遥指独语"[268]"操戟立门，《晏子》③云：景公饮酒，移于司马穰苴之家，穰苴介胄操戟，立于门曰：'铺席荐、陈簠簋者有人，臣不敢与焉'……持戟勒门，《续汉书》④云：杨仁，待诏补北宫卫士，合引见上，便宜十二事皆当时急务，及帝崩，时诸马贵盛各争欲入宫，仁被甲持戟，严勒门卫莫敢轻进"[269]。二是作为警戒和保护之用，"李尤⑤《戟铭》曰：鼓戟之设，以戒非常。秉执操持，邪暴是防"[270]。三是用于仪仗队伍中，"三公、列侯车，倚鹿，伏熊，黑轓，朱班轮，鹿文飞轮，九游降龙。骑吏四人，皆带剑持棨戟为前列，三百石长导从，置门下五吏，贼曹、功曹皆带剑车道，主簿、主记两车为从也"[271]；汉代帝王舆驾大驾出行，大将军陪乘，"司徒列从如太尉王公骑令史持戟吏亦各八人鼓吹一部中护军骑中道左右各三行戟楯弓矢鼓吹各一部……步兵校尉长水校尉驾一左右……队百匹左右……骑队十左右各五……前军将军左右各二行戟楯刀楯鼓吹各一部七人……射声翊军校尉驾三左右三行戟楯刀楯鼓吹各一部七人……骁骑将军游击将军驾三左右二行戟楯刀楯鼓吹各一部七人"[272]"延寿衣黄纨方领，驾四马，傅总，建幢棨，植羽葆，鼓车歌车，功曹引车，皆驾四马，载棨戟。五骑为伍，分左右部，军假司马、千人持幢旁毂。歌者先居射室，望见延寿车，嗷啕楚歌。延寿坐射室，骑吏持戟夹陛列立，骑士从者带弓鞬罗后。

① 郑司农，东汉经学家、官员，名儒郑兴之子，《周礼注疏》的作者。
② 朔：指东方朔，西汉时期著名的文学家。
③《晏子》，即《晏子春秋》，记载春秋时期（前 770—前 476 年）齐国政治家晏婴言行的一部历史典籍，用史料和民间传说汇编而成。
④《续汉书》是西晋史学家司马彪所著的纪传体断代史。
⑤ 李尤，东汉时期的著名作家、文史学家。

令骑士兵车四面营陈，被甲鞮居马上，抱弩负兰。又使骑士戏车弄马盗骖。延寿又取官铜物，候月蚀铸作刀剑钩镡，放效尚方事。及取官钱帛，私假徭使吏。及治饰车甲三百万以上"[273]，作为仪仗的戟称为仪仗戟，仪仗戟又称为棨戟。棨，颜师古释："棨，有衣之戟也，其衣以赤黑缯为之。"[274]

后代列戟逐渐进入皇家和官宦建筑中，成为皇家和官宦地位和威严的象征。"张敞《晋东宫旧事》①曰：东列崇福门，门各羌楯十幡，鸡鸣戟十张"[268]。北周时期达奚武"武微时，奢侈好华饰。及居重位，不持威仪，行常单马，左右从一两人而已，门外不施戟，恒昼掩一扉"[275]，侧面反映出官宦门外设戟即是常态。即至隋朝，"柳彧为屯田侍郎。时制三品以上，门皆列戟，左仆射高颍子弘德，封应国公，申牒请戟。彧判曰：'仆射之子，更不异居。父之戟槊②，已列门外。尊有厌卑之义，子有避父之礼，岂有外门既设，内阁又施。'事竟不行。颍闻而叹服。"[276]

唐代已出现戟门字样，唐德宗李适兴元元年（784年），"扈峘来，及戟门遇乱，招谕将士，将士从之者三分之一"[277]；唐僖宗李儇光启三年（887年），"行密帅诸军合万五千人入城，以梁缵不尽节于高氏，为秦、毕用，斩于戟门之外"[278]。且已经对于列戟之数目和对应的官职做出规定，唐玄宗李隆基天宝六年（747年），"敕改《仪制令》，庙社门、宫门，每门各二十戟，东宫每门各十八戟，一品门十六戟，嗣王、郡王若上柱国带职事二品、散官光禄大夫以上、镇国大将军以上各同职事品及京兆河南太原府大都督、大都护门十四戟，上柱国带职事三品、上护军带职事二品若中都督、上都护门十二戟，国公及上护军带职事三品若下都督、诸州门各十戟，并官给"[279]。胡三省注："唐设戟之制，庙社宫殿之门二十有四，东宫之门一十有八，一品之门十六，二品及京兆、河南、太原尹、大都督、大都护之门十四，三品及上都督、中都督、上都护、上州之门十二，下都督、下都护、中州、下州之门各十。设戟于门，故谓之戟门。"同时，唐代也用戟为舞器，"（太宗）制舞图，命吕才以图教乐工百二十八人，被银甲，执戟而舞，凡三变，每变为四阵，象击刺往来，歌者和曰：'秦王破阵乐'。"[274]唐代列戟风气盛行之处，还体现在贵族妇女甚至也以自己的品阶列戟，具体可参阅阎艳《戟、门戟与手戟》[280]一文，自不赘述。

宋代立戟于重要建筑门外已经较为普遍。北宋仁宗赵祯嘉祐八年（1063年），

---

① 《晋东宫旧事》，南北朝《颜氏家训》言撰者张敞，记录晋太子仪礼风俗之类。

② 槊，为中国古代冷兵器，是重型的骑兵武器，类似于红缨枪、斧头的攻击武器，即长杆矛，同"矟"。

修太庙城,"太常礼院言:'天子宗庙皆有常制。今太庙之南门立戟,即庙正门也。又有外墙棂星门,即汉时所谓墙垣,乃庙之外门也……';召权停贡举。"[281]。同时,宋代是戟门移植庙学的关键时期。宋太祖赵匡胤建隆年间(960—963 年)诏用正一品礼,立十六戟于文宣王庙中。宋徽宗赵佶大观四年(1110 年),诏用王者制,庙门增二十四戟,此"戟门之名①所由来也"[185]。及至南宋高宗赵构在位时期,御书至圣文宣王庙曰大成之殿,门曰大成殿门[101],此为大成门之由来。宋朝在戟的材料方面选用木作,且各级官府设戟规制亦有规定,"门戟,木为之而无刃,门设架而列之,谓之棨戟。天子宫殿门左右各十二,应天数也。宗庙门亦如之。国学、文宣王庙、武成王庙亦赐焉,惟武成王庙左右各八。臣下则诸州公门设焉,私门则府第恩赐者许之。太宗淳化二年,诏诸道州、府、军、监奏乞鼓角戟槊,如令文合赐,即下三司指挥。仁宗天圣四年,太常礼院言:'准批状,详定知广安军范宗古奏,本军乞降槊。检会令文,京兆河南太原府、大都督府、都护门十四戟,若中都督、上都护门十二戟,下都督、诸州门各十戟,并官给。所有军、监门不戟,伏请不行。'神宗元丰之制,凡门列戟者,官司则开封、河南、应天、大名、大都督府皆十四,中都督皆十二,下都督皆十。品官恩赐者,正一品十六,二品以上十四。中兴仍旧制"[282]。

及至明代,戟门仍然采用实际的戟。不仅在国家祠庙中亦设戟,"太社稷坛,在宫城西南,东西峙,明初建……周垣四门,南棂星门三,北戟门五,东西戟门三。戟门各列戟二十四"[283]"列庙垣与太庙戟门相并,列庙后垣与太庙祧庙后墙相并……二十年四月,太庙灾……二十二年十月,以旧庙基隘,命相度规制……七月,以庙建礼成,百官表贺,诏天下。新庙仍在阙左,正殿九间,前两庑,南戟门。门左神库,右神厨。又南为庙门,门外东南宰牲亭,南神宫监,西庙街门。正殿后为寝殿,奉安列圣神主,又后为祧庙,藏祧主,皆南向"[284]。且官宦之门依然立戟,"徐渭,字文长,山阴人……总督胡宗宪招致幕府,与歙余寅、鄞沈明臣同宪书记……幕中有急需,夜深开戟门以待。渭或醉不至,宗宪顾善之"[282]。明太祖朱元璋洪武十五年(1382 年),"新建太学成。庙在学东,中大成殿,左右两庑,前大成门,门左右列戟二十四。门外东为牺牲厨,西为祭器库,又前为棂星门"[285],继续沿用南宋大成门的称呼。光绪黄岩县志记载:案曰洪武十五(1382 年)南新建太学

---

① 这里所说的戟门之由来,根据史料推测当为文庙戟门的由来。

文庙成。门左右列戟二十四[①]，故曰戟门。明世宗朱厚熜嘉靖九年，"改戟门曰先师庙门[②]"[185]"至庙门之外又另设棂星门以著尊崇之义"[286]。

清代继续沿用明制。顺治年间，"世祖定燕京，建太庙端门左，南乡……中殿九楹，同堂异室，奉列圣、列后神龛。后界砖垣，中三门，左、右各一。为后殿，亦九楹，奉祧庙神龛，俱南乡。前殿两庑各十五楹，东诸王配飨，西功臣配飨。东庑前、西庑南燎炉各一。中后殿两庑庋祭器。东庑南燎炉一。戟门五，中三门内外列戟百二十，左、右门各三。其外石梁五。桥北井亭三，南神库、神厨。西南奉祀署，东南宰牲亭。其盛京太庙尊为四祖庙云"[287]"阙右社稷坛，制方，北乡。二成，高四尺。上成方五丈，二成方五丈三尺。陛四出，各四级。上成土五色，随其方覆之。内壝方七十六丈四尺，高四尺，厚二尺，饰色如其方。门四，柱各二。壝西北瘗坎二。北拜殿，又北戟门，楹各五，陛三出。外列戟七十二，其西南神库、神厨在焉"[288]。康熙年间，"元年……十二月，雷震孔子庙戟门"[289]。乾隆年间，"十二年，谕太庙献帛、爵用宗室官，俾习礼仪，镕气质。敕宗人府王公监视，后复定后殿献帛、爵用觉罗官。向例，飨庙，帝乘舆出宫，至太和门外改乘辇。入街门，至神路右，步入南门，诣戟门幄次。入升东阶，进前殿门，就拜位。礼成，出如初。凡入门皆左。三十七年，帝年渐高，略减仪节。入庙时，改自阙左门辇入西北门，至庙北门外，舆入。至戟门外东阶下。步入门，升阶进殿。行礼毕，出亦如之"[287]。清朝在庙学戟门的称呼上，继续沿用大成门之称，戟门、先师庙门等称呼甚少。清高宗乾隆三十三年（1768年），济南府庙学，"于大门增先师庙额，正殿为大成殿，二门为大成门"[185]。

综上所述，戟门/大成门为真实意义上的庙门，也是内门，而棂星门属于庙外门，这一点从两宋增戟，以庙门称戟门即表明，及至明嘉靖时期，诏文"改戟门为先师庙门"再次印证了此看法。那么棂星门为什么属于外门，详见下文。关于门的位置设置，无论是文献及图考，均处于"庙"的序列中，与庙的中轴线相对，居于庙的相对南侧[③]，为进入大成殿院落的空间入口（图2-46）。

---

① 志书原文记载为二十五，综合考证，当为纰误，应为二十四。

②《明史》志第二十六礼四（吉礼四）：改大成殿为先师庙，大成门为庙门。

③ 相对南侧的意思是：对于其他朝向的庙学而言，戟门是在以它假设南北序列放置时的南向位置。

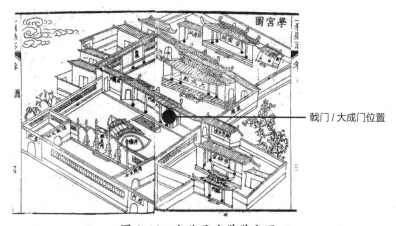

戟门 / 大成门位置

图 2-46　上犹县庙学学宫图

图片来源:《光绪上犹县志》(台北成文出版社)

2.4.4　名宦、乡贤二祠

配祀，是祭祀孔子而延伸出来的祭祀子系统:"配享从祀，四子俱配自宋咸淳始，坐庙中两楹间。诸贤升配自唐开元始，坐庙堂两壁间，两庑从祀亦自开元始……名宦乡贤祠，祭法云:'法施于民则祀之，以死勤事则祀之，以劳定国则祀之，能御大菑则祀之，能捍大患则祀之。'又礼'适东序，释奠于先老'。乡先生之贤者，没而祀于社，皆崇德报功之意。明太祖洪武二年令天下学校皆建祠，左祀贤牧，右祀乡贤，果有遗爱在人乡评有据者即入祠祀。"[254]

古代学校建祠祭祀名人，考证文献，两宋即存，元代因之。此时多于学校内择地建专祠，性质为自下而上的自发建造，祭祀对象为当时社会名家、本地名人，本地名人多为对学校有功的教师、官员等。浙江海宁盐官县学，南宋孝宗赵昚淳熙四年 (1177 年)，"令魏伯恂，易民产以凿泮池，复建桥于其上，名曰思泮，又即学东序建三先生祠肖像祀之"[290]。安徽绩溪庙学，南宋宁宗赵扩嘉定年间 (1208—1224 年)，"知县王梅再辟地重建直舍三间，移旧直舍，在其侧讲堂设三先生祠以祀苏辙、崔鷗、胡舜陟①"[291]，

---

① 苏辙 (1039—1112 年)，字子由，一字同叔，晚号颍滨遗老，眉州眉山 (今属四川) 人，北宋文学家、宰相，"唐宋八大家"之一，其诗力图追步苏轼，风格淳朴无华，文采少逊。苏辙亦善书，其书法潇洒自如，工整有序。崔鷗为人正直敢言，"指切时弊，能尽言不讳"，为时论所重。他诗文做得很多，也受时人喜爱。胡舜陟 (1083—1143 年)，字汝明，晚年自号三山老人，徽州绩溪 (今安徽绩溪) 人，胡仔之父，大观三年进士，历官监察御史、御史、集英殿修撰、庐州知府、广西经略使，为秦桧恶，受诬下狱死，深得民心。

后知县赵时份重建大成殿，知县胡岩肖重修东西庑，知县俞任重立学门直舍后春风亭，旧为朱子祠，后朱子祠一直得以保留，三先生祠归并入名宦乡、贤祠。庙内有一潭水，也被冠以名称，（正德七年）池中有浴沂亭，池曰浴沂池，后万历九年改名曰化龙。浙江桐乡崇德庙学，元惠宗妥懽帖睦尔至正十七年（1357年），"毁于兵。二十一年知州王雍改建万岁桥东，即今地也，有明伦堂、魁星楼、兴仁集义二斋，重建采芹亭及四先生祠，岁久倾堕"[292]。

即至明代，一方面名宦、乡贤祠二者开始分化，另一方面原来祭祀名人名士的专祠并行。名宦即为任职于当地、恩泽于民的官员（祠仕以其土有功德者），乡贤即为当地品德、学行优异之人（祀本地德行着闻之）。明太祖朱元璋洪武二年（1369年）"令天下有司学校备查名宦乡贤，果有遗爱，在人乡评有据即入祠祀"[293]，洪武四年（1371年）"诏天下学校各建先贤祠，左祀贤牧守令，右祀乡贤"[286]。关于此二祀刚刚建立附学之始的情况，较为混乱"郡县制各不同，或分祠或合祠或在庙堂之后或列庙门两旁"[286]，但是位置大都在官墙附近，呈现出依附于学校的状态。此时，地方先贤祠在建筑方面体现为合祠特点，并没有完全分化。在祭祀对象上，并未很好区分名宦及乡贤，仍以前代或当时举世闻名的大儒诸如范仲淹、胡安定为祭祀对象。如江苏苏州长洲县庙学，"明洪武七年知县宋敏文、张翔辟学门于庙右，又立先贤祠祀季札，卫应物、陆龟蒙、范仲淹、魏了翁、文天祥"[199]。江苏常熟县庙学，"明洪武八年建先贤祠于吴公祠东，祀范文正胡安定两公，辟射圃，建观德亭。永乐间重建先贤祠于学门西迤"[294]。江苏苏州府庙学，初为三贤堂，祀范文正、胡安定、朱伯原，南宋高宗赵构绍兴十四年（1144年），"建五贤堂祀陆贽、范仲淹、纯礼、胡瑗、朱长文"[295]；元英宗硕德八剌至治年间（1321—1323年），改建为先贤祠；明英宗朱祁镇天顺四年（1460年）徙于泮池南；明宪宗朱见深成化二十三年（1487年），名宦、乡贤祠分立，均位于礼门东南，各祀名宦、本地乡贤。虽然名宦、乡贤二祠分立，但是考察当地志书，仍然有范文正公专祠、胡文昭公专祠、韦白二公专祠、况公专祠、九公专祠相沿至清代，体现出先贤祠与专祠双轨并行的制度，如福建上杭县庙学，清康熙时期"右下为义路，内为教谕训导署，署前为二先生祠，祀朱子及朱子门人汀人杨淡轩，后加祀朱子门人黄幹"[296]。

直到明孝宗朱佑樘弘治九年（1496年），"（王云凤）再迁祠祭郎中，请天下府州县学校悉立名宦、乡贤祠，遂为定制"[297]，自此之后，各地先贤祠中名宦、乡贤祭祀对象逐渐明确，并形成二祠并立局面。对于名宦、乡贤祠二者的位置关系，二者共同出现自然屡见不鲜，但是二祠位置还不是特别稳定，尚处于融合阶段：有分列于戟门外东西，如安徽蒙城县庙学，"嘉靖十四年知县王诚、教谕周麟重修。先师庙左右翼以两庑，前为戟门，东西为名宦乡贤祠"[178]；有分列于启圣祠左右，如河南新安县庙学，名宦、乡贤祠原来与启圣祠单独组团，之后移于戟门左右，"明洪武二年创建于启圣祠东，嘉靖三十六年知县卢大经重建。崇祯十四年流寇焚毁只存文庙敬一亭，名宦乡贤二祠，国朝康熙十年知县范湜重修文庙、两庑、戟门、泮池、棂星门，四十八年知县陆师移建于戟门左右"[298]；亦有组团设置于学校一侧等。情况各异，举例如下。

河北宣化庙学，"万历二十三年……前为戟门，左右角门二，左隅为神库，右隅为神厨，戟门外东为名宦祠，西为乡贤祠，中为泮池，跨以石桥，翼以石栏"[179]。

河北定兴县庙学，"名宦祠在戟门左，鹿正①重修，同治十一年知县彭虞孙重修；乡贤祠在戟门右，鹿正重修，又彭虞重修"[299]。

河北井陉县庙学，名宦、乡贤祠东西分立于庙学西北，左为名宦祠三间，右为乡贤祠三间，均为嘉靖间知县卞应亨建，后久废，康熙十七年（1678年）知县陶虞飏修，雍正二年（1724年）知县钟文英重修（图2-47）。

山西榆次县庙学，在弘治九年（1496年）大修，"越二岁功竣"，其格局为：中为大成殿，左右为两庑，前为戟门、泮池，南为棂星门，东为神厨，西为斋宿所，又西为文昌祠（万历时改启圣祠），殿之旁为祭器库，东南为儒学仓（万历时废），又南为名宦、乡贤等祠，又南为孟母祠，明伦堂在殿后，依仁斋在堂东，游艺斋在堂西，斋之南左曰礼门，右曰义路，制书楼在堂后（万历时改敬一亭），东西为号舍，北为教谕宅，东为训导宅，这个时候名宦、乡贤祠的位置大致是在庙学东南位置。直到嘉靖二十五年（1546年），"知县俞鸾以名宦乡贤祠迫近居民迁于戟门左右"[230]，之后两祠位置趋于稳定，未曾变化（图2-48）。

---

① 考察《定兴县志》，"天启六年，大水黉宫为壑，周桓倾圮殆尽，邑人鹿正慨肩厥事情三越月而功竣，视旧有加为大成殿五楹，东西庑、神厨、神库左右各十七楹，戟门三楹，棂星门亦新作之"，得知鹿正为天启六年时邑人。

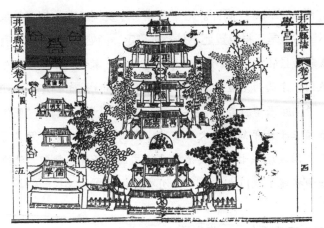

图 2-47　河北井陉县庙学学宫图

图片来源:《中国方志丛刊·河北府县志辑》雍正井陉文庙学宫图

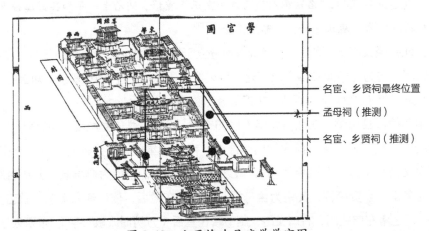

图 2-48　山西榆次县庙学学宫图

图片来源:《中国地方志集成·山西府县志辑·同治榆次县志·光绪榆次县志》

山西襄垣县庙学,"明洪武三年知县李文于棂星门置更衣厅二所……嘉靖二十年知县贾希颜改更衣所为名宦乡贤祠"[300],后名宦、乡贤祠位置遂定。

江苏江阴县庙学,弘治以前一直使用先贤祠,弘治七年知县黄傅始修之,购民庐为名宦、乡贤二祠。正德二年,复修之后,庙学格局已经合制,"庙门之东为名宦祠,又东为兴贤坊,西为乡贤祠,又西为育俊坊"[301]。

江苏吴江县庙学,成化五年提学御史陈选废梓潼祠改祀乡贤,又废土地祠后以祀名宦,名宦祠在大成门右,东向,乡贤祠在大成门左,西向(图2-49)。嘉靖九年

（1530 年），建启圣祠于仪门外西南；三十二年（1553 年）知县杨芷重修庙学，于启圣祠后分乡贤、名宦二祠（图 2-50）。崇祯六年（1633 年）署篆同知伍维新移启圣祠于庙阴，展其地以广名宦、乡贤祠。之后清代雍正四年（1726 年）知县徐永祐又移名宦祠于大成门外之东，乡贤祠于大成门外之西（按二祠旧并在泮宫西）。雍正六年（1728 年）知县徐永祐奉诏建忠义孝悌祠（即旧乡贤祠址，其祠亦二邑并属。按节孝祠即旧名宦祠址以创在学官外故不列）。乾隆九年（1744 年），规制整备，庙之外为棂星门，次大成门（明初止三楹，今五楹，两掖又各三间，元时门两行列戟各十二故名戟门，明嘉靖初去戟而曰大成），名宦祠在左，乡贤祠在右（按二祠，明成化中本在此，东西相向，后移至仪门外西南，及改建忠义孝悌祠，二祠仍移大成门左右并南向。又按成化中二祠下有神厨及宰牲房各三间，嘉靖间并圮，今乡贤祠傍有耳房四间，为春秋二祭斋宿处，俗称东厅（雍正四年建）[302]。

及至明末到清，两祠设置位置趋于成熟，一般左右对置分布于大成门外左右，祭祀等级次于东西庑先儒先贤，且名宦祠与乡贤祠二者，名宦多居东，体现出"东尊西卑"的等级关系。这样的关系，可以说是理想合适的，因为从建筑性质来讲，名宦、乡贤二祠为祭祀建筑，当与大成殿、东西庑、崇圣祠等处于一个功能分区中，在等级关系上，第一进院落中的名宦、乡贤二祠为最低，进入大成门之后，左右陪衬的以历代先儒先贤为对象的东西两庑自然高于当地名宦、乡贤，正面相对的大成

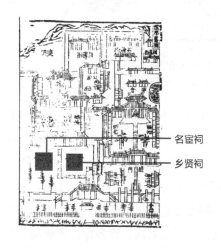

图 2-49　江苏吴江县庙学学宫旧图

图片来源：《中国地方志集成·江苏府县志辑·乾隆吴江县志》

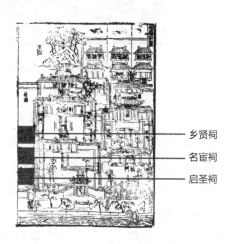

图 2-50　江苏吴江县庙学学宫新图

图片来源：《中国地方志集成·江苏府县志辑·乾隆吴江县志》

殿即为空间之高潮，之后的崇圣祠，论关系为父当高于孔子，而在建筑体量上的削减，又烘托了大成殿，为空间的收尾，中轴序列可谓跌宕起伏，如诗如歌。除大部分左右对称分布于大成门外，亦有少数因具体地块、资金不足等而未标准设置者：诸如陕西西安临潼大成殿（飞霜殿）即名宦乡贤祠合祀。崇州文庙亦是合祀于庙学西偏。

虽然天下庙学二祠位置大同，但是有时候受到实际场地限制，也有名宦、乡贤二祠并立于其他位置的情形，体现出地方庙学的自由性和局限性，例如，江苏宝应县庙学（图 2-51），名宦祠三间（明伦堂东）、乡贤祠三间（在堂西）[303]。

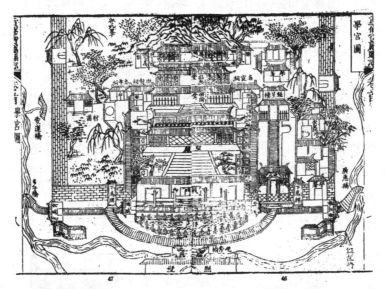

图 2-51　江苏宝应县庙学学宫图

图片来源：《道光重修宝应县志》（台北成文出版社）

浙江台州黄岩县庙学，"成化庚寅……学侧居民侵地，按图志复之，其右南偏且隘，以白金六镒十两，易民地……又创先贤祠以祠先贤之先哲而缭以周垣固……嘉靖丙戌令王钦重修，又于学左易民地建名宦祠，辛丑庙坏于飚风"[99]，后经历重修改建，至清代时名宦、乡贤祠东西分立于大成门外。

浙江海宁盐官庙学，用地湫隘，前代多次易民地拓庙学，庙学格局为东西三序列并置状态，正德十二年（1517 年），教谕侯泰请于学使刘瑞，建名宦、乡贤祠，位置在庙学东南（图 2-52），相延至清代。

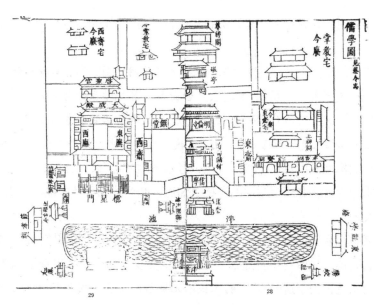

图 2-52　浙江海宁盐官庙学儒学图

图片来源:《道光海宁州志》(台北成文出版社)

浙江长兴县庙学，亦居于明伦堂东西两侧，并且是在清代雍正年间，以明伦堂旧斋改建而成。

安徽绩溪县庙学，名宦乡贤祠并列尊经阁左右，"雍正九年教谕汤显衷重茸……堂北建尊经阁，阁下左名宦祠，右乡贤祠"[291]。

福建安溪县文庙的名宦、乡贤祠均位于儒学东，亦并非并列于大成殿前东西。

福建漳平文庙的名宦、乡贤、土地祠三者居于庙学东北，忠义节孝祠则在文庙之后官墙外。

山东郓城文庙，名宦、乡贤祠不在戟门两侧，而是在启圣祠的两侧，没有节孝祠，县城图有节孝祠旧址，同治十一年（1872 年）毁，不存。左礼门，右仪路，义路通往明伦堂。

福建建瓯县庙学，康熙三年（1664 年）训导郑蕫倡建并鸠先贤后裔创建名宦、乡贤二祠于明伦堂东隙地，台祀名宦乡贤。泉州府文庙，名宦、乡贤祠与明伦堂的关系比较近，而不是文庙，在最左面有很多祭祀的祠，明伦堂的学中有方形的池子，存在很多祭祀乡贤和名宦的专祠。

福建漳浦县庙学，嘉靖九年（1530 年），"改大成殿曰先师庙，知县周仲建乡贤名宦二祠，先是周初下车谒庙，谓凡学皆有乡贤、名宦二祠，而吾邑独无，可谓缺

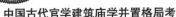

典，乃即文公祠① 西讲堂祀乡贤，别构祠于仰止楼，前以祀文公，而以文公故祠祀名宦"[304]。

关于二祠的祭祀人员，赵克生先生总结为"前明之制"到"雍乾新制"[305]的变化。最开始在关于入祠人员的选举上，"皆由各省督抚学臣采访为政"[286]，后因为入祠人员泛滥，雍正二年（1724 年），定下规矩："嗣后名宦乡贤除故明以前不议外，所有本朝应入二祠人员皆由祠题请经部，议覆而后定其外贤良忠孝等"[286]，对于名宦、乡贤祠入祠的标准做出更加严格的规定，考察各地方志书，名宦、乡贤祠祭祀人员均为曾在本地为官，有一定政绩的巡抚、知府、知州或知县及本地德高望重之人或有才艺之人。

祭祀名宦、乡贤的首要目的即为师范作用，对于生员起到熏陶作用，如果说先圣、先师、先儒、先贤对于普通仕子来说望尘莫及，那么这些出身于本地的名宦、乡贤则更为亲近，关于这一点，"明人钱术无疑看到了乡贤祠具有独特的教化作用，他说先师孔子万世祭祀，已为神人；从祀诸贤另为一等人物，皆非普通百姓所能企及。而乡贤乃乡人，耳闻习见，'彼若是，吾独不能若是耶？是将奋然自信，以乐受吾朝廷之教'"[306]。其次，这些名宦、乡贤，均合儒家思想的"仁""义""礼""智""信"的一方面或多方面的内涵，所以对于儒家思想的传播和培养符合国家要求的人才具有举足轻重的作用。

名宦祠、乡贤祠的祭期一般在春、秋仲月丁日祭祀先师后，主祭官率士儒、僚属祭于二祠。祭品视孔庙之两庑，牲用少牢。祭品猪一羊一，酒果随用。置办祭品的经费，有的随孔庙春秋二祭时临时措办；有的出自里甲、均摇等公费银，系额派。

---

① 关于文公祠的位置《光绪漳浦县志》记载如下："(嘉靖)五年推官黄直署、邑篆更建明伦堂，规制宏伟，其木石取诸毁东岳庙（时黄尽毁邑之淫祠），有莆田马鸣衡记，于新徙射圃地（东南隔民地）东偏筑射圃，于射圃西建文公祠，祠西有讲堂，两旁列斋舍各三十区，以授学徒，前署楼曰仰止楼，前除地为庭，屏之以垣，中庭为石驰，道北入于楼，仍辟东西门，西达于外，东达射圃，圃为亭五间，外门曰崇德，内曰观德，董其役者举人蔡大壮也，有学道林希元记。"推知文公祠在庙学序列东侧，那么名宦祠与乡贤祠位置也是在庙学序列东偏，考证《光绪漳浦县志》图考中印证了此推测。

2.4.5　忠义孝悌、节孝二祠

忠义孝悌、节孝二祠的建置历史始于清代。《光绪慈溪县志》中对于二祠建置历史做了简要记述,按《皇朝文献通考》,顺治元年定旌表孝行节义之例:令各府州县每处各建二祠,一为忠义孝悌祠,建于学官内,一为节孝妇女祠,另择地营建。雍正元年以旌表之典视为具文谕令各属加意搜罗,是年始建忠义节孝二祠。

清世祖福临顺治元年(1644年)的《旌表孝行节义之例》规定:八旗、直省,凡有孝行节义之人,例得请旌①,即乡曲贫民,勿令湮没;节妇年逾四十身故,守节十五载以上者,亦应予旌。令顺天、奉天、直隶,各省府、州、县、卫每处各建二祠。一为忠义孝悌祠,立于学官之内,祠门立石碑一道,刊刻姓名于其上,已故者设牌位于其中。一为节孝妇女祠,另择地营建,祠门外建大坊一座,亦标姓名于其上,已故者亦为立牌位。八旗分左右翼②,各择地建二祠,每年春秋二祭[307]。

同时《会典》③中的规定,明确印证了顺治时期的条例。节妇、贞女建坊例如下。《会典》:各省、府、州、县、卫,各建节孝祠一。祠外建大坊,应旌表者题名其上,身后设位祠中。各省由督、抚、学政会题,取具册结送部核题,其在部呈请者,由部行查,督、抚核实容部题准,令地方官给银三十两建坊。如奉有御赐诗章、扁额、缎疋,由内阁交部,发提塘赍送督、抚,行地方官给领。守节之妇,不论妻妾,自三十岁以前守节至五十岁;或年未五十身故,其守节已及十五年(谨案:现行章程,改十五年做十年),果系孝义兼全、阸穷堪悯者,俱准旌表。其循分守节,合年例者,给予"清标彤管"四字扁额。于节孝祠另建一碑,镌刻姓氏,不设位、不给坊银(谨案:现行章程,各府、州、县有汇请旌表之节妇、贞女,共给银三十两,总建一坊)。妇人因子受封,准与旌表。因夫受封守节者,不准旌表。夫妇未成婚,流离失散,守志至老合窆者,准与旌表建坊,用"贞义之门"字样。孝女以父母未有子孙,终身奉亲不嫁者,如孝子例。未婚贞女合年例者,如节妇例。其有在夫家守贞身故及未符年例身故者,一体旌表。妇女遭寇,守节致死,虽事历年久,核实准其补行题请

---

① 请旌:旧制,凡忠孝节义之人,得向朝廷请求表扬,谓之。

② 左右翼:清制,八旗内部分为左右两翼,镶黄、正白、镶白、正蓝为左翼四旗,正黄、正红、镶红、镶蓝为右翼四旗。凡行围狩猎、行军布阵、驻防安营、操演大阅,乃至旗地坐落等事,均依左右翼而行。

③ 清代会典共有五个版本,无法确定到底是何年代的会典,主要依据文献内容匹配度来佐证。

给银建坊。如无亲属，则官为建坊于墓前，节孝祠内设位。妇女因强奸不从致死及因调戏自尽、非曾再醮者，刑部、礼部会题，请旨建坊如例。猝遭强暴被污见戕及被污后刻即捐躯者，坊银减半，不于祠内设位。本夫逼令卖奸，抗节自尽者；童养之女未成婚，拒夫调奸致死者，建坊于父母之门。节妇被亲属逼嫁致死者，旌表如例。若系翁姑逼勒，坊银另择家长支领，督理建坊。凡仆妇、婢女、女尼、女冠，拒奸致死者，建坊于本妇墓前，不于祠内设位。孝子割股伤生及烈妇夫亡，无逼而遽殉节者，例不准旌。如有奏请旌表者，入祀建坊，候旨遵行。殉难官民建坊例如下。《会典》：各府、州、县，建立忠义孝悌祠一。祠中立石碑，应旌表者题名其上。阵亡官员全家随任被害者，每家给银三十两，合建一坊，男妇并题名其上；本邑忠义孝悌祠、节孝祠内，照例设位。遭寇殉难绅士庶民，于忠义孝悌祠内设位题名。其被戕①之大小妇女，督、抚饬地方官每县给银三十两，于通衢总建一坊，全刻姓氏，并于节孝祠设位。遇难死事之臣，入京师昭忠祠者，仍于本邑忠义孝悌祠设位，不建坊[308]。虽然顺治时期已明确下达条文建忠义、节孝二祠，但是地方反映并不热烈，往往视为"具文"，并未用心营建。

清世宗胤禛雍正元年（1723 年），针对前代兴建情形，提出要求，"谕礼部：致治之要、首在风化，移风易俗、莫先于鼓励良善，使人人知彝伦天则之为重，忠孝廉节之宜敦，古帝王劳来匡直、所以纳民于轨物者，舍是无由也。朝廷每遇覃恩、诏款内必有旌表孝义贞节之条，实系钜典，迩来直省大吏，往往视为具文。并未广咨远访，祇凭郡县监司申详、即为题请建坊。而山村僻壤、贫寒耕织之人，或菽水养亲、天性笃孝，或柏舟矢志、之死靡他，乡邻嗟叹为可钦，而姓氏不传于城邑。幽光湮郁、潜德销沉者，何可胜数？尔部即行传谕督抚学政，嗣后务令各属、加意搜罗，虚公核询，确具本人乡评实迹，题奏旌奖，勿以匹夫匹妇而轻为沮抑，勿以富家巨族而滥为表扬，以副朕成俗化民、实心彰善至意"[309]。

《会典》亦证实此事："凡有孝行节义，直省由地方官申报，该督抚、会同学臣核实，奏闻，由礼部题请旌表给银建坊。雍正元年九月初五日，钦奉谕旨旌表节义给银建坊，民间往往视为具文，未曾建立，恐日久仍至泯没，不能使民间有所观感，着于地方公所，设立祠宇，将前后忠孝节义之人，俱标姓氏于其中，已故者则设牌位于祠中祭祀，用以阐幽光而垂永久，著该部议奏，钦此，经礼部议，覆行令：直省

---

① 戕，残害。

州县，分别男女，每处各建二祠，一为忠义孝悌祠，建学宫内，祠门内立石碑，将前后忠义孝悌之人，刊刻姓氏于其上，已故者，设立牌位；一为节孝祠，另择地营建，祠门外建大坊一座，将前后节孝妇女标题姓氏于其上，已故者，设立牌位，每随春秋二次致祭，祭品同名宦乡贤二祠。"[310]

同时为壮大节妇队伍，雍正将标准放宽，改成"年四十以上守节达十五年者"[①]。此谕即出，全国各地反应热烈，全国大部分的庙学都于元年或二年建忠义、节孝二祠。《潮汕大事记（清·雍正至道光）》：雍正二年（1724 年）巡抚年希尧奏潮州所属的潮阳、揭阳、饶平、澄海、惠来、海阳等县都属海滨要地，应选择一些有才识可胜任的人员，保举请补缺员，得到准许。清政府下诏要各县建忠义孝悌祠、节孝祠，修育婴堂，建普济院。同年，"粤海、太平关课归，巡抚管理命建忠义孝悌祠节孝，男女各建二祠，一为忠义孝悌之祠，树石碑一座，刊前后忠义孝悌之人姓名于其上，已故者设位于祠中；一为节孝之祠，建大坊一座，标前后节孝妇女姓氏于其上，已故者设位于祠中，俱春秋致祭，务令穷乡苦寒皆得表彰，其寡妇守节十五载以上、年逾四十故者一体旌表"[311]"令顺天府直隶各省府州县卫分别男女每处各建二祠，一为忠以孝悌之祠，建于学宫内，祠门外立碑一通，将前后忠义孝悌之人刊刻姓氏于上，已故者设牌位于祠中；一为节孝之祠，另择地营建，祠门外建大坊一座，前后节孝妇女标题姓氏于上，已故者设牌位于祠中，每年春秋仲月戊日致戊祭"[96]，即为此证。

雍正五年（1727 年），针对当时出现谎报贞洁妇女的乱象，"又谕：各省建立忠义节孝祠宇，及赏给老民老妇布绢米石，皆系朕之特恩。凡地方有司，自应实心奉行，以彰朝廷旷典，昨据安徽巡抚、参奏太湖县知县冒开老妇名数，至二千余名之多，即此、则各省有司之奉行不能无弊可知矣。建立忠义节孝祠宇，表扬德行，在地方有司、奖善慕义之公心，即捐输己资，亦当勇往。今朕动用国帑，为之建立，而承办各官，尚忍于冒销钱粮，草率从事，以致易于倾圮，有此情理乎？著行文各省督抚、详加察勘，有无冒销、果否坚固之处，不得容其蒙混，并令各地方官，将所建祠宇，造入盘查册内，前后交代，傥工程不坚，未久即至坍塌者，仍着落原办之人赔补。至于永远照看修葺，则系地方官分内之事。若能随时整理，所费不过数金，多亦不出数十金，甚易为力，嗣后责成于地方官，则彼必视为己事，时时留心，大于祠庙有益。傥准其动用正项钱粮修理，则不肖有司，必至借端开销，而奸胥猾吏，

---

① 见前页《会典》一文中的规定。

又从中侵渔入己，有名无实，屋宇必至颓坏，负朕彰善阐幽之至意矣。太湖县冒开老妇名数，业已被参，各省州县，必有冒滥开销，及胥吏蒙混侵蚀等弊。著各省督抚、一并确查，如该地方官，将浮冒之处，自行出首，免其治罪。傥仍隐匿不报，若经旁人告发，或被督抚科道等题参，定行严加治罪"[312]。雍正朝之后，建立二祠，成为庙学格局建制的定例，历代相沿，未曾终废。

二祠的祭祀人员从等级上来说，与乡贤祠相同，多为本地庶民，在阶级上低于名宦祠一级。忠义孝悌祠，祭祀的人员是本地孝子、忠义之士、阵亡官属、遇难忠臣（祀本地忠臣义士、孝子、悌弟、顺孙）。忠义节孝祠似乎与乡贤祠的祭祀人员有所重复，实则不然。对于二者关系，可以认为是互相补充的，但忠义孝悌祠人员等级普遍略低于乡贤祠，对此赵克生先生有独到见解："但深究其等级关系，入祀乡贤者必须品行端方、学问纯粹、学行允协乡评，要求学问、道德皆优，可为乡人的师范、楷模，堪称乡先生。而忠义孝悌祠奉祀的是忠义之士、慷慨义民、孝子顺孙等人，这些人身上体现出的忠、义、孝、悌虽可以轨世范俗，但与乡贤相比仍有差距，'若乡里之善人，不足以言德也……邂逅死于兵火，运蹇终于沉沦，修桥造庙，随例赈施，不足以言节言义也'。也就是说，忠义孝悌与乡贤体现的儒家精神虽然在名义上一样，实际还是存在一定的差别。又比如，这些人可能不知诗书，有忠义而无学问。按照乡贤的标准，这些人自然不能进入乡贤祠，如此则忠义孝悌不彰，亦为缺典"[305]。节孝祠用于祭祀为守护贞洁，甚至不惜付出生命代价的妇女。

关于二祠的建筑组成，同历代诏文所述，忠义孝悌祠由祠及石碑构成，节孝祠为一祠、牌坊及围墙。二祠的位置，大部分时候是按照圣谕分别设置的，忠义孝悌祠位于庙学之内，有时与名宦、乡贤祠结合放置，有时则另择庙学隙地设置；也存在部分地方庙学，将二者统筹放置在一起，或单独辟地设置，或同置于庙学之中，不一而足。

河南襄城庙学，"忠义祠，三间，在儒学外；节孝祠三间，在儒学外"[313]。

河南郏县庙学，忠义祠在庙学西偏一侧，靠近乡贤祠处，节孝祠在东偏崇圣祠前院（图 2-53）。

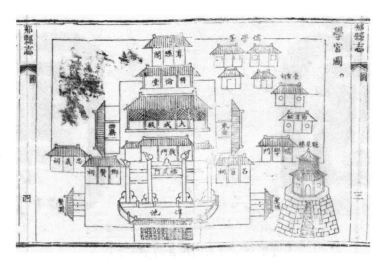

图 2-53　河南郏县庙学学宫图

图片来源:《同治郏县志》(国家数字图书馆)

河南浚县庙学，节孝祠在庙学西侧，单独成院（图 2-54）。

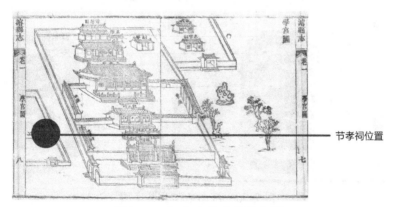

节孝祠位置

图 2-54　河南浚县庙学学宫图

图片来源:《嘉庆浚县志》(国家数字图书馆)

河南南阳县庙学，忠义祠与名宦祠、乡贤祠合置于中轴线两侧（图 2-55），节孝祠另置县城内别处（图 2-56）。

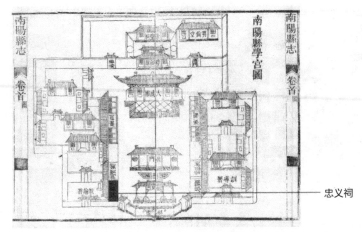

图 2-55　河南南阳县庙学学宫图

图片来源：《光绪南阳县志》（国家数字图书馆）

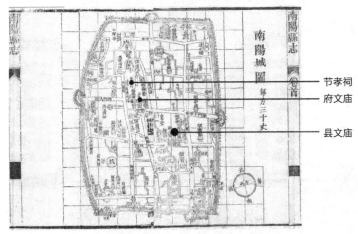

图 2-56　河南南阳县县城图

图片来源：《光绪南阳县志》（国家数字图书馆）

亦有二祠单列的特例。诸如福建尤溪文庙，二祠均单独放置于城市中，而非文庙内。

关于二祠的祭祀方面，清乾隆九年（1744 年），礼部颁发《节孝祠祝文》，并规定每年春秋之至的丁日，为节孝祠的纪念日，祭品费用三两六钱六分六厘，其祭仪与名宦祠、乡贤祠、忠义祠、孝悌祠相同。每逢春秋之际，依循礼典，知县率领衙属官吏（列女的后裔代表亦参加祭礼活动）抵祠，备具祭品，以三跪九叩首的"三献礼仪"祭祀和颂扬列位节孝女，其祝文曰：惟灵纯心皎洁，令德柔嘉。矢志完贞，念闺中之亮节；竭诚致敬，彰阃内之芳型。茹冰蘗而弥坚，清操自励；奉盘匜而匪懈，笃孝传徽。丝纶特沛乎殊恩，祠宇昭垂于令典。只循岁事，式荐尊醪。尚飨！

《会典》及《钦定礼部则例》："凡直、省、府、州、县文庙左右，建忠义、孝弟^①祠，以祀本地忠臣、义士、孝子、悌弟、顺孙，建节孝祠以纪节孝妇女，名宦祠以祀仕于其土有功德者，建乡贤祠以祀本地德行著闻之士。地方官岁以春、秋致祭。"

《仪注》："'每岁春、秋，释奠礼毕，教谕一员，公服，诣祠致祭。'是日清晨，庙户启祠门，拂拭神案。执事者陈羊一、豕一、笾豆各四、炉一、灯二，陈祝文于案左，陈壶一、爵三、帛一、香盘一于案右。引、赞二人，引主祭官入诣案前，北面立。礼生自右奉香盘，主祭官三上香讫，引赞赞：'跪——叩——兴——'主祭官三叩，兴。礼生自右授帛，主祭官受帛，拱举，仍授礼生献于案上。礼生酌酒，实爵，自右跪授爵，主祭受爵，拱举，仍受礼生，兴，献于正中。读祝者奉祝文跪案左，引赞赞：'跪——'主祭官跪，读《祝》。毕，以祝文复安于案，退。主祭官俯伏，兴，执事者酌酒，献于左。又酌酒，献于右。退。引赞赞：'跪——叩——兴——'主祭官三叩，兴，执事者以祝、帛送燎。引赞引主祭官出，执事者退。"

忠义孝悌祠祭文："惟灵禀赋贞纯，躬行笃实。忠诚奋发，贯金石而不渝；义闻宣昭，表乡闾而共式。祗事懋彝伦之大，性挚莪蒿（校注：二字顺序原颠倒，依乾隆志校改）；克恭念天显之亲，情殷棣萼。模楷咸推夫懿德，恩纶持阐其幽光。祠宇惟隆，岁时式祀。用陈簠簋，来格几筵。尚（原文为'向'）飨！"

节孝祠祭文："惟灵纯心皎洁，令德柔嘉。矢志完贞，全闺中之亮节；竭诚致敬，彰壶内之芳型。茹冰蘗而弥坚，清操自励；奉盘匜而匪（校注：匪，同'非'。）懈，笃孝传徽。丝纶特沛乎殊恩，祠宇昭垂于令典。祗循岁祀，式荐尊醪。尚飨。"

忠义祠祝文曰："惟灵禀赋贞纯，躬行笃实。忠诚奋发，贯金石而不渝；义闻宣昭，表乡闾而共式。祗祀懋彝伦之大，性挚莪蒿；克恭念天显之亲，情殷棣萼。楷模咸推夫懿德，纶恩特阐其幽光，祠宇维隆，岁时式祀，用陈尊簋，来格几筵。尚飨！"

忠义孝悌、节孝二祠是清代官学内建筑的重要补充部分，是不断深化以情动人的教育思想的举措，从明代始设的名宦、乡贤祠开始，到清代二祠的补充，官方不遗余力地搜集符合儒学思想的鲜活代表，以扎根于本地的人和案例移植庙学，用一种潜移默化的手段去教育、感动、熏陶各级官学的生员，为培养符合时代、身怀儒

---

① 弟，同"悌"。

135

风的士人做出巨大的贡献。

2.4.6 泮池与采芹亭

泮池是古代庙学设计中不可或缺的一个部分，是官学的象征。如浙江天台文庙，泮池为泮官之池，为官学的标志。"士人入学曰游泮，又曰采芹。"[314] 泮官出现时间早于泮池。西周时期，已有关于泮官的记载，《礼记·王制》[①]："大学在郊，天子曰辟雍，诸侯曰泮宫"，这时候的泮官实际为礼制建筑，内有大学，之所以名为泮，是取义于水半，这是后来地方学校泮官为半圆而皇家学校取圆环之水的起源，也是不同等级学校分级的滥觞。

关于泮池，多以《诗经·鲁颂·泮水》[②]为泮池的最早记载：

"思乐泮水，薄采其芹。鲁侯戾止，言观其旂。其旂茷茷，鸾声哕哕。无小无大，从公于迈。

思乐泮水，薄采其藻。鲁侯戾止，其马蹻蹻。其马蹻蹻，其音昭昭。载色载笑，匪怒伊教。

思乐泮水，薄采其茆。鲁侯戾止，在泮饮酒。既饮旨酒，永锡难老。顺彼长道，屈此群丑。

穆穆鲁侯，敬明其德。敬慎威仪，维民之则。允文允武，昭假烈祖。靡有不孝，自求伊祜。

明明鲁侯，克明其德。既作泮宫，淮夷攸服。矫矫虎臣，在泮献馘。淑如皋陶，在泮献囚。

济济多士，克广德心。桓桓于征，狄彼东南。烝烝皇皇，不吴不扬。不告于訩，在泮献功。

---

① 《礼记》：又名《小戴礼记》《小戴记》，据传为孔子的七十二弟子及其学生们所作，西汉礼学家戴圣所编，是中国古代一部重要的典章制度选集，共二十卷四十九篇，主要记载了先秦的礼制，体现了先秦儒家的哲学思想（如天道观、宇宙观、人生观）、教育思想（如个人修身、教育制度、教学方法、学校管理）、政治思想（如以教化政、大同社会、礼制与刑律）、美学思想（如物动心感说、礼乐中和说），是研究先秦社会的重要资料，是一部儒家思想的资料汇编。
② 《鲁颂》：《诗经》三颂之一，是先秦时代华夏民族的诗歌，共四篇，内容均为歌颂鲁僖公，创作时间为春秋时代，产生于春秋鲁国的首都。

角弓其觩，束矢其搜。戎车孔博，徒御无斁。既克淮夷，孔淑不逆。式固尔犹，淮夷卒获。

翩彼飞鸮，集于泮林。食我桑甚，怀我好音。憬彼淮夷，来献其琛。元龟象齿，大赂南金。"

这首诗描绘的是春秋时期，鲁国鲁僖公[①]诸侯平定淮夷的画面。当时僖公善待群臣，平易近人、对待官员"无小无大"，不论等级区别。

关于《诗经》中泮水是否为古代学校，历代多有论证，然无定论：《毛诗正义》[②]秉持以下观点：①泮宫，是学校之名。"天子辟雍，诸侯泮宫"。②鲁国泮宫，因其南有泮水而得名。"辟雍者，筑土雍水之外，圆如璧，四方来观者均也。泮之言半也。半水者，盖东西门以南通水，北无也。天子诸侯宫异制，因形然"；芹、藻、茆为水中草，水中有草采之，比喻为泮宫有教化，取之教化于天下，表征泮宫的祭祀、礼教特性，"僖公之伐淮夷，将行，则在泮定谋；既克，则在泮献馘。作者主美其作泮宫，而能服淮夷，故特言其修泮宫耳。僖公志复古制，未必不四代之学皆修之也"[315]。

北宋时期，戴埴[③]著《鼠璞》记载有："鲁泮宫，汉儒以为学。予观《菁菁者莪 序》谓乐育人才，而诗叙教养之盛，中阿中陵孰不知为育才之地。惟《泮水 序》止曰：颂僖公能修泮宫。而诗言'无小无大，从公于迈'，则征伐之事，言'顺彼长道、屈此群丑'则克敌之功，言'淮夷攸服''既克淮夷''淮夷卒获'则颂淮夷之服。借曰受成于学，'献馘''献囚'，可也。于此受'琛''元龟''象齿''大赂南金'之毕集，何也？或曰：'济济多士，克广德心'，此在泮之士，然不言教养之功，而继以'桓桓于征，狄彼东南'，不过从迈之多贤，何也？又曰：'载色载笑，匪怒伊教'，此公之设教，然不言教化及于群才，而先以'其马蹻蹻，其音昭昭'，不过宴游之和乐，何也？合序与诗，初无养才之说，其可疑一也。《春秋》二百四十二年所书莫大于复古，僖公登台望气，小事也，左氏犹详书之。学校久废而乍复，盖关吾道之盛衰，何经传略不一书，其可疑二也。《坰序》言史克作颂以修伯禽之法，足用爱民、务农、

---

① 鲁僖公，姬姓，名申，鲁庄公之子，春秋时期鲁国第十八任君主，（前659—前627年）在位，在位33年。鲁哀公（前521—前468年），为孔子立宅之君。

②《毛诗正义》，创作于西汉，最初是摘字本，即将需要解释的《毛诗》正文、毛《传》、郑《笺》的字句用朱笔摘出来罗列，再在后面用墨笔加以疏解，因此《毛诗》原文及毛《传》、郑《笺》在这一版本系统中并非完璧，故而又称"单疏本"。

③ 戴埴，字仲培，鄞县（今浙江宁波）人。南宋时期官员、诗人、学者，理宗嘉熙二年（1238年）进士，著有《鼠璞》传世。

重谷数事，使果能兴崇学校，克何不表而出之，以侈君之盛美，其可疑三也。上庠，虞制也；东序、西序，夏制也；左学、右学、东胶、虞庠，商周之制也。《孟子》言庠、校、序皆古之学，使诸侯之学果名泮宫，何他国略无闻焉，其可疑四也。记《礼》多出于汉儒，其言泮宫，盖因《诗》而讹。郑氏解《诗》：泮半，诸侯之学，东西门以南通水，北无。其解《礼记》：泮言班，以此班政教。使郑氏确信为学，何随字致穿凿之辞，其可疑五也。有此五疑，予意僖公不过作宫于泮地，乐成之际，诗人善祷，欲我公庶止，于此'永锡难老'而服戎狄，于此昭假孝享而致伊祜，于此献囚献馘而受琛贡。此篇与宣王考室之诗相表里，特周为居处之室，鲁为游从之宫，祝颂有不同。予按：《通典》言鲁郡乃古鲁国，郡有泗水县，泮水出焉。然后知泮乃鲁水名，僖公建宫于上。《诗》言'翩彼飞鸮，集于泮林'，林者，林木所聚。以泮水为半水，泮林亦为半林乎？泮为地名，与楚之渚宫、晋（厂虎）祁之宫无以异。于是又求之《庄子》，言历代乐名：黄帝、尧、舜、禹、汤、武王、周公有《咸池》《大章》《韶》《夏》《濩》《武》；中曰文王有辟雍。是以辟雍为天子学，亦非也。《诗》言：'于论鼓钟，于乐辟雍'，又云：'镐京辟雍，无思不服'，亦无养才之意。《庄子》去古未远，必有传授。汉儒因解泮水复言辟雍，求之义不可得，故转辟为璧，解以员水。"[316]

清人戴震《毛郑诗考证》："鲁有泮水，作宫其上，故它国绝不闻有泮宫，独鲁有之。泮宫也者，其鲁人于此祀后稷乎？鲁有文王庙，称周庙，而郊祀后稷，因作宫于都南泮水上，尤非诸侯庙制所及。宫即水为名，称泮宫。《采蘩》篇传云：'宫，庙也。'是宫与庙异名同实。《礼器》曰：'鲁人将有事于上帝，必先有事于泮宫。'郑注云：'告后稷也。告之者，将以配天。'然则诗曰：'从公于迈'，曰：'昭假烈祖，靡不有孝'，明在国都之外，祀后稷地，曰'献馘''献囚''献功'，盖鲁于祀后稷之时，亦就之赏有功也。"

东汉末年，建安二十二年（217年），魏国作泮宫于邺城南[17]。魏文帝曹丕黄初元年（220年），"文帝令郡国修起孔子旧庙，置百石吏卒。庙有夫子像，列二弟子执卷立侍，穆穆有询仰之容。汉、魏以来，庙列七碑，二碑无字。桧柏犹茂。庙之西北二里，有颜母庙，庙像犹严，有修桧①五株。孔庙东南五百步，有双石阙，即灵光之南阈。北百余步，即灵光殿基，东西二十四丈，南北十二丈，高丈余。东西廊庑别舍，中间方七百余步。阙之东北有浴池，方四十许步。池中有钓台，方十步，台

---

① 桧：古代指桧（guì）树，又名圆柏。

之基岸悉石也。遗基尚整，故王延寿赋曰：周行数里，仰不见日者也。是汉景帝程姬子鲁恭王之所造也。殿之东南，即泮宫也，在高门直北道西。宫中有台，高八十尺，台南水东西百步，南北六十步，台西水南北四百步，东西六十步，台池咸结石为之，《诗》所谓思乐泮水也"[317]。

泮池何时移植于学校中，无官方诏文，多是逐步演化至官学中的。江陵项氏《枝江县新学记》曰："古之为泮宫者，其条理不见于经，而有诗在焉。予尝反覆而推之，其首三章则言其君相之相与乐此而已，自四章以下始尽得其学法，自敬其德而至于明其德，明其德而至于广其心，广其心而至于固其道终焉。此则学之本也。自威仪、孝悌之自修而达于师旅、狱讼之讲习，自师旅、狱讼之讲习而极于车马器械之精能，此则学之事也。自烈祖之鉴其诚而至于多士之化其德，自多士之化其德而至于远夷之服其道，此则学之功也。"[34]

地方官学兴建泮池，大可追溯到两宋时期。比如浙江宁波慈溪县庙学，经过两宋交替的毁灭之后，"绍兴十二年草创"，之后淳熙四年（1177年）重修，庆元元年（1195年）增修的时候，"于泮池外建墙门"，表明淳熙时候已经创修泮池[97]。南宋时期，海宁盐官县庙学，"淳熙四年令魏伯恂易民产以凿泮池，复建桥于其上，名曰思泮，又即学东序建三先生祠肖像祀之"[290]。泮池在地方庙学中，体现着礼制。泮池作为官学的象征，多有记载。明嘉靖沈良才《修儒学泮池记》记载："修泮池者，壮学宫也；壮学宫者，尊孔子也；尊孔子者，崇其道也。"泮池上的石桥命名为青云桥，专供考中秀才的人游戏，即为游泮池，路线为从棂星门正门进入孔庙，经过泮池、大成门，登入大成殿，礼拜孔子，之后入儒学署拜见教官，仪式名为入泮或为游泮。"青云得路"即为起名。能够入泮，也成为了古代士子梦寐以求之事。且一般人只能够绕泮池行走，只有状元可以从桥上走过。天津庙学的石桥名为鱼化桥，取名为鱼跃龙门之意。

早期的泮池形状采用方形，盖因受到前代影响："鲁国泮水，东汉桓帝永寿间（155—158年）鲁相韩敕整修曲阜孔庙，将庙屋之前的池塘浚深，呈四方形；灵帝建宁二年（169年）继任史晨因为水流不畅，再修，注入护城河[49]。"两宋时期，南方多未凿泮池，则多引基地内水成之，北方则因气候原因，多需凿池，泮池多为方形，池上多设置有"采芹亭""思乐亭"，命名均取义于古代典故，以鼓舞学生，营造校园情景氛围。及至元代，庙学内建圆池、方池不一。明代是泮池普及和规范化的时期，明代王圻《三才图会·宫室》记载有明确的天子辟雍、诸侯泮宫的图示，对于泮池的形状起到了一定的规范作用，所以明代以后的庙学多为圆形或者近似圆形的泮池，且有其他称呼，如月牙池或偃月池。清代继续沿用。

据《孔庙泮池之文化寓意》所述："古人向有采菊和采莲的风雅，但在早期还有过采芹之风，如《诗经》中《泮水》云'思乐泮水，薄采其芹'，《采菽》曰'沸槛泉，言采其芹'。古代士子去文庙祭拜时，都会到泮池中摘采水芹，插在帽沿上，以示文才。因此，'采芹人'也是古代读书人的雅称，'芹藻'则用来比喻贡士或有才学之士。现在济南府文庙、台湾台南文庙的池畔砖壁中央嵌着'思乐泮水'的石刻，建水文庙泮池中的'思乐亭'，均出自这个典故。水芹有时还作为进献之礼，表示亲近之情。如唐代高适《自淇涉黄河十三首》之九中，就有诗句'尚有献芹心，无因见明主'[318]。《红楼梦》的作者曹霑，有三个雅号：雪芹、芹圃、芹溪，都离不开一个芹字。据说是因为曹家祖上三代都曾是康熙的亲信近臣，颇受皇恩，所以取名；取号含芹，乃表知恩图报、献芹之心。《红楼梦》第一回就有'芹意'一词；而'新涨绿添浣葛处，好云香护采芹人'（第十八回），就是贾宝玉题吟稻香村的联句，其中的'采芹人'当指后来考取功名的贾兰了。由上可知，泮池、泮桥的设置，不但体现了礼制，还蕴含鼓励学子跳跃龙门、月中折桂的殷切之情。"[319] 泮池上所建的亭，在明末、清代已经逐渐退化，少有设置。

潍坊晚报收录了一篇文章《棂星门寓意尊孔如尊天》中记载："生员入学称'入泮'，泮桥精美寓意吉祥。进入棂星门后，在戟门前有两个半圆形水池，称为'泮池'。古时候生员入学称作'入泮'，不论家境贫穷还是富有，都要举行入泮仪式。且生员逢其入学之岁（满六十年），都要隆重举行'重游泮水'的庆典活动。泮池上有一座拱桥，称为'泮桥'，也称'状元桥'，寓意'平步青云'。跨过状元桥，意味着'脱掉紫衫换紫袍，脚踩云梯步步高'。泮池里有福禄寿禧台，昔日游者往神台上抛撒清钱，以求得鸿运高照、文才发达。泮池中央跨以泮桥，周围有碉石栏杆围绕，在池旁东侧，竖立着数通历代重修圣庙碑记石碑。泮池是文庙建筑中的专用名词，又称'泮水'，壁为石砌，形如半圆。周朝时，天子办了一个四面环水的大学堂，俯瞰如玉璧，称'辟雍'，后各朝帝王遂立学名'辟雍'，地方所设学校在等级上低于皇帝，因此只能以半水环之，故称'泮水'。文庙则用泮池来象征'辟雍'。世衍圣公孔传铎的《泮水》诗写道：'鲁侯到今日，不知几千年。宗社凡几易，城郭亦几迁。如何一曲水，独在城南偏。昔人采芹藻，今人来种莲。相彼莲与芹，同一水上鲜。披襟歌鲁颂，物色固依然。千乘时戾止，车马何骈阗。嘉彼德音昭，因之遗泽传。咄哉灵光殿，漠漠生荒烟。'明清时，凡是新生考入学宫，必须绕泮池而行方能登堂入室，进入文庙。后人亦有把泮池称为'学海'的，寓意学海无涯，苦读成才。泮池还兼有蓄水消防的作用，设计成半圆，也增加了园林的艺术之美。泮桥一律为三座石拱桥组合而成，以示享受王礼。寿光文庙中的泮桥为青石结构，主拱圈、侧墙、桥面和桥栏均为青石铺设架构。桥栏柱为青石镌刻的莲花顶，造型朴实精美。主桥正中桥面镶嵌'鲤鱼跳龙门'石雕一块，寓意'仕途高升'。两侧辅桥正中桥面各镶嵌一块'水旋'吉祥石雕一块。关于泮池及泮桥的历史记载，可追溯至春秋时期。《礼记·王制》记载：'大学在郊，天子曰辟雍，诸侯曰泮宫。'孔子曾受封为文宣王，所以有'泮池'。古时学童进县学为新进生员，须经泮桥入宫拜孔子，叫入泮或游泮，《诗经·鲁颂·泮水》有'思乐泮水，薄采其芹'等句，意思是古时士子若中了秀才，到孔庙祭拜时，可在泮池中摘采水芹，插在帽缘上，以示文才。为何泮桥又名'状元桥'？按照旧时的科举礼尚，只状元才可以在文庙前面的头门处不下马。一般人进文庙绕池而行，唯有状元才能从桥上进庙，因此泮桥也叫状元桥。"关于这里的泮宫，实际上是鲁僖公在泮水旁修建的宫殿，取名泮宫，并非单独为学校，而是"具有祭祀和教化功能的礼制建筑"[319]。现存于曲阜孔庙东南角的古泮池，多被认为是当时的泮池。朱子图说曰以其半于辟雍，故曰泮宫，又曰诸侯之乐半于天子，故鲁颂有在泮之文，今建学必有泮池者昉此[185]。泮池的形制统一，但是泮池位置"或在门内或在门外各随所宜"[286]。

　　关于泮池的位置，大部分庙学设一泮池，多是将泮池设置在庙内，学内不设也有设置于学序列的特例，诸如无锡县学、陕西铜川耀州文庙。少量庙学中，在"庙""学"两个序列均有设置泮池，为双泮池。泮池的位置有时候在棂星门内，有时候在棂星门外。泮池有时候是就地开凿，有时候是因借城市水源，诸如江苏如皋县庙学的泮池是以城市河道为泮池的，将内城河在庙前扩大。有时庙学设置内外双泮池，诸如河北盐山庆云县庙学（图 2-57）为内泮池和照墙外化龙池双池格局；山东滨州沾化文庙；江苏泗阳夫子庙；安徽霍山庙学，戟门前为内泮池，嘉庆元年（1796 年），知县李希说谋辟学官南衢以为外泮池，建云路坊，潴外泮池曰跃龙池，建亭于池中曰桂香亭；安徽六安州文庙，戟门前为内泮池，棂星门外以城市河道为外泮池。

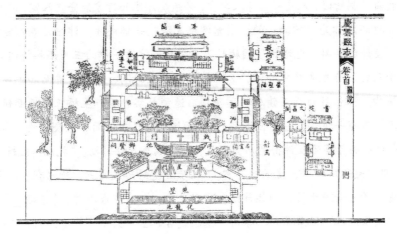

图 2-57　河北盐山庆云县庙学学宫图

图片来源：《中国方志丛书·咸丰庆云县志》

2.4.7　棂星门

棂星门是文庙中进入的第一道门，是文庙中轴线上的牌楼式木质或石质建筑，古代神话传说棂星为天上文星，以此命名意味着孔子为天上星宿下凡。象征着孔子可与天上施行教化、广育英才的天镇星相比。

关于棂星门名字的起源，考察文献，说法有四：第一为天降说，认为棂星为天镇星，即文曲星，庙门以"棂星"命名，取意孔子应天上星宿而降；第二为星户说，认为棂星是天帝座前三星，即天田星、龙星，主农事，古代以壬辰日祀于东南，取祈年报功之义，因"王者居象之，故以名门"；第三为历史说，考证北宋仁宗天圣六年（1028 年）在郊外筑祭台，外垣置棂星门，后宋景定《建康志》载，移棂星门用于孔庙，即以尊天之礼尊孔，明嘉靖九年（1530 年）"至庙门之外又另设棂星门以著尊崇之义"[286]；第四为形状说，认为门形，如同窗棂，取疏通之意，故改称棂星门。四种说法并非单独出现，多结合而言。

关于星户说的史料最为充足，记述也比较翔实：

"汉兴八年，有言周兴而邑立后稷之祀，于是高帝令天下立灵星祠。言祠后稷而谓之灵星者，以后稷又配食星也。旧说，星谓天田星也。一曰，龙左角为天田官，主谷。祀用壬辰位祠之。壬为水，辰为龙，就其类也。牲用太牢，县邑令长侍祠。舞者用童男十六人。舞者象教田，初为芟除，次耕种、芸耨、驱爵及获刈、舂簸之形，象其功也。县邑常以乙未日祠先农于乙地，以丙戌日祠风伯于戌地，以己丑日祠雨师于丑地，用羊豕。[320]

灵星，俗说：县令问主簿：'灵星在城东南，何法'？〔一〕主簿仰答曰：'唯灵星所以在东南者，亦不知也。'〔二〕。

〔一〕《史记·封禅书》《正义》引《廟记》《续汉书·祭祀志下》注引三辅故事、《御览》五三二引三辅旧事，并云：'长安城东十里有灵星祠。'《通典·礼四》：'周制：仲秋之月，祭灵星于国之东南。'

〔二〕《论衡·祭意篇》①：'世儒案礼，不知灵星何祀，其难晓而不识，说县官名曰明星云云。'疑此即当案礼之事也。

《汉书·郊祀志》：'高祖五年，初置灵星，祀后稷也，欧爵簸扬〔一〕，田农之事也。〔二〕'

〔一〕'欧'当作'敺'，《续汉书·祭祀志下》作'敺'，《汉书·百官公卿表下》注：'"敺"读与"驱"同。'又《韩信传》注：'"敺"与"驱"同。'《文选·风赋》注：'"敺"，古"驱"字。'

〔二〕《史记·封禅书》《汉书·郊祀志》并云：'其后二岁，（前言"天下已定"，乃高帝五年，此言"其后二岁"'，则七年也。或言曰：'周兴而邑立后稷之祠，至今血食天下。'于是高祖制诏御史：'其令天下立灵星祠，常以岁时祠以牛。'按《玉海》九九以：其后二岁，即高祖八年。《续汉书·祭祀志》谓'汉兴八年，高祖立灵星祠'，《通典·礼四》同，《论衡·祭意篇》又谓'高皇帝四年，诏天下祭灵星'，独断上、汉旧仪（《封禅》书《正义》引）并云在高祖五年，与此同。《北史·刘芳传》：'芳疏云：灵星本非礼事，兆自汉初，专为祈田，恒隶郡县。《郊祀志》云："高祖五年制诏御史，其令天下立灵星祠，牲用太牢，县邑令长得祠。"《晋祠令》云："郡县国，祠稷社先农，县又祠灵星。"'此灵星在天下诸县之明据也。《续汉书·祭祀志下》：'汉兴八年，有言："周兴而邑立后稷之祀。"，于是高帝令天下立灵星祠，言祠后稷而谓之灵星者，以后稷又配食星也。旧说：星谓天田星也。一曰：龙左角为天田官，主谷，祠用壬辰位祠之，壬为水，辰为龙，就其类也，牲用太牢，县邑令长侍祠，舞者用童男十六人，舞者象教田，初为芟除，次耕种，次耘耨驱爵及穫刈舂簸之形，象其功也。'

谨按：祀典，既以立稷，又有先农，无为灵星，复祀后稷也。左中郎将〔一〕贾

---

① 《祭意篇》是东汉道家思想的重要传承者王充创作的一篇散文。

逸说，以为龙第三有天田星，灵者神也，故祀以报功〔二〕。辰之神为灵星〔三〕，故以壬辰日祀灵星于东南〔四〕，金胜木为土相〔五〕。

〔一〕《后汉书·贾逵传》：'和帝即位，永元三年，以逵为左中郎将。'书钞设官部引汉官仪：'五官，左、右中郎将，秦官也，秩比二千石，凡郎官，皆主更，直执戟宿卫。'

〔二〕《独断》上：'旧说曰：灵星，火星也。一曰：龙星，火为天田。'《史记·封禅书集解》《汉书·郊祀志注》并引张晏云：'龙星左角曰天田，则农祥也，晨见而祭。'

〔三〕刘宝楠《愈愚录二》曰：'灵星，即龙星角亢也，故又曰角星；龙属辰为大火，故又曰火星；辰为农祥，故又曰农祥；又曰天田星；星色赤，又曰赤星；灵通作零，又曰零星。'案：《淮南·主术篇》：'君人主其犹零星之尸。'《后汉书·高句丽传》：云'好祠鬼神、社稷、零星。'字皆作'零'。

〔四〕《后汉书·东夷传》注引'辰'上无'壬'字。朱亦栋《群书札记》曰：'零星二字，切音为辰，此古真、青之所以通也，犹曰辰星云尔。祠于东南者，因其方也。'

〔五〕《史记·封禅书》《正义》引汉旧仪：'五年，修复周家旧祠，祀后稷于东南，为民祈农，报厥功。夏则龙星见而始雩，龙星左角为天田，右角为天庭，天田为司马，教人种百谷为稷。灵者，神也，辰之神为灵星，故以壬辰日祠灵星于东南，金胜木为土相也。'案：《毛诗·丝衣序》：'绎宾，尸也。高子曰："灵星之尸也。"'说者谓高子与孟子同时，即所谓'固哉高叟'者，则灵星之祭，自周已然。汉因周祭后稷而立灵星之祀者，周、汉皆祀天田，以后稷配之也。古之祀典，尤重农事，故稷与先农，不嫌重复，何读疑于灵星之重祀后稷哉？刘芳袭仲远之说，谓灵星本非礼事，兆自汉初，非也。"[321]

星户说的记录，考证庙学文献亦有《钦定四库全书·四川通志卷四十二·艺文·记》中《鲜瑶① 庙学门记庙》记载如下："庙学三门之制，礼经无明文，瑶尝逾巴蜀，浮荆、襄、汉、沔，适梁、宋、郑、卫，历赵、代、晋、蒲、秦、陕之学，周咨弗能得，元贞初职教成都，视绵州学，瓦砾中得宋故石碑修学门记，磨灭殆半，而门制可考，云：古营造法式以上，天帝座前三星曰灵星，王者之居象之，故以名门，先圣为万世绝尊，古今通祀，褒冕南面用王者礼乐，庙门之制，悉如之。世所谓棂星及凌霄者承误也，今总府命大建此门，凡柱础、门槛，丹膜，陛暨，石墙，陶甓，黝垩之

---

① 鲜瑶，为元代嘉定路教授。

饰俱如法经，历夏从仕，实赞襄之，厥功告成，复请书其义于石，以昭示永久得无惑。"[322] 按照《光绪宁阳县志·卷之八·学校·文庙考》记载："棂星门，《史记·封禅》书棂星门，天田星也。按棂当作灵，诗毛传传丝衣灵星之尸也，古迎尸于门外，故元以为郊坛门名，文庙有灵星门似始于此。明洪武三十年改建国学，帝自为规画，已有灵星门不云始设，盖沿元旧而本朝沿明旧也"[218]。

形状说的有《(嘉庆)密县志》卷之七记载："按《阙里文献考》，国朝俞兆曾圣庙通记：凡有墙垣而无宫室则立棂星门以为闳义，取乎疏通也，圣庙亦设是者所以尊夫子同天地也。"[220]《元氏县志》记载："棂星门，知县王监之建；东曰义路，西曰礼门，知县刘从仁建，南有照壁，中留月窗①，棂星者，取空棂之意，咸丰元年，重修，去月窗。"[96]

多意结合的文献记载有按《史记·封禅书》曰："棂星，天田星也，苍龙左角为天田星，主穀王者，以教养为职养，先于教，故以此名门，又棂字取疏通之义，凡坛墙皆用之，孔子以人鬼庙祀而亦曰棂星门者是神明孔子与天神地祇并重也。"[286]

《(民国)临榆县志》记载："志柱云：孔庙棂星门旧志无考，《宋礼》②书：天圣六年，筑南郊，置棂星门，至南宋理宗景定间，始移用于孔庙，盖以尊天者，尊圣也。又《龙鱼河图》云：天镇星③主得士之庆，其精下为灵星之神④。今学宫前有棂星门，盖取得士之义。古字'灵''棂'通，庄子编木作灵，似牀曰棧⑤，又见门形如窗棂遂改灵为棂。又按增补事物原会素王事纪以及三通等书于棂星门，均有考证然，无释其义者。惟明万历试策可与礼书参观亦录于后，策问：郊天者，两汉隔以笆灵篱，六朝隔以栅栏，五代隔以棂星，后遂移于孔庙，以名其门，果何？义与对曰：名虽各异，实则无殊，皆取闭而勿藏之意。夫即勿藏矣，奚用闭曰：圣道尊严，苟不闭焉，

---

① 月窗：本指山洞岩穴内透光的大窍孔，在这里指照壁上面的镂窗。
②《宋礼》：当为《宋史·礼志》的缩写，为宋代礼制专篇。
③《道部·道别·天仙心传》记载：天，天灵盖骨是也。渊，乃脚底，涌泉是也。按天镇星，位在中天，高过日月星辰，为大地精华上升所结，实为斗口天罡之主。又为五星之中星，焕明五方，而不改其常度。下有北辰（即天枢也），主宰森罗万象，在人身为凶门盖骨。此骨乃人身生炁所结，成于落地之后者，上通天之镇星。故欲引天罡，须迎镇星。镇星既接，天罡自注。从此晋照，昼夜长存，犹如品瓶，仰承日下，内外通明，上下透彻，而后后天化尽矣。
④ 本句引申意思是，古时士人进入此门后如鱼化龙，象征封建统治者有得士之庆。
⑤ 牀，同"床"。棧，同"栈"。

朝而游者若干人，暮而嬉者若干人，甚至优伶①、扮演、娼妓、祷祈庞羼②、喧阗③岂不流于亵渎，闭之义取乎？此然使藏而不露举，凡宗庙之美，百官之富，因隔数仞之墙使门外之人不得尽窥其邃奥，亦示德量之不宏，此勿藏之以也，今树以棂星，堂既不能妄登，室犹可以远望，大哉，圣道峻极于天矣。"[323]

关于棂星门的设置历史，最早考证到唐，唐代诗人石抱忠的《始平谐诗》："平明发始平，薄暮至何城。库塔朝云上，晃池夜月明。略彴桥头逢长史，棂星门外揖司兵④，一群县尉驴骡骡，数个参军鹅鸭行。"[286]

北宋时期，太庙外已经有设棂星门的记载，"太常礼院言：'天子宗庙皆有常制……外墙棂星门，即汉时所谓墙垣⑤，乃庙之外门也'"。[281]

南宋时期，棂星门不仅设置于太庙等皇家祠庙中，还设置于皇家宫殿外，《郊祀大礼前一日朝享太庙行礼仪注》……皇帝乘舆出景灵宫棂星门，将至太庙，御史台、太常寺、卜门分引文武侍祠行事执事助祭之官、宗室于太庙棂星门外立横班再拜，奏迎讫，退。皇帝乘舆入棂星门，至大次⑥，降舆以入，帘降，侍卫如常仪。宣赞舍人承旨敕群臣及还次"[324]。绍兴年间（1131—1162 年），"高宗绍兴元年，礼官请岁以春秋二仲及腊前祭太社、太稷，设位于天庆观，以酒脯一献。明年，望祭于临安天宁观。八年，改祀于惠照斋宫。以言者谓用血祭，始用羊豕皆四，笾豆皆十有二，备三献，如祀天地之仪。徙斋宫之棂星门于南，除其地以设牲器"[325]。

此时，庙学关系已较为稳定，且全国庙学有一定规模。见诸文献的关于此时庙学关系的记录有，常州州学"绍熙间，盛教授廛修两庑，作棂星门"[326]；福建泉州文庙，于嘉泰元年（1201 年）建造棂星门；仙居县学嘉定元年（1208 年）时县令姚

---

① 优伶：现在多称伶人，具有身段本事突出的演艺人员。古汉语里优是男演员，伶是女演员。

② 羼（读音：chàn），词义：杂居、混杂、掺杂。本义：群羊杂居。引申为掺杂。

③ 喧阗：意为轰响、喧闹、吵闹。

④ 始平为古代郡名。何城为地名，不考。平明，天刚刚亮。略彴：小木桥。长史，唐代官职名。揖：为拱手行礼，也指古代的拱手礼。司兵：古代官名，《周礼》，夏官司马所属有司兵，设中士四人及府、史、胥、徒等人员，掌兵器，作战前颁发兵器，祭祀时发给舞者兵器，大丧时制作埋葬用兵器。根据前为棂星门，推测应该为祭祀发舞器之官。

⑤ 墙垣：宫外的矮墙。《史记·五宗世家》："四年，坐侵庙墙垣为宫，上徵荣。"司马贞索隐："墙垣，墙外之短垣也。"

⑥ 大次：帝王祭祀、诸侯朝觐时临时休息的大帐篷。

偃"创明伦堂、棂星门"[326]；台州州学"嘉定四年黄守作棂星门""十五年齐守硕重造棂星门"；杭州府学文庙于九年建造了棂星门，桐庐县县学"嘉定间始建棂星门"，溧阳县学于嘉定初年添建棂星门[326]。

及至元代，棂星门设置比较广泛，重要的祠庙均设置有棂星门。太社太稷，"二坛周围墙垣，以砖为之，高五丈，广三十丈，四隅连饰。内墙垣棂星门四所，外垣棂星门二所，每所门二，列戟二十有四"[153]。先农坛，"先农之祀，始自至元九年二月，命祭先农如祭社之仪。十四年二月戊辰，祀先农东郊。十五年二月戊午，祀先农，以蒙古胄子代耕籍田。二十一年二月丁亥，又命翰林学士承旨撒里蛮祀先农于籍田。武宗至大三年夏四月，从大司农请，建农、蚕二坛。博士议：二坛之式与社稷同，纵广一十步，高五尺，四出陛，外墙相去二十五步，每方有棂星门"[153]。

官城大门外，亦设置有棂星门。在关于郊祀①的仪式流程中，有如下记载："三日车驾出宫……至崇天门外，门下侍郎奏请权停，敕众官上马，侍中承旨称'制可'，门下侍郎传制称'众官上马'，赞者承传'众官出棂星门外上马'……至郊坛南棂星门外，侍中传制'众官下马'，赞者承传'众官下马'……驾至棂星门，侍中奏请皇帝降马，步入棂星门，由西偏门稍西。侍中奏请升舆。尚辇奉舆，华盖伞扇如常仪……四日陈设。祀前三日，尚舍监陈大次于外墙西门之道北，南向。设小次于内墙西门之外道南，东向。设黄道裀褥，自大次至于小次，版位及坛上皆设之。所司设兵卫，各具器服，守卫墙门，每门兵官二员。外垣东西南棂星门外，设晔街清路诸军，诸军旗服各随其方之色……十日车驾还宫……序立于棂星门外，以北为上。侍中版奏请中严，皇帝改服通天冠、绛纱袍。少顷，侍中版奏外办，皇帝出次升舆，导驾官前导，华盖伞扇如常仪。至棂星门外，太仆卿进御马如式。侍中前奏请皇帝降舆乘马讫，太仆卿执御，门下侍郎奏请车驾进发，俯伏兴退……至棂星门外，门下侍郎跪奏曰：'请权停，敕众官上马。'侍中承旨曰'制可'，门下侍郎传制，赞者承传。众官上马毕，导驾官及华盖伞扇分左右前导。门下侍郎跪请车驾进发，俯伏兴。车驾动，称警跸。教坊乐鼓吹振作。驾至崇天门棂星门外，门下侍郎跪奏曰'请权停，敕众官下马'，侍中承旨曰'制可'，门下侍郎俯伏兴，退传制，赞者承传。众官下马毕，左右前引入内，与仪仗倒卷而北驻立。驾入崇天门至大明门外，降马升舆以入。驾既入，通事舍人承旨敕众官皆退，宿卫官率卫士宿卫如式。"[327]从本段可得知不

---

① 郊祀：古代于郊外祭祀天地，南郊祭天，北郊祭地。郊谓大祀，祀为群祀。

仅仅是在各坛庙外垣有棂星门，还提到一个崇天门棂星门外。崇天门为元大都宫城外门（图 2-58、图 2-59）。

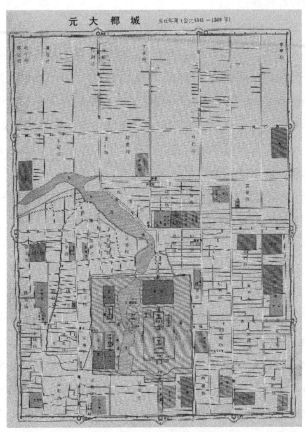

图 2-58　元大都图

图片来源:《北京历史地图集》(北京出版社)(侯仁之)

图 2-59　元人宫迹图（局部）

图片来源: 林梅村. 元大都的凯旋门: 美国纳尔逊·阿金斯艺术博物馆藏元人《宫迹图》[J].
读画札记上海文博论丛，2011（2）：14-29，4

　　元代庙学中普遍设棂星门，吴江县学于元大德四年（1300年）"*知州李记建灵星门*"。及至明清之后，棂星门已经不再稀奇，庙学必备之。

　　棂星门在庙学关系中的位置，有两种情况，并且与照墙有着直接或者间接的联系：第一种情况是作为文庙外门直接暴露在外，照墙不与庙学构成封闭空间，而是作为对墙，庙学棂星门与照墙之间夹城市通衢，比如江苏江阴县庙学（图2-60），照墙在最南端，之后为东西通衢，文庙的序列从正南的"文庙"牌坊开始，之后跨过棂星门、泮池，进入文庙序列。其他还有云南嵩明州学、赵州州学、江苏江阴县学、赣榆县学、元和县学、上海县学、广东番禺县学、揭阳县学、德庆州学、北京国子监、湖南岳州府学、浙江慈溪县学、乌程县学、鄞县县学等文 [326]。

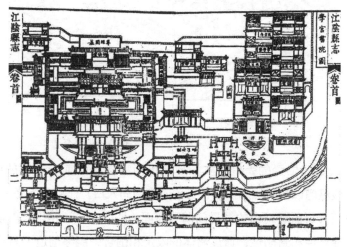

图 2-60　江苏江阴县庙学学宫书院图
图片来源：《中国地方志集成·江苏府县志辑·光绪江阴县志》

　　第二种情况是棂星门不直接暴露在外，而是结合照墙形成封闭状态，具有"内门"性质。比如上犹营前县学（图2-61），外为通衢，进入庙学，先要由南侧的"礼门"或者"义路"进入，之后西折或东折，分别通过"道冠古今""德配天地"方能进入棂星门处，随后进入庙学序列。其他的据孔喆《文庙棂星门略考》记载还有：云南姚州州学、安宁州学大门、楚雄州学大成门、江川县学、建水临安府学、景东厅学、四川成都县学、洪雅县学、新宁县学、雷波厅学、射洪县学、西充县学、犍为县学、资州州学、山西代州州学、河北定州州学、江苏苏州府学、江宁府学、海州州学、沭阳县学、福建屏南县学、安溪县学、惠安县学、台湾台北府学、天津府学、天津县学、陕西西安府学、韩城县学、辽宁兴城卫学、河北承德府学、浙江杭州府学、镇海县学、永嘉县学、安徽宁国府学、北京顺天府学、上海嘉定县学、山东历城县学、甘肃武威卫学等文庙[326]。

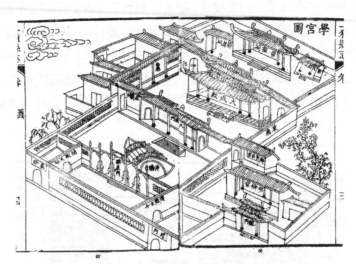

图 2-61　上犹营前县学学宫图

图片来源：《光绪上犹县志》（台北成文出版社）

这两种棂星门位置的差别，实际反映出两种棂星门前导空间的原型的对比（图 2-62）。棂星门以其特殊的内涵，标示文庙空间入口，作用自不必说。在空间氛围和感受方面，与照墙结合的棂星门前导空间（即图 2-62 左图），在城市角度上，具有一定的独立性和封闭性，通过墙体的限定和围合，能够创造出内外阻而不隔、迥然不同的空间效果，在氛围营造和层层递进的关系中更胜一筹。而直接对外的棂星门前导空间，则开放性更强，以自我空间与城市空间融合的方式，打破了庙学空间与城市空间的阻隔，这样也可能会造成前导空间的氛围难以确定，故而前面都会另外加设一个坊来加强前导空间的暗示性和严肃性。

关于棂星门结构的发展，大都遵循"最初形式为横门，横门原起于华表的交午木形式，后发展为唐坊门，宋乌头门乃至明清棂星门而固定"[328]，且研究颇多[①]，不再赘述。且棂星门材料，在元明时期已经广泛置换为石头，盖因为木料时间长久之

[①] 关于棂星门结构的研究有：丁凤斌、李文重的《从交午木到棂星门》，孔喆的《文庙棂星门略考》，夏雨的《牌楼、牌坊及棂星门》等。

后容易朽坏的缘故。

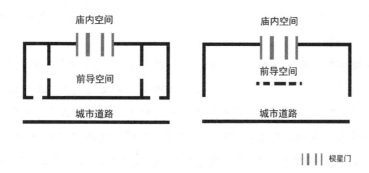

图 2-62 棂星门前导空间原型比较

图片来源：笔者自绘

棂星门的形式，清代《只麈谭》记载："学宫红门，世传为棂星门，未知所出，张列夫曰：旧留京国子监，圣殿红门，每扇最上雕空窗棂九条，下匀列圆点三层，每层其数九，远望若攒星，棂星名义或取此，亦未确据。毛苌诗序丝衣：绎宾，尸也。高子曰：灵星之诗也。杜佑通典注：灵星，龙左角，北为天田，甘氏星簿录右角，南为天门，则灵星之象，为天门，因谓之棂星门。古灵与棂通，以棂名门，故加木也。马贵与通考，宋绍兴中郊祀，前一日，皇帝入斋宫，乘黄令进玉辂于太庙棂星门外，棂星门始见，此圣殿之有棂星门。盖尊圣门如天门也。"[329]

棂星门形式根据有无屋顶分为牌坊式和牌楼式，二者的区别在于是否具有屋顶，有屋顶似建筑状为楼，无屋顶则为坊。根据是否出头，分为冲天式和不出头式；根据间数的不同，分为两柱一间、三座两柱一间、四柱三间、六柱五间等。棂星门的具体细分及举例，读者可详见孔喆的《文庙棂星门略考》，因本书重在规划层面上的探讨和分析，故不赘述。

2.5 学宫——官学校园中的教学空间

"庙"与"学"的关系是贯穿"庙学"并置格局的重中之重，研究"庙"与"学"的二元关系，对于研究其二者尊卑关系、研究古人处理"庙学"关系制度、研究"庙学"内具体祭祀流线、入学流线和具体活动具有十分重要的作用。

2.5.1 明伦堂

明伦堂是"学"的核心空间，是学官（学校）内讲经论道和教育士子的建筑，属教学建筑的主体。

《国家数字图书馆·光绪凤县志》《明伦堂记》："明伦堂者何？取孟子三代设学皆以明人伦之意也。"[330]"明伦"二字出自《孟子·滕文公上》，"夏曰校，殷曰序，周曰庠；学则三代共之，皆所以明人伦也，人伦明于上，小民亲于下"[1]，意思是乡里办的地方学校的名称，夏朝叫"校"，商朝叫"序"，周朝叫"庠"；至于国家办的学校即大学，三个朝代都叫"学"。无论是乡学还是国学，共同的目的都是阐明并教导人与人之间的伦理道德标准，假使在上的君子能阐明并恪遵做人的大道理，如君臣、父子、夫妇、朋友、长幼等相处之道，在下的老百姓就自然会亲近效仿。"乡学之设自古然矣。汉武帝时令天下郡国皆立学校，唐始受命即令天下诸道、州、县率置学凡三等。宋仁宗令藩府皆得立学，其后傍郡多愿立学者诏悉可之。明洪武十五年诏天下通祀孔子，颁释奠仪，赐学粮，增师生膳，我朝仍之，而郡县学遍天下矣""社学，古者，乡井里巷莫不有学。明洪武八年诏天下立社学，俾里之子弟学于其中，有进业者籍于县，达于府，又达于提学，提学选其优者进于庠校"[254]。

明伦堂的历史，可以追溯到东汉肃宗刘炟元和二年（85年），帝诣阙里，御讲堂[185]。魏晋以后，凡建学之地皆有讲堂[185]。南宋首次出现明伦堂之称呼。吴江县庙学，南宋孝宗赵昚乾道年间（1165—1173年），"知县赵公广拓其地，始建明伦堂"[302]。《乾隆吴江县志》记载："（明）正统十三年，巡抚周忱、知府朱胜复徙左右民居，以展宫墙，改建明伦堂于大成殿右。堂下为两斋，左曰新右时习，上下为号房，琴书楼在其后，土山枕其阴，堂前为泮池。"[302]南宋宁宗赵扩嘉定年间（1208—1224年），皇城改官学为宗学①，"学立大成殿、御书阁、明伦堂、立教堂、汲古堂"，斋舍有六，扁曰"贵仁""立爱""大雅""明贤""怀德""升俊"[104]。同期，上海嘉定县庙学于嘉定十一年（1218年）初建，十二年（1219年），知县高衎孙择地于县治南一里建孔子庙、化成堂，博文、敦行、主忠、履信四斋；南宋理宗赵昀绍定二年（1229年），知县王

---

① 宗学：宋代专门教育皇室子弟的学校。宋元丰六年（1083年）汉平帝时始置宗师，教育对象主要是宗室子孙。《宋史·选举志三》："绍兴十四年（1144年），始建宗学于临安，生员额百人：大学生五十人，小学生四十人，职事各五人。置诸王宫大、小学教授一员。在学者皆南宫、北宅子孙。"

选重修改堂曰明伦，斋曰正心、博学、笃行、明德斋 [109]，这些都表明至迟在南宋时期，明伦堂已经出现，但是两宋时期明伦堂的命名，依然是以讲堂和其他名字居多。江苏如皋县文庙，宋大中祥符八年（1015 年），"县令曾易占建大成殿教堂" [331]；江苏江阴县文庙，南宋高宗赵构绍兴五年（1135 年）始请奏朝廷建立堂，命名为教堂，一直到明太祖朱元璋洪武二十六年（1393 年）"议为左庙右学乃更建于讲堂址而以庙址为明伦堂" [301]。明洪武三年（1370 年）始提明伦堂。正统七年建观德亭。浙江宁波慈溪县庙学，旧名讲堂，后名尊道堂，南宋淳熙四年（1177 年），改尊道堂为成德堂，一直到明洪武九年（1376 年）才改名为明伦堂 [97]。常熟县庙学，"宋至淳熙十年知县曾棨增葺，名堂曰进学，绍熙① 间知县叶指几改进学曰明伦堂" [294]。旌德县庙学，"北宋徽宗崇宁元年诏兴学宫，高宗绍兴十三年县令赵伯杰重建庙学，正殿与讲堂并列，堂曰言仁，斋曰育才、进德、待聘、兴贤、稽古、辨理，凡为屋百五十八楹"，直到南宋嘉定时期，"县令方备易言仁堂为明伦堂，因诸生以言仁名多不遇之暎，乃摹郡庠明伦二字易之" [332]。

福建福州庙学，北宋景祐四年（1037 年），"于庙立为学，从之……历五载乃成，植宇六十楹，中设孔子兴高弟丁人像，又绘六十子及先儒像于壁，有九经阁、三礼堂、黉舍斋庐皆具" [98]，三礼堂当是讲堂，九经阁为藏书之处，北宋熙宁三年（1070 年）毁，"郡人韩昌国、刘康夫等二百人以状言于府，请自创盖，郡守程师孟许之，既而各县文士各请如昌国等集钱二百万为门，为殿，为公堂，环列十斋以居学者，别为藏书堂、讲义斋以处师友，合百二十间" [98]。北宋元祐八年（1093 年），有"御书、稽古阁二，养源②、议道③、驾说④堂三，斋二十有八" [98]。南宋景定五年（1264 年），"构礼殿，建养源堂于殿之东北" [98]。元至元十年（1273 年），"教授陈俊更尊道堂为明伦堂，更堂之两庑为六斋（依仁、游艺、时习、日新、据德、志道）" [98]，明伦堂命名首次出现。明洪武十七年（1384 年），知府董祥"于大成殿之北割养源堂、丽泽亭及杏坛地建贡院" [98]。永乐四年（1406 年），教授梁济平"以学厅为乡贤祠"，宣德九年，又"建堂于明伦堂之北仍扁以养源" [98]。

仙游文庙，南宋乾道九年（1173 年），"知县赵公绸更葺其规制，殿曰大成，讲

---

① 绍熙为南宋光宗的年号，始建是 1190—1194 年。
② 养源：出自《荀子·君道》，亦作"养原"，为保养本源，涵养本性之意。
③ 议道：议论大道；探讨治国之道。《礼记·表记》："是故君子议道自己，而置法以民。"
④ 驾说：为传布学说之意。汉扬雄《法言·学行》："天之道不在仲尼乎？仲尼驾说者也。不在兹儒乎？"

堂曰尊道（米芾书扁），斋有六曰忠告、明伦、笃志、懿文、宣德、诚意，位有四曰学长、直学、学谕、教谕，又有瑞英堂、六经阁"[333]，尊道之名一直沿用至明代，"洪武元年知县周从善奉制改尊道堂为明伦堂"。

两宋时期，在讲堂命名上"百花齐放"，并不一致遵从明伦堂的称谓，《同治武冈州志》："明伦堂，盖起于宋，即学中之讲堂也"[244]，广东揭阳学官明伦堂在宋代叫遵道堂，当为此证。

元世祖至元三年（1266年），"赛音谔德齐沙木斯鼎为云南行省平章，创建孔子庙、明伦堂，购经史，授学田"[334]。西安文庙，元朝时学堂叫成德堂，明宣德中改为明伦堂。元世祖至元十三年（1276年），据《道光济南府志》记载，云南行省平章赛典赤，"始建明伦堂，购贮经史，因下其式于诸路"[185]。因此，至少在元世祖至元十三年之后，明伦堂逐渐成为天下"学"的正式称谓，并开始成为范式。明代之后，考察各地方文献，已鲜有除明伦堂外的命名，明伦堂之名遍布全国府、州、县、卫学校，相沿至清，亘古不变。

堂在国子监中命名"彝伦"。"彝伦"之语出自《尚书·洪范》中周武王垂询箕子之语和箕子的应答之辞[335]。《尚书·洪范》："帝乃震怒，不畀洪范九畴，彝伦攸斁。"晋·范宁《春秋谷梁传序》："昔周道衰陵，乾纲绝纽。礼乐崩坏，彝伦攸斁。"彝伦，有"伦常""成为表率、成为典范"之意，检索"彝伦"一词有"先王之制，谓之彝伦"[336]，"颠倒错乱，伤败彝伦，故谓之残"[337]，"彝伦失序，居上者无所惩艾，处下者信意爱憎……礼坏乐崩，彝伦攸斁"[338]等，之所以设置在全国最高学府，笔者认为是因为国家学校是全国表率，担负为天下正人伦的重任，并且国家学校等级最高，因此要与地方学校区分开来，这一点，李永康、高彦在《孔庙国子监》[339]一书中同样得到了论述。而考证案例，《光绪民国新安县志》中"按太学称彝伦堂，外有郡县曰明伦堂，其题额三字皆摹朱子旧书"[298]，又提供了明确证明。北京"彝伦堂"最初为元仁宗时期（1311—1320年）修建的崇文阁，后来明朝永乐年间（1403—1424年）重新翻建改名"彝伦堂"。明南京国子监，考察《景定建康志》图考卷可知：南宋时期，讲堂命名为"明德堂"①（图2-63），后明建都南京，建康府学改为国子监，讲堂命名为彝伦堂，在清代改为江宁府学之时，"顺治九年总督马国柱增修，圣殿旁设两庑，前立棂星门、戟门，改彝伦堂为明伦堂，设志道、据德、依仁、游艺四斋，以国子监坊为江宁府学坊"[340]。

---

① 南宋时，府学中设置明德堂，也能够侧面反映出当时明伦堂称呼并没有遍及全国。

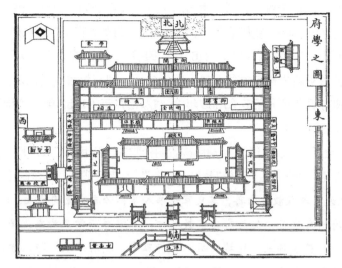

图 2-63　南京夫子庙

图片来源:《景定建康志》(台北成文出版社)

在普查全国庙学时发现,除北京国子监讲堂名字为"彝伦堂"之外,全国同以此命名的仅考察到一所,即江西丰城文庙,《道光版本丰城县志》中记载:"彝伦堂,在大成殿后,明洪武二年知县林弼建,后屡有修葺。国朝乾隆五十六年,吕林盛复修,嘉庆十二年,在城涂必松重新,其制四架二十二楹,週迴围墙环卫巩固。"[107] 但是在实际考察中发现,无论是记文还是图片记载(图 2-64),都没有考证到彝伦堂的字样,且一律以明伦堂命名,故推测为记载错误。

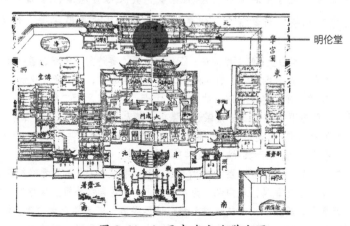

——明伦堂

图 2-64　江西丰城文庙学宫图

图片来源:《道光版本丰城县志》(台北成文出版社)

学校也有专门用于警示、训导生员的学规，通常是刻石成碑，供士子阅读，日久熏陶，使其铭记于心。宋大观元年（1107年），诏布周官《八行八刑之法》①于学官，令所在镌刻。南宋淳祐六年（1246年），御书《白鹿教条》颁行天下学官，立石。这两块碑石位置史料未载其方位。转入明代之后，碑石位置有所规定，在明伦堂前的东侧。卧碑有明洪武十五年（1382年）、清顺治九年（1652年）、清康熙四十一年（1702年）颁发的三块。

明洪武十五年（1382年），诏颁卧碑置明伦堂左（碑用石，广八尺，高二尺七寸，横卧而刊其文凡八条）[185]，上镌刻"禁例十二条"[167]，其不遵者，以违制论。碑文如下：

"学校之设，本欲教民为善，其良家子弟入学，必志在熏陶德性，以成贤人。近年以来，诸府州县生员，父母有失家教之方，不以尊师学业为重，保身惜行为先，方知行文之意。藐视师长，把持有司，咨行私事。稍有不从，即以虚词径赴京师，以惑圣听，或又暗地教唆他人为词者有之。似此之徒，纵使学成文章，又将何用？况为人必不久同人世，何也？盖先根杀身之祸于身，岂有长生善终之道？所以不得其善终者，事不为已而讦人过失，代人报仇，排陷有司。此志一行，不止于杀身，未之止也。出榜之后，良家子弟归受父母之训，出听师长之传，志在精通圣贤之道，务必成贤。外事虽入，有干于己，不为大害，亦置之不忿，固性含情，以拘其心。待道成而行行，岂不贤者欤？所有事理，条例于后：

一、今后府州县学生员若有大事干于家己者，许父兄弟侄具状入官辨别。若非大事，含情忍性，毋轻至公门。

二、生员之家，父母贤志者少，愚痴者多。其父母贤志者，子自外入，必有家教之方，子当受而无违，斯孝行矣，何悉不贤者哉？其父母愚痴者，作为多非，子

---

① 八行：孝、悌、忠、和为上；睦、姻为中；任、恤为下（善待父母为孝，善待兄弟为悌，善待内亲为睦，善待外戚为姻，信于朋友为任，仁于州里为恤，知君臣之义为忠，达义利之分为和。凡具备孝、悌、忠、和四行的，取为上士；具备睦、姻二行的，取为中士；具备任、恤二行的，取为下士）。八刑：诸谋反、谋叛、谋大逆、子孙同及、大不恭，诋讪宗庙，指斥乘舆，为不孝之刑；恶逆詈骂口言祖父母、父母，别籍异财供养有阙，居丧作乐自娶，释服匿哀，为不孝之刑；不恭其兄，不友其弟、姊、妹、叔、嫂，相犯罪杖，为不悌之刑；杀人略人，放火强奸，强贼若窃盗，杖及不道，为不和之刑；谋杀及卖略缌麻以上亲，殴告大功以上尊长，小功尊属，若内乱，为不睦之刑；诋骂告言外祖父母与外祖有服亲，同母异父亲，若妻之尊属相犯，至徒违律为婚，停妻娶妻，若无罪出妻，为不姻之刑；殴受业师，犯同学友，至徒应相隐而辄告言，为不任之刑；诈欺取财，罪杖告嘱，耆邻保伍有所规求，口口或告事不干己，为不恤之刑。

既读书，得圣贤知觉，虽不精通，实愚痴父母之幸，独生是子。若父母欲行非为，子自外入，或就内知，则当再三恳告，虽父母不从，致身将及死地，必欲告之，使不陷父母于危亡，斯孝行矣。

三、军民一切利病，并不许生员建言，果有一切军民利病，许当该有司、在野贤人、有志壮士、质朴农夫、商贾技艺皆可言之，诸人毋得阻挡，唯生员不许。

四、生员内有学优才瞻，深明治休，果治何经，精通透彻，年及三十，愿出仕者，许敷陈王道，讲论治化述作文辞，呈禀说本学教官，考其所作，果通性理，连金其名，具呈提调正官，然后亲赍赴京奏闻，再行面试。如果真才实学，不待选举，即时录用。

五、为学之道，自当尊敬先生，凡有疑问，及时讲说，皆须诚心听受，若先生讲解未明，亦当从容再问。毋恃己长，妄行辩难，或置之不问。有如此者，终世不成。

六、为师长者当体先贤之道，竭忠教训，以导愚蒙，勤考其课，抚善惩恶，毋致懈惰。

七、提调正官，务在常加考校。其有教敦厚勤敏，抚以进学。懈怠不律，愚顽狡诈，以罪斥去。使在学者，皆为良善，斯为称职矣。

八、在野贤人君子，果能练达治体，敷陈王道，有关政治得失，军民利病者，许赴所在有司告给文引，亲赍赴京面奏，如果可采，即便施行，不许坐家实封入递。

九、民间凡有冤抑于自己，及官吏卖富差贫、重科厚敛、巧取民财等事，许受之人将实情自下而上拜告，毋得越诉。非干自己者，不许及假以建言为由。坐家实封者，前件如已依法陈告，当该府州县布政司、按察司不为受理及听断不公，仍前冤枉者，方许赴京伸诉。

十、江西、两浙、江东人民，多有不干己事代人陈告者。今后如有此等之人，治以重罪。若果邻近亲戚，人民全家被人残害，无人伸诉者，方许。

十一、各处断发充军及安置人数，不许建言，其所管衙门官员，毋得容许。

十二、若十恶之事有干朝政，实迹可验者，许诸人实密窃赴京面奏。

前件事理，仰一一讲解遵守，如有不遵，并以违制论。

钦奉敕旨，榜文到日，所在有司，即便命匠置立卧碑，依式镌勒于石，永为遵守。"

《顺治九年晓示生员卧碑》，系"顺治九年二月礼部钦依刊刻"[185]，后敕天下学官同刻卧碑于明伦堂前左侧，碑文为：

"朝廷建立学校、选取生员，免其丁粮、厚以廪膳，设学院、学道、学官以教之，各衙门官以礼相待；全要养成贤才，以供朝廷之用。诸生皆当上报国恩，下立人品。

所有教条，开列于后：

一、生员之家，父母贤智者，子当受教；父母愚鲁或有非为者，子既读书明理，当再三恳告，使父母不陷于危亡。

二、生员立志，当学为忠臣、清官。书史所载忠清事迹，务须互相讲究。凡利国爱民之事，更宜留心。

三、生员居心忠厚正直，读书方有实用、出仕必作良吏。若心术邪刻，读书必无成就、为官必取祸患。行害人之事者，往往自杀其身；常宜思省。

四、生员不可求官长、结交势要，希图越次进身。若果心善德全，上天知之，必加以福。

五、生员当爱身忍性，凡有司官衙门，不可轻入。即有切己之事，止许家人代告。不许他人词讼，他人亦不许牵连生员作证。

六、为学当尊敬先生，若讲说，皆须诚心听受；如有未明，从容再问，毋妄行辩难。为师者亦当尽心教训，勿致怠惰。

七、军民一切利病，不许生员上书陈言；如有一言建白，以违制论，黜革治罪。

八、生员不许纠党多人，立盟结社，把持官府、武断乡曲。所作文字，不许妄行刊刻。违者，听提调官治罪。"

康熙四十一年（1702年）六月，"上制训饬士子文，颁发直省，勒石学宫"[341]。

康熙四十一年《御制训饬士子文》碑文如下：

"国家建立学校，原以兴行教化，作育人材；典至渥也。朕临驭以来，隆重师儒、加意庠序，复慎简学使，厘剔弊端，务期风教修明、贤才蔚起，庶几朴棫作人之意。乃比来士习未端，儒教罕着。虽因内外臣工奉行未能尽善，亦由尔诸生积锢已久，猝难改易之故也。兹特亲制训言，再加警饬，尔诸生其敬听之！

从来学者，先立品行，次及文学。学术事功，源委有叙。尔诸生幼闻庭训、长列宫墙，朝夕诵读，宁无讲究！必也躬修实践，砥砺廉隅；敦孝顺以事亲，秉忠贞以立志。穷经考义，勿杂荒经之谈；取友亲师，悉化骄盈之气。文章归于醇雅，毋事浮华；轨度式于规绳，最防荡轶。子衿挑达，自昔所讥。苟行止有亏，虽读书何益？若夫宅心弗淑，行己多愆：或蜚语流言，胁制官长；或隐粮包讼，出入公门；或唆拨奸猾，欺孤凌弱，招呼朋类，结社要盟。乃如之人，名教不容、乡党弗齿，纵幸脱禋朴、滥窃章缝；返之于衷，能无愧乎？况乎乡会科名，乃抡才大典，关系尤巨；士子果有真才实学，何患困不逢年？顾乃标榜虚名，暗通声气；夤缘诡遇，罔顾身家；又或改窜乡贯，希图进取；嚣凌腾沸，网利营私：种种弊端，深可痛恨。且夫士子出身之始，尤贵以正。若兹厥初拜献，便已作奸犯科；则异时败检踰闲，何所不至！又安望其秉公持正，为国家宣猷树绩，膺后先疏附之选哉？朕用嘉惠尔等，故不禁反复惓惓。兹训言颁至，尔等务共体朕心，恪遵明训。一切痛加改省，争自濯磨，积行勤学，以图上进。国家三年登造，束帛弓旌，不特尔身有荣，即尔祖父亦增光宠矣！逢时得志，宁俟他求哉？若仍视为具文，玩愒勿儆，毁方跃冶，暴弃自甘，王章具在，朕不能为尔等宽矣。自兹以往，内而国学、外而直省乡校，凡学臣、师长皆有司铎之责者，并宜传集诸生，多方董劝，以副朕怀；否则，职业弗修，咎亦难逭，勿谓朕言之不预也。尔多士，尚敬听之哉！"

到清代末年，庙学走向落寞，明伦堂也被改作学堂，后来随着时代的发展，明伦堂逐渐湮灭在历史长河中。

明伦堂的规格一般为三间或五间，依据大成殿开间数目进行设置，除作为学校读书、讲学、弘道、研究之所外，还是举办乡饮酒礼的重要场所。

2.5.2　斋舍

斋舍是庙学内学生学习的场所，与明伦堂的区别在于：明伦堂是公共讲课之处，而斋舍是相对专业一些的分所。庙学中，斋舍位置在明伦堂前，东西各一到三间，每间三到六楹不等。间数比较特殊的杭州府学，北宋徽宗宣和中，"建斋十二，曰经德，曰进业，曰炳文，曰兑习，曰颐正，曰贲文，曰蒙养，曰时升，曰益朋，曰履信，曰复古，曰宾贤；绍兴元年于凌家桥东以慧安寺故基重建，有六斋曰升俊，曰经德，曰敦厚，曰弥新，曰贲文，曰富文"[342]。

古代学校斋舍左右分置的现象，追溯历史，当以北宋胡瑗的"分斋制度"为滥觞①。北宋仁宗庆历年间，"安定先生胡瑗……教学于苏、湖州二十余年，束修弟子前后以数千计"[34]。当时社会风气多崇尚辞赋，只有胡瑗教官的苏、湖州将重实务于重经义结合起来。胡瑗在学中设置有经义斋、治事斋。经义斋是教授儒学经典为主，培养日后可以委任大事之才；治事斋则人各治一事，又兼一事，如边防、水利之类。

---

① 可以参阅王灿明的《胡瑗的"分斋教学"探析》、周振威的《胡瑗的教育思想及其实践研究》、别必亮的《论我国古代分斋教学制度》、金林祥的《略论胡瑗创立的分斋教学制度》等相关论文。

当时出自苏、湖学校的人才"多秀彦，其出而筮仕往往取高第，及为政，多经于世用，若老于吏事者，由讲习有素也"[34]，成功之处可见一斑。关于实行分斋教学的历史缘由，别必亮先生阐述为："北宋初年，重文轻武政策给国家带来了诸多弊端，朝野上下军旅不振，武备不修，外患屡起，弱不堪言。读书士子不习武事，专尚言辞，空谈性理，无补于世。因此，胡瑗在教学中，除了教授经义之外，还教授学生各种实际的专门技能；显然，他的'明体达用'思想有调和文武分离现象的趋向"[343]。后北宋庆历四年（1044年），仁宗建太学，派人下湖州，取苏湖教学法为太学法，胡瑗编成《学政条约》一卷[344]。虽然这种重视实用的教学方式，现在看来非常科学，但在当时"统治者的注意力集中在控制思想和维护统治地位方面"[343]，终于昙花一现，也未曾遍及全国各级学校。比如南宋时期上海嘉定县文庙，南宋嘉定十二年（1219年）建孔子庙，化成博文、敦行、主忠、履信四斋；绍定二年（1229年），知县王选重修改堂曰明伦，斋曰正心、博学、笃行、明德[109]，斋舍全部以"通经"为主。到元、明、清虽有再推胡瑗的痕迹①，但"明礼""通儒"的精神未曾改变，"实用"理念的斋舍再无复兴。

"按《通考》元丰二年②颁学令太学八十斋，学舍名斋自宋……斋别立名自元始"[12]。元代仁宗延祐二年（1315年）秋八月，定升斋等第③，"六斋东西相向，下两斋左曰游艺，右曰依仁，凡诵书讲说、小学属对者隶焉。中两斋左曰据德，右曰志道，讲说《四书》、课肄诗律者隶焉。上两斋左曰时习，右曰日新，讲说《易》《书》《诗》《春秋》科，习明经义等程文者隶焉"，同时规定"每斋员数不等，每季考其所习经书课业，及不违规矩者，以次递升"[345]。明代洪武十六年（1383年），也有定国子监等第的规定："凡生员通《四书》，未通经者，居正义、崇志、广业堂。一年半

---

① 下段中元、明建立的分斋制度即为对胡瑗的再推。别必亮先生的《论我国古代分斋教学制度》中指出，元代教育家吴澄根据程颐的《学校奏疏》、胡瑗的《六学教学》和朱熹的《学校贡举私议》，在国子监也定出了分斋教学的教法四条：第一条经学，包括《易》《书》《诗》《仪礼》《春秋》；第二条实行，包括孝、悌、睦、姻、任、恤；第三条文艺，包括古文和诗词；第四条治事，包括选举、食货、水利、数学、礼仪、乐律、通典、刑统。尽管吴澄所拟的教学内容在当时较为丰富，但最终并没有实施。明清之际，陆世仪对胡瑗的苏湖教学法很是推崇，他认为如要培养出有学问的人才，就应该按照胡瑗分科教学办法开设课程；经义科设置《易》《诗》《书》《礼记》《春秋》等课程，治事科设置天文、地理、河渠、兵法等课程。

② 元丰（1078—1085年）是北宋神宗赵顼的一个年号，共计8年，元丰二年为1079年。

③ 第等的意思是名次等级，原文中指把斋进行等级区分。

之上，文理条畅者许，升修道、诚心堂。坐堂一年半之上，经史兼通，文理俱优者升率性堂"[169]。关于地方学校，则未考证到如同中央学校的等第制度。

除上述国学提及的命名外，其他命名还有进德斋、修业斋、博文斋、约礼斋、存心斋、养性斋、居仁斋、由义斋。斋名是十分考究的，均出自圣人之口或儒学经典，"游艺""依仁""据德""志道"来源于"子曰：'志于道（志，慕也。道不可体，故志之而已）、据于德（据，杖也。德有成形，故可据）、依于仁，（依，倚也。仁者功施于人，故可倚）、游于艺（艺，六艺也，不足据依，故曰游）'"[346]。"时习""日新"来源于"苟日新，日日新，又日新"[2]"学而时习之，不亦说乎"。"崇德""广业"来源于"子曰：'易其至矣乎！'夫易，圣人所以崇德而广业也"[347]，意思是充实德性，扩大业绩。"进德""修业"来源于"君子进德修业"[348]，意思是提高道德修养，扩大功业建树。"博文""约礼"来源于《论语·雍也》："君子博学于文，约之以礼，亦可以弗畔矣夫"，意思是知识深广谓之博文，遵守礼仪谓之约礼。"存心""养性"来源于战国·孟轲《孟子·尽心上》："存其心，养其性，所以事天也"[1]，意为保存赤子之心，修养善良之性。"居仁""由义"来源于《孟子·尽心上》："居仁由义，大人之事备矣"[1]，意思是内心存仁，行事循义。

另有一些命名不太多见的斋舍，诸如山西襄垣县的修业斋后来被改为友善斋；山西襄陵县庙学的诚意斋、正心斋，应该取义于《礼记·大学》："欲正其心者，先诚其意"[2]；山西闻喜县庙学的传道斋、受业斋，应该取义于唐·韩愈《师说》："师者，所以传道受业解惑也"[348]；江苏泗阳县庙的正谊明道斋、应该取义于《汉书》·卷五十六·董仲舒传·第二十六"夫仁人者，正其谊不谋其利，明其道不计其功"[14]。上海嘉定县庙学的敦行斋、取义于"博闻强识而让，敦善行而不怠，谓之君子"[2]；主忠斋、履信斋取义于"履信思乎顺，又以尚贤也，是以自天佑之。吉，无不利也"[347]，正心斋取义于"欲正其心者，先诚其意"和"心正而后身修"[2]，博学笃行二斋取义于"博学之，审问之，慎思之，明辨之，笃行之"[2]，明德斋取义于"大学之道，在明明德，在亲民，在止于至善"[2]。

总体来看，斋名大都取自儒学经典，通过斋名达到情景教化之意不言自明。

2.5.3　尊经阁

阁取名"尊经"，释意有："六经①，圣人传心之典，尊经者当求诸心也"[227]；"夫总群圣之道者，莫大乎六经"[350]；"取古人立明堂以藏经之意也"[351]。《嘉庆密县志》记载："夫经不以阁而后尊也，学宫必尊之以阁，入学宫者未有不望而知为尊经阁也，然相与习其名而忘其义，乌呼可？盖天之生民虽同此秉彝而成己，成物与，夫大法大伦之所在，非圣人笔之于经，则学者亦无由以讨论其大纲纲目，以为从事之途，故名其阁曰尊经，尊圣学也。"[220]《潘廷凤建尊经阁记》记载："自古学校之设所以端士习，振文风也，顾士不通经不足以为士，文无经济不可以为文，我国家右文稽古，凡府州县学宫莫不建尊经阁以道扬经术，表彰圣训焉……乾隆乙卯冬……瞻拜宫墙见一切经史等书咸置殿中而独无尊经阁……此诚缺典也……斯阁工竣……人文蔚起，蒸蒸日上。"[352]总结起来建阁藏书即为表尊经、重儒之意，同时以阁高大之形象作为庙学之表征。

古代藏书历史由来已久，最远可以追溯到先秦时期。刘洪霞在《北宋官府藏书机构和官职设置》一文中对宋代以前藏书有如下描述："先秦藏书之所在宗庙，也称府。秦有明堂、石室、金匮等。西汉有天禄阁、石渠阁、兰台、金马、东观等，其后历代相因。'后汉有东观，魏有崇文馆，宋元嘉有玄、史两馆，宋泰始至齐永明有总明馆，梁有士林馆，北齐有文林馆，后周有崇文馆。或典校理，或司撰著，或兼训生徒。'（《唐六典》卷八）隋有嘉则殿、观文殿、修文殿，唐有弘文馆、史馆、集贤院。历代文馆之设'命名虽殊，而所以崇文之意一也'。（《群书考索续集》卷三十五）"[353]

两汉时期，还有文翁的藏书室，文翁"立文学精舍、讲堂作石室，一作玉室，在城南"，李殿元所著《从文翁石室到尊经书院》一书称："学校之所以要建成石室，是因为学校有藏书，古代为了防火，在藏书的地方往往以石料筑室。"[354]

宋代之时，国力稳定，全国教育发展呈现盛况。在藏书上，可谓制度完整，机构配置井然②，同时建阁成为一种常态。

北宋时期，藏书之阁普遍名为六经阁、御书阁或稽古阁。北宋真宗大中祥符五

---

① 六经：《诗》《书》《礼》《乐》《易》《春秋》。

② 关于宋代各级别的机构和官员设置，可以继续参考刘洪霞先生《北宋官府藏书机构和官职设置》一书，笔者不赘述。

年（1012年）九月辛巳，"十六巨国子监请于文宣王殿北建阁，以藏太宗御书及御制真羊品宗才王勤政论俗吏辩刻石"[355]，六年（1013年）"国子监新修御书阁，有赤光上烛，长丈许，直史馆高绅等以闻"[356]。赵宗望，北宋朝宗室，字子国，为恭宪王赵元佐之孙、密国公赵允言之子，仁宗时，"尝御延和殿试宗子书，以宗望为第一；又常献所为文，赐国子监书，及以涂金纹罗御书'好学乐善'四字赐之。即所居建御书阁，帝为题其榜"[357]。临安府城内，"儒贤亨会之阁，故相刘正夫之居，在万松岭东青平门，（青平乃公旧里号青平里，时人因以此名之），政和三年敕建御书阁，赐是名"[101]。苏州府学，（仁宗）康定间吴学始造六经阁[358]。徽宗大观三年①（1109年）九月己未，赐天下州学藏书阁名"稽古"[359]。东平府②学，"刘公挚领郡，请于朝，得国子监书，起稽古阁贮之"[360]，当为地方庙学建阁之反应。

　　南宋时期，都城临安城中，太学、府、县学校林立。光尧太上皇帝高宗，御书御书阁牌曰首善之阁，内藏光尧太上皇帝御书石经[101]。首善，取义于《汉书·儒林传序》："故教化之行也，建首善，自京师始"，意为最好的地方，首都，表征太学此阁为天下学校之最。之后，高宗绍兴时期，"绍兴十三年二月内出御书《左氏》《春秋》及《史记列传》，宣示馆职，少监秦熺以下作诗以进，六月内出御书《周易》，九月四日上谕辅臣曰：学写字不如便写经书，不惟可以学字，又得经书不忘。既而，尚书委知临安府张澄刊石，颁诸州学。十四年正月，出御书《尚书》，十月出御书《毛诗》，十六年五月又出御书《春秋左传》，皆就本省宣示馆职作诗以进，上又书《论语》《孟子》，皆刊石立于太学首善阁及大成殿后三礼堂之廊庑。十三年十一月丁卯，秦桧奏，前日蒙附出御书《尚书》，来日欲宣示从臣，时上写《六经论孟》皆毕，因请刊石于国子监，仍颁墨本赐诸路州学，诏可。淳熙四年二月十九日，诏知临安府赵磻老于太学建阁奉安石经，置碑石于阁下，墨本于阁上，以光尧石经之阁为名，朕当亲写，参政茂良等言：自昔帝王未有亲书经传至数千万言者，不惟宸章奎画炤耀万世，崇儒重道至矣！上曰：太上字画天纵，冠绝古今。五月二十四日磻老奏：阁将就绪，其石经《易》《诗》《书》《春秋左氏传》《论语》《孟子》，外尚有御书《礼记》《中庸》《大学》《学记》《儒行经解》五篇不在太学石经之数，今搜访旧本，重行摹勒，以补礼经之阙，从之。六月十三日御书'光尧御书石经之阁'牌赐国子监"[105]。同城临安府学亦有阁，

---

① 《同治武冈州志》卷二十七·学校志第9页记载："学之有尊经阁，以藏书籍也，自宋大观二年始。"

② 东平府：旧为郓州，徽宗宣和元年（1119年）升为东平府。

"至圣文宣王庙旧在府治之南子城通越门外，有稽古阁奉安御书"[101]，继续沿用北宋稽古阁之称。

南宋地方庙学尊经阁的命名，有稽古阁、御书阁、尊经阁、藏书阁、经史阁，称谓不等。比如，南宋宗学，"嘉定岁，始改宫学为宗学，凡有籍者，宗子以三载一试，补入为生员，如太学法。置教授、博士、宗谕、立讲课，隶宗正寺掌之。学立大成殿、御书阁、明伦堂、立教堂、汲古堂"[104]。再如福建泉州府同安县学，"（绍兴）二十五年，主簿朱熹建尊经阁于大成殿后，并建教思堂于明伦堂之左"[361]。江苏江阴县儒学，"（绍兴）五年知军王棠始请于朝建，命教堂，东西斋曰诚身、逊志、进德、育英，知军富元衡、徐藏、詹徽之继修……嗣是教授徐逢年重立讲堂，方万里创设义廪，孙应成再建西序，知军颜耆仲重修东序，拓泮宫外门建御书阁（藏真宗《文宣王赞》、徽宗《付河北罗使司御劄》及大成殿额、《八行八刑》碑，高宗御书孝经，理宗作新士风碑），清孝公祠，先贤祠（方万里祀之）"[301]。浙江长兴县庙学，"绍定五年县令赵汝讠华重修东西斋，创杏坛、荚梫堂、御书阁；嘉定二年县令张公明建藏书阁"[362]。福建福州庙学，"崇宁元年，三舍法行增养士之额益广为三百五十一区，有御书、稽古阁二，养源、议道、驾说堂三，斋二十有八……绍兴四年教授常溶孙重修经史阁，即旧御书阁后址也。嘉熙元年建棂星门，景定四年火，明年帅守王镕构礼殿，建养源堂于殿之东北，奎文阁于堂之北，又立戟门，棂星门，别建学门于东，凿池为桥，西米廪，北中门学厅，又北横辟三廊而重之廊九十五斋。咸淳二年帅守吴革创经史阁于养源堂之东北，阁下有止善堂，其北创道立堂祠周濂溪以下诸贤，以乡贤及贤牧祔焉"[98]。

两宋时期，建阁位置与其取名一样，处于理解实践阶段，并不成熟。建阁位置多不定，有建阁于泮宫前，如苏州府学；有建阁于大成殿前，如澧州学；亦有在大成殿之后，如同安县学。但是以实践经验主导的古人，终于认识到阁在庙学前和庙学中对于日照的遮挡，且尊经阁所藏内容随着历代皇帝御制书籍、御颁诏书等逐渐增多，规模已不再能用如敬一亭等的小体量可以解决，因此尊经阁的位置必然要以其后移作为结束，及至南宋末、元代，已很少能见位于前部的尊经阁。苏州府学，北宋建六经阁，"至淳熙间郡守赵彦操即其地改造御书阁"[358]，阁前距大池仅半步，后迫明伦堂，巍然为屏蔽，惟正昼阳景不下，烛居常愦愦然，之后进入元代，"至治元年，总管师图里托重修，延祐间重建六经阁，取张伯玉记文首句名曰尊经"，选址"止善堂之后有隙地乃移构焉"[358]。

元仁宗皇庆二年（1313 年）命建崇文阁于国子监之左，延祐二年（1315 年），常州路总教史坝，即郡庠建尊经阁以储书籍，诏天下学校皆建阁[185]。元代之后，尊经阁名字普及于天下庙学，位置往往处于庙学序列终端，起到空间收束的作用①。河北盐山庆云县庙学（图 2-57），前庙后学，尊经阁为双层，位居序列之后，起到空间收束的效果。还有一点需要注意：前述所说的庙学序列，是以前庙后学为参照的，如果是左庙后学或左学右庙格局的庙学，则尊经阁多位于学的终端，原因是尊经阁从性质上来讲并非祭祀建筑，与学校的关系更加密切，因此更多的放置于学后。见于案例的也有放置于庙后的情形，但是发展到明清时期，一旦启圣祠（崇圣祠）的重要位置被广泛充分认识明确，尊经阁便自然而然地让位于后者，如湖北浠水庙学（图 2-65、图 2-66）。尊经阁的位置也有因用地限制在其他位置的，如陕西洛南文庙，尊经阁在文庙名宦祠的旁边，见当地文庙图。

 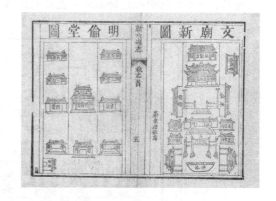

图 2-65　湖北浠水县县学旧图　　　　图 2-66　湖北浠水县县学新图
图片来源：《光绪蕲水县志》（国家数字图书馆）　图片来源：《光绪蕲水县志》（国家数字图书馆）

浙江嘉兴秀水文庙："（万历二十三年）二十三建复白守道张公巡道汤公郡守曹公建尊经阁于巽隅，以镇风水。"[363]

尊经阁虽作为藏书之处，但亦有有趣之处：时而与文昌祀共阁、时而与明伦堂共阁，或为地块湫隘之缘故，或为经费不足，仅作暂居。祀文昌的案例如江苏宿迁县庙学（图 2-67），为前庙后学之制，明伦堂，又北为尊经阁，道光二十五年（1845 年）建阁，阁下祀文昌[364]；浙江宁波慈溪县庙学，"乾隆十六年，知县陈朝栋修殿、庑、

---

① 这里说的在空间序列之后，是普遍情况，在实际中受到地块限制和庙学现状的限制，尊经阁的位置有时候并不是在庙学序列之后，有时处于偏位，但是基本都是处在序列北侧区域。

堂、室、祠、馆、门、道以次落成，建尊经阁于明伦堂后，凡五楹，上奉文昌神位，下为德润书院，建魁星楼于阁之东偏"[97]；浙江崇德县庙学，"尊经阁三间，在崇圣祠东，明万历三年蔡令贵易建，列文昌像，三十七年靳令一派重建，置田四亩，为祀，清朝康熙初署教谕祖法重建，雍正六年吕令廷续，十一年圮，戴学谕一鸿劝输重建中藏祭器书籍，咸丰十一年毁"[292]；安徽旌德县庙学，尊经阁在明伦堂东，乾隆八年（1743年）合邑捐资辟地新建，高三层，祀文昌帝君于其上[332]；河南新乡庙学，明代时，尊经阁在学宫左，且尊经阁建了好几层，分别祭祀文昌和魁星[365]；洛阳府庙学也存共祀经历。与明伦堂共阁的情形有，广东德庆学宫，元大德元年（1297年），"教授林舜咨重建大成殿、两庑、殿后建尊经阁，下为议道堂"[366]；广东曲江县学宫，道光二十六年（1846年）重修后，"殿后为崇圣祠，再后为尊经阁，上祀魁星，下为明伦堂"[367]。甚至有与敬一亭结合而名敬一阁的情形：河南郏县庙学，"尊经阁在明伦堂后，壁间石刻明世庙御制敬一箴及程氏四箴、范氏心箴，解学者遂称敬一阁"[368]。

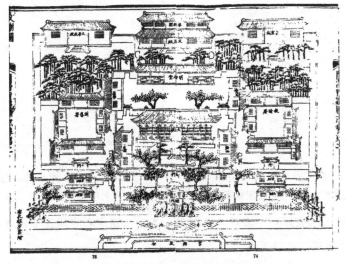

图 2-67　江苏宿迁县庙学文庙图
图片来源：《同治宿迁县志》（台北成文出版社）

尊经阁偶尔还与魁星阁结合，并振文风。比如甘肃永昌庙学（图 2-68），记文中《重修魁星楼记》记载如下："魁星楼，邑乡多有，而斯为大。尊经阁峙其西，文笔踞其东，北枕城垣，南窥龙峪，登之则万峰仰拱，众渠环流。"[225]

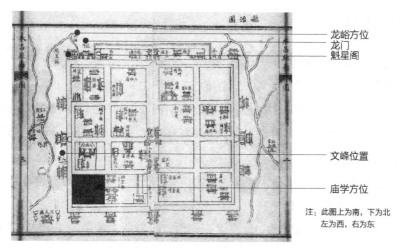

龙峪方位
龙门
魁星阁

文峰位置

庙学方位

注：此图上为南，下为北
　　左为西，右为东

图 2-68　甘肃永昌县县城图
图片来源：民国①《永昌县志》

　　尊经阁内藏有各种书籍，内容为儒学经典、皇家文件等，大体分为三类，一类为皇家御赐，一类为上级部门采购，一类为本学自备，如彰化县庙学尊经阁藏书有："钦定学政全书一部（二十四本），钦定国子监则例一部（六本），御论一部（二本），圣谕广训一部（一本），钦定周易折中一部（十六本），钦定书经传说一部（十八本），钦定诗经传说一部（二十四本），钦定古文渊监一部（四十八本），钦定朱子全书一部（四十本），钦定子史精华一部（五十本），钦定四书文一部（十六本），易经注疏一部（四本），书经注疏一部（八本），诗经注疏一部（二十一本），孝经注疏一部（一本），论语注疏一部（四本），春秋注疏一部（二十四本），仪礼注疏一部（十二本），周礼注疏一部（十五本），礼记注疏一部（二十二本），孟子注疏一部（七本），尔雅注疏一部（五本），公羊注疏一部（十二本），谷梁注疏一部（五本），通监纲目前编一部（八本），纲目正编一部（七十七本），纲目续编一部（二十本），史记一部（四十本），昭明文选集成一部（三十本），汉、魏丛书一部（一百二十本），唐、宋八家古文一部（十五本）王步青前八集一部（十六本），后八集一部（十六本，自周易折中至后八集共二十九部，系前邑主杨桂森颁发），小学集注一部（二本，前学道宪叶颁发），道统录一部（三本），思辨录辑要一部（四本），二程文集一部（四本），居业录一部（四本），李延平集一部（二本），许鲁斋文集一部（二本），胡敬斋文集一部（二本），学规类编一部（六本），罗整庵存稿（一本），读礼志疑一部（二本）。自道统录至此系颁发，以上统共书籍四十四部。"[217]

① 实际是嘉庆版本。

2.5.4 射圃

射圃，古者习射于泽宫，夫子射于矍相①之圃，此各学均置射圃之意。

"射圃"，是古代练习射箭、习武艺的地方，历史由来已久。西周时期就有礼、乐、射、御、书、数六艺，后代习射之地往往设有射圃，如战国时有"田忌引孙膑同至射圃观射"[369]。西汉太学有射官之仪，唐长安有射堂。宋代实行三舍法，武学附选，中央和地方大兴射圃，教生员习射。

宋代对于射仪继承做出很大推动。北宋神宗赵顼熙宁十年（1077年），"太学西门修筑射圃，听诸生遇假日习射"[370]。北宋徽宗赵佶政和年间，"宴射仪"[371]。南宋孝宗赵昚乾道二年（1166年）、淳熙元年均有行宴射之礼的记录[371]。淳熙元年（1174年）七月二十六日，"诏太学置射圃"。先是，知州楼源言："乞依旧法，许太学诸生遇旬假日，过武学习射。"礼部国子监看详："太学生员数多，欲早晚习射。以武学射圃狭，兼太学生过武学，与告假人混杂，乞就太学自置射圃。"[103]同时，在地方上，射圃也有纷纷效仿的记录：南宋光宗赵惇绍熙元年（1190年），李燔进士第，担任岳州教授，"即武学诸生文振而识高者拔之，辟射圃，令其习射"[372]；李韶，为人刚正，不以公谋私，到庆元府担任教授期间，"袁燮求学宫射圃益其居，亦不与"[373]；福建同安县庙学，南宋高宗赵构绍兴二十三年（1153年），辟射圃于城隅隙地[374]，但宋代地方学校射圃的建设，只是零星的出现，缺少国家诏文的推动，自"不成气候"。

元代见于文献关于射圃的记载寥寥无几，仅考证到《续资治通鉴·元顺帝至正七年》："十月、辛卯，开东华射圃。"[375]元代学校射圃停滞不前与元代的民族特性和历史背景有关。沈旸先生总结为"揭示了元时孔子较之前后朝代的一个重要变化：射圃完全荒废，挪作他用。此为擅长骑马射箭的蒙古人在天下尽入彀中之后，对汉人习射讳莫如深的必然反映"[49]。

明代是射圃在全国大力推广的时期，主要得益于国家强力推动，《乾隆吴江县志》记载："明洪武二年，立射圃于学西南。八年置观德亭。庙在城外。"且"按续通考洪武三年五月诏郡县学生员皆习射，二十五年八月命国子监辟射圃，学有射圃

---

① 矍相：古地名。在山东省曲阜市城内阙里西，后借指学官中习射的场所。《礼记·射义》："孔子射于矍相之圃，盖观者如堵墙。"郑玄注："矍相，地名。"《北史·张普惠传》："乞至于九月，备饰尽行，然后奏《狸首》之章，宣矍相之命。"宋王禹偁《射官选士赋》："焕乎得矍相之义，洋然有阙里之仪。"

自此始"。[302]明太祖朱元璋洪武三年（1370年）五月，诏国子生及郡县学生员皆习射①，帝以"先王射礼久废，弧矢之事专习于武夫而文士多所未解"，乃命礼部考定射仪，颁于官府学校，遇朔望则于公廨或间地习焉。洪武二十五年八月命国子监辟射圃，赐诸生弓矢[376]。同年，加大射距：定每月朔望习射于射圃树鹄置，位初定三十步，加至九十步，其余俱如常仪[286]。明宪宗时期，"颁冠、婚、祭、射仪于学宫，令诸生以时肄之"[377]。相比于前代，明代从中央对射圃设置做出明规定，地方也响应热烈。诸如永春州庙学的射圃旧在白马山，儒林之东，嘉靖三十一年（1552年）知县罗汝泾迁学于官田旧志，以学基旷地为射圃，建观德亭[378]。福建同安县庙学，天顺年间射圃久废，存地无几，成化六年提学佥事游明夏始复旧地，八年推官柯汉拓大之，以儒学面城嫌其蔽，遂建亭于雉堞之上，以豁之，十一年知县张逊建观德亭于射圃之东，衣冠亭于射圃之北[374]。池州府儒学，射圃在明伦堂后山下，即庙学北侧，城墙下空隙地（图2-69）。其余见附表3。

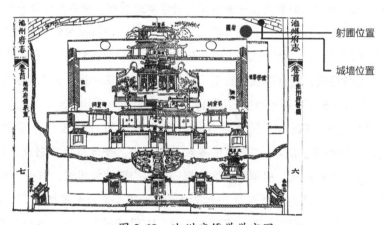

图 2-69　池州府儒学学宫图
图片来源：《中国地方志集成·乾隆池州府志》

　　但另一方面，射圃在明代初期短暂的兴起之后，便开始废弃，究其根本原因，赵克生先生一语道破"功名是地方社会的荣耀。而儒学习射无助于功名的取得，地

---

① 《康熙罗定直隶州志》卷之四记载：明洪武三年诏天下儒学就学辟射圃习射，各司府、州、县儒学训诲生徒每日讲读文书罢于学后设一射圃教学生习射，朔望要试，遇其有司官间遐时与学官一体习射。

方官吏当然难以热心"[379]。且在中后期，射圃进入由"射及礼"①的重要转变期，虽仍有历代皇帝对于射圃设置的推动，但是此时射圃的性质已经不再是以前的重视武功，"成化以后，明朝地方的礼仪改革是在行旧制的表面下注入了新内容，一定程度上恢复了乡射礼的礼乐教化传统，以期有助于地方社会治理，故一些注重'礼治'的府县官和提学官积极推动乡射礼的改革"[379]"儒家将射箭过程充分地礼仪化，在'不争'中去化解'争'，从而提倡'君子之争'"[380]。

清代继续相沿明制，见于文献的仍有关于建置射圃的记录。如《乾隆介休县志》中关于射圃的记载如下："射圃，旧在文庙东北，明万历间知县史记事建亭三楹，后废。至康熙三十二年易文庙东，乡官梁钦构地一区筑之，雍正八年知县李寿彭重建，亭三楹，岁久复位居民侵占，乾隆三十五年知县王谋文请出竖碑圃中以存饩羊之意。"[381]前明设置有武学，专门教武生，但并没有全国推广，直到崇祯十年（1637年），"令天下府、州、县学皆设武学生员，提官一体考取。"[382]清代，"雍正四年（1726）裁顺天府武学，旧有武生一并归顺天府学取进管理。嗣后武生归并儒学管理，实际再无独立之武学系统"[383]，庙学生员有文武之分，射圃又另作为武生员习武之所。武生员属教官管理，除骑射外，教以五经七书，晨将传及孝经四书，俾知大义。在射圃内，置备弓矢，教官率武生较射。后期清代大兴文字狱，士人唯科举、功名为毕生追求，射圃荒废之态不可同日而语，不再赘述。

关于学校射圃位置，一般在学校中，极少数设置在学校外，常熟县庙学（图2-70），以及德清县庙学，"邑射圃多在学宫之内，今学以地窄别设于外"[384]。庙学内射圃地点比较随机，根据具体情况择庙学内空隙地块设置，方位一般为西或北侧不利方位，笔者认为选择西面，一方面是因为"夫子射于矍相"[185]，本西向，另一方面，从建筑角度出发，东、南这些方位在古代都属于良位，多会先考虑放置建筑物，且前面已经说过射圃的地位并不重要。当然，也有个别设置在正南的例子②，比如如皋县庙学（图2-71）即是，但设置在南向的理由同样是原址被用来设置教谕廨而随机迁址得南面泮池外地面，所以射圃在庙学中的地位依然持低。

① 参见赵克生《国家礼制的地方回应：明代乡射礼的嬗变与兴废》。
② 这里的正南并非抛弃本该放置在南向的建筑物而把射圃设置在南向，而是射圃的方位在庙学之外的南向。

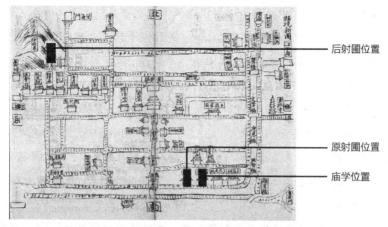

图 2-70　常熟县县境新图

图片来源：《明嘉靖常熟县志》（哈佛大学图书馆）

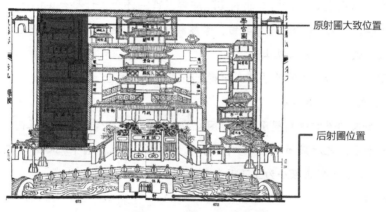

图 2-71　如皋县庙学学宫图

图片来源：《嘉庆如皋县志》（台北成文出版社）

　　射圃的朝向一般是正南正北朝向，呈南北纵向布置，也有因用地东西向布置的案例，圃中建筑通常命名为观德亭或观德堂，功能为老师教导生员学习之处，同时也是观射仪时摆放酒宴之处，"至期设坐于堂上……陈弓矢案爵案于堂下" [216]。观德亭的历史，追溯至明代。如江苏南通文庙，明英宗正统九年（1444 年）建观德亭。《光绪通州直隶州》记载："宋真宗乾兴五年即庙为学，建大成殿、讲堂、稽古阁。南宋徽宗大观四年建庠门、射亭。宁宗嘉定八年拓棂星门、疏泮池。明伦堂之门始于英宗正统九年提及。""观德"二字来历考究，取"古者射以观德"之意，意为通过看一个人射箭姿态等就知道其德行如何 [385]。"君子之于射也，内志正，外体直，持

171

弓矢，审固而后，可以言中。故古者射以观德，德也者，得之于其心也，君子之学，求以得之于其心，故君子之于射以存其心也，是故慄于其心者，其动妄；荡于其心者，其视浮；歉于其心者，其气馁；忽于其心者，其貌惰；傲于其心者，其色矜。五者心之不存也，不存也者，不学也。君子之学于射，以存其心也，是故心端则体正，心敬则容肃，心平则气舒，心专则视审心通，故时而理心纯，故让而恪心宏，故胜而不张，负而不弛，七者备而君子之德成，君子无所不用其学也，于射见之矣。故曰：为人君者，以为君鹄，为人臣者，以为臣鹄，为人父者以为父鹄，为人子者以为子鹄，射也者射己之鹄也，鹄也者心也，各射己之心也，各得其心而已，故曰可以观德矣。"[386]

关于射圃内建筑命名①，除观德亭之外，有些地方还设置有衣冠亭。同安县儒学，"明成化十一年知县张逊建观德亭于射圃之东，衣冠亭于射圃之北"[374]，结合射仪以及观德亭的取名方式，盖取"言辞信，动作庄，衣冠正，则臣下肃"[387]之意，推测可能是换置衣物之处。根据本地的实际需要设置的还有兴让亭、见山亭。永安县儒学的见山亭，"尊经阁西偏有地数亩，郁然相望者有山焉，盖射圃旧址也……三年之力而后成亭成，而名之曰见山"[388]。

乡射作为校园内重要的活动，有着严格的规范和流程，总结如下。

"1. 射式

凡官府及学教官遇朔望于公廨空闲处习射；竖立射靶（古名鹄）正南北向；布置射位于三十步，之后累加至九十步；以乡官为主设；赏酒，射中靶心为三爵，射中但未中靶心为二爵；射击顺序为至下而上。

2. 射器

狐鹄一，其采二六品至九品射之，共制中以皮为鹄，书红绿二采，周围饰以狐狸皮，为身为舌；布鹄二，有的无采，文武子弟及市民俊秀射之，共制以皮为鹄，周围饰以布，又以布为身为舌；兕中（古代行射礼时用来盛计数筹码的器具。因形似伏兕，故名。）一，三品至五品用其制，以木为之，长一尺二寸，头高七寸，前足跪，凿其背上穿之可容算，用颜色漆漆之，下用木座朱尤漆；鹿中一，六品至九品官、学官及官员子弟士民俊秀皆用之，形与兕异而制则同；算以十耦（两个为一耦）为率，用八十筹，盛以桶二；容一，名乏以木为匡，以皮冒之，广七寸，足以蔽身；旗以帛

---

① 庙学中建筑的命名，除主体的几个大殿之外，有一部分的建筑、小品的命名具有一定的灵活性，这一点在其他建筑的记述中也有所体现。

为之，每容后各六，赤一，采一，青一，白一，黄一，黑一；弓矢案一，弓（矢若干）爵案一，爵一。

3. 射职

司正，每靶一人，掌验射者品级尊卑以定偶。

副司正，每靶一人，执算于靶之左右，置中于射者前每耦进则执八算于手，俟中则执于于中，其余横着委于中西畔俟一耦退则取所中算妆之别取八算执之如前法，每算上先书射者姓名于下或书的或书采，投之（于中）。

司射、副司射二人，所掌先以强弓射靶，诱射以鼓众气，选能射者充。

司射器二人，掌验弓力强弱，分为三等，验人力强弱授之。

司爵二人，所掌凡遇射毕，计中者以爵授酒。

请射四人，掌请射者授弓矢、入射位。

立司妆矢者二人，掌妆矢还纳于主射者。

执旗六人，掌于容后，执各色旗，如射者中的，举红旗应之，中采矩采旗应之，射偏于西，举白旗，偏于东举青旗，偏于靶举黄旗，不及靶者举黑旗。

4. 射位

主射官，位于中；诸生位于东西；东酉偏及容后，射器、射职皆同前；学官射于中狐鹄，诸生射于中布鹄。

5. 射仪式流程（仪注）

前期戒射，定前期，戒射定耦。选职事充司正、副司正、司射、司射器、请射、举爵、收矢、执旗、树鹄、陈设讫。至日，执事者入，就位，设座于堂（观德堂）上，请射者引主射正官及各官员子弟士民俊秀者各就位。司射器者以弓矢置于各正官及司射前。请射者诣正官前圆揖毕，引诣司射器前受弓矢讫，复位。司正执算入，立于中后，请射者诣主射前曰：请诱射。引司射二人耦进，各以三矢揞于腰带之右，以一矢挟于二指间，推年齿相让，年长者为上射，年幼者为下射。上射先诣上射位，向鹄正立发矢，司正书中，投算置于中或副司正书中，执算者举旗如式，上射射毕，退立于旁。让下射者诣位，射讫，请射者俱引复位，收矢者收矢复于射者，司正取所中算。请射者，次请士民俊秀射。次请官员子弟射，次请品卑至品高者射，其就射位发矢，执算书中，举旗收矢，复位，俱如前仪。既毕，司正、副司正各持算白中于主射正官，举爵者爵酒授中者饮之，中的者三爵，中采者二爵，饮讫，请射者请属官以下仍捧弓矢纳于司射器，还诣主射正官前相揖而退。"

2.5.5　敬一亭

敬一亭之名，得于明嘉靖皇帝所作《敬一箴》。敬一亭之意，《光绪密县志》记述如下："敬一者，圣学之所以入也……外仅有明伦堂无复议及此（敬一亭）者……敬一之意不明，寄学宫于空名，没人心于功利也，夫人而既读圣人之书，则必为圣人之徒，既为圣人之徒，则必学圣人之学，何为视听言动，失其则君臣父子夫妇昆弟朋友之伦堕其行也，是学圣人之学而不知心圣人之心也，夫圣人之心，敬一而已，心之发，视听言动而已，敬则能慎其独，一则能止于善，不敬则不一，不一则不敬也，此教化之所归，敬胜惟一之传与日星云汉昭著于天而不可磨灭者也使，由此而一人之行修一之于一家，一家之行修推之于乡国，天下有不人才出而风俗成者哉。"[220]

关于敬一亭的建设年代，文献各有记载。《道光济南府志》：明世宗嘉靖五年①作《敬一箴》，颁之太学，遂诏郡邑学校皆行镌石竝刊程颐《视听言动四箴》、范氏《心箴》，作亭覆之，因名[185]。《明史·本纪第十七·世宗一》记载为"五年……颁御制《敬一箴》于学宫"[389]。《大明会典》记载为："嘉靖七年、建敬一亭于本监正堂之北。中树《御制敬一箴》、圣谕六道、御注范氏《心箴》、程子《视听言动四箴》凡七碑，如翰林之制。"[169]《古今图书集成·明伦汇编·官常典·国子监部》"按《春明梦余录》七年作敬一亭，御制圣谕，共碑七座"[390]。国家数字图书馆《嘉庆密县志》中记载："明世宗诏天下学宫建敬一亭于明伦堂后，且为之箴并列范子心箴程子四箴。张梦章对大同府文庙描述：嘉靖八年（1529年）诏建敬一亭，内立御制《敬一箴》及注释宋儒《五箴》石刻。"[391]

综上文献记载再结合史料记载梳理如下：

"明嘉靖五年（1526年）作《敬一箴》。明嘉靖六年（1527年）十二月初三日，臣杨一清、臣谢迁、臣张璁、臣翟銮谨题：皇上所注范氏《心箴》及程颐《视听言动四箴》，俱已刻石。乞勅工部于翰林院后堂空地，盖亭树立，以垂永久。仍勅礼部，通行两京国子监，并南北直隶十三省提学官、摹刻于府、州、县学。使天下人士服圣训，有所兴起荷。蒙采纳但亭宜有名，伏乞圣明勅定，颁示内外，一体遵行。臣又仰思，皇上前所著《敬一箴》，发明心学，甚为亲切，宜与前五箴并传，合令工部将《敬一箴》重刻一通，设于亭中，五箴并节奏圣谕共六道分列左右，以成一代之制。

---

① 明世宗嘉靖五年为1526年。

其于风化，良有裨益，谨题请旨[392]。明嘉靖七年（1528 年）二月二十二日，奉勅旨：卿等所言都依拟行，名与做敬一，礼、工二部知道[392]。同年（1528 年）国子监建敬一亭，位置在明伦堂正北，并且亭中竖立《御制敬一箴》、圣谕六道、御注范氏《心箴》、程子《视听言动四箴》凡七碑。"

《敬一箴文》内容：

"人有此心，万里咸具。体而行之，惟德是据。敬焉一焉，所当先务。匪一弗纯，匪敬弗聚。元后奉天，长此万夫。发政施仁，期保鸿图。敬怠纯驳，应验顿殊。征诸天人，如鼓答桴。腾荷天眷，为民之主。德或不类，以为大惧。惟敬惟一，执之甚固。畏天勤民，不遑宁处。早敬维何，怠荒必除。郊则恭诚，庙严孝起。肃于明庭，慎于闲居。省躬察咎，警戒无虞。曰一维何，纯乎天理。弗参以三，弗贰以二。行顾其言，终如其始。静虚无欲，日新不违。圣贤法言，备见诸经。我其究之，择善必精。左右辅弼，贵于忠贞。我其任之。鉴别必明。斯之谓一，斯之谓敬。君德既修，万邦则正。天清民怀，永延厥庆。光前垂后，绵衍蕃盛。咨议公侯，卿与在夫。以至士庶，一遵斯谟。主敬惜一，罔敢或渝。以保禄位，以完其躯。古有盘铭，日接心警。汤敬日跻，一德受命。朕为斯箴，拳拳希圣。庶几汤孙，底于嘉靖。嘉靖五年六月二十一日。"

范氏《心箴》内容：

"茫茫堪舆；俯仰无垠；人于其间；眇然有身；是身之微；太仓稊米；参为三才；曰惟心耳；

往古来今；孰无此心；心为形役；乃禽乃兽；惟口耳目；手足动静；投闲抵隙；为厥心病；

一心之微；众欲攻之；其与存者；呜呼几希；君子存诚；克念克敬；天君泰然；百体从令。"

《程子视箴》内容：

"心兮本虚，应物无迹；操之有要，视为之则。蔽交于前，其中则迁；制之于外，以安其内。克己复礼，久而诚矣。"

《程子听箴》内容：

"人有秉彝，本乎天性；知诱物化，遂亡其正。卓彼先觉，知止有定；闲邪存诚，非礼勿听。"

《程子言箴》内容：

"人心之动，因言以宣；发禁躁妄，内斯静专。矧是枢机，兴戎出好；吉凶荣辱，惟其所召。伤易则诞，伤烦则支；己肆物忤，出悖来违。非法不道，钦哉训辞！"

《程子动箴》内容：

"哲人知几，诚之于思；志士励行，守之于为。顺理则裕，从欲惟危；造次克念，战兢自持；习与性成，圣贤同归。"

《圣谕六条》内容[①]：

"孝顺父母，尊敬长上，和睦乡里，教训子孙，各安生理，毋作非为。"

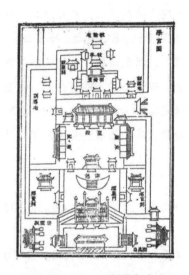

图 2-72　河北定兴县学学宫图

图片来源：《中国方志丛刊·河北府县志辑》

皇帝诏文下达之后，上行下效，地方上大都迅速依诏文增建敬一亭，且大都遵照国子监放置规制，即在中轴线明伦堂后正北方位。如陕西省江阴县庙学，嘉靖七年（1528 年）重修，建敬一亭于明伦堂与奎文阁（奎文阁在明伦堂正北）之间[301]；河北深泽县庙学，建敬一亭于明伦堂后[393]；河北庆云县庙学，嘉靖十一年（1532 年）建敬一亭于明伦堂后[394]；河北平乡县庙学，敬一亭旧在戟门外，明嘉靖五年（1526 年）知县建，二十六年（1547 年）知县刘镇改建于启圣祠南，筑高为台亭其上，以树敬一箴，后圮，道光三十年（1850 年）知县孔庆铦重修[394]；河北定兴县庙学（图 2-72），敬一亭在明伦堂后（嘉靖时期建），天启六年（1626 年）大雨倾坏[299]。山西太原府庙学，"嘉靖九年，诏建敬一亭。植御制敬一箴，宋儒视听言动四箴"[396]；其他的还有江苏南通庙学等。

同时亦存在未建设于明伦堂后的庙学情形，比如山西辽州府庙学，敬一亭在明伦堂西南位[166]；山西临晋县庙学，敬一亭在尊经阁后（尊经阁在明伦堂后）；山西

---

① 《廿一史弹词·第 5 部分》：洪武三十年（1397 年）九月，明太祖朱元璋传令天下：命天下每乡里各置木铎一，选年老者每月六次持铎徇于道路曰：孝顺父母，尊敬长上，和睦乡里，教训子弟，各安生理，毋作非为。世谓圣谕六条。诏天下府州县儒学生员，各守卧碑，不许出入衙门。

介休县庙学（图 2-73），敬一亭在尊经阁以西，即庙学西北方位；江苏如皋县庙学（图 2-74），敬一亭在庙学东南方位；江苏盱眙县庙学，"殿之后少西为明伦堂，堂西有敬一亭"[397]；山东莘县庙学，"敬一亭五间在明伦堂后，刻明世宗敬一箴及注释程子四箴范浚心箴"[398]。

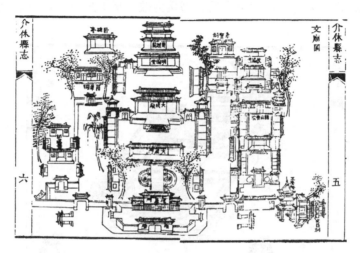

图 2-73　山西介休县庙学学宫图

图片来源：《中国地方志集成·山西府县志辑》乾隆介休文庙

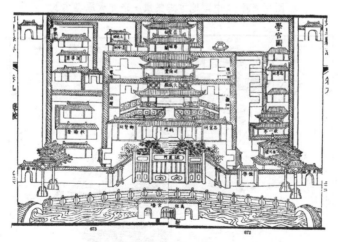

图 2-74　江苏如皋县庙学学宫图

图片来源：《嘉庆如皋县志》（台北成文出版社）

　　敬一亭虽名为亭，按照中国古代对亭的营造，一般为开敞性结构，没有围墙，顶部可分为六角、八角、圆形等多种形状，但是敬一亭在庙学中多为带传统屋顶的建筑，有时封闭，有时开敞。如山西太原县庙学（图2-75），即晋源庙学，敬一亭采用歇山顶；山西绛州庙学，敬一亭为三间[228]；山西榆次县庙学亦为三开间封闭建筑（图2-76），万历时改明伦堂后制书楼为敬一亭（图2-77）；山西闻喜县庙学

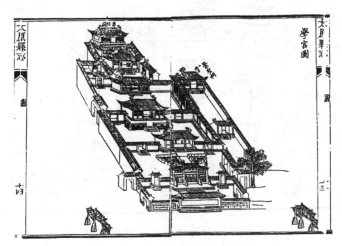

图2-75　山西太原县庙学学宫图

图片来源:《中国地方志集成·道光太原县志》

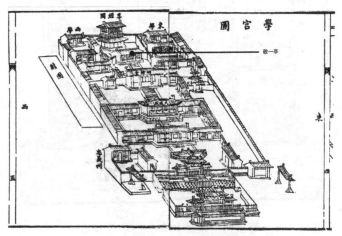

图2-76　山西榆次县庙学学宫图（1）

图片来源:《中国地方志集成·山西府县志辑·同治榆次县志》

（图 2-78）、浙江海宁盐官孔庙的敬一亭均为三楹传统屋顶建筑；唯有河南固始县，敬一亭为亭状，在学宫东南方位，射圃前（图 2-79）。

　　综上所述，敬一亭的格局以封闭建筑居多，兼有少量亭状，布局方位大多遵从明伦堂后纵向轴线布置。至于清代，敬一亭继续作为藏历代御制碑文之所而得以沿用。

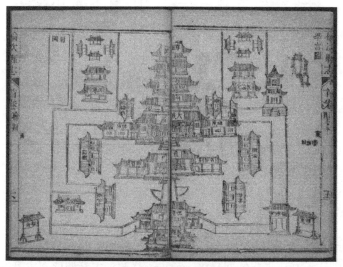

图 2-77　山西榆次县庙学学宫图（2）
图片来源：《榆次县（山西）志》14 卷（张天泽纂）

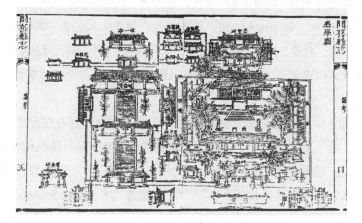

图 2-78　山西闻喜县县学图
图片来源：《中国地方志集成·山西府县志》

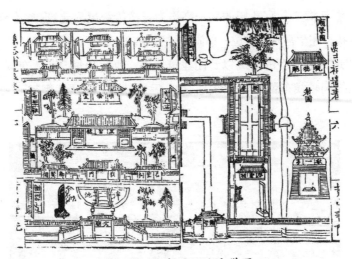

图 2-79　河南固始县庙学图

图片来源:《嘉靖固始县志》(台北成文出版社)

2.5.6　学署

学署为主管学校的学官办公之所，兼具居住功能。在古代官学中，学校教师配置有正职和副职之分。正职称为教授、学正、教谕，主要职能为主管文庙祭祀，教诲生员，起正式教师作用。副职称为训导，主要作用为辅助正职的工作，兼训导生员。

关于官学老师配置，隋唐即始，宋代开始设置，元明清基本成熟定型[①]。明代时，"儒学，府教授一人，训导四人。州，学正一人，训导三人。县，教谕一人，训导二人，教授、学正、教谕，掌教诲所属生员，训导佐之"[399]。清代延续明制，"各学教官，府设教授，州设学正，县设教谕各一，皆设训导佐之。员额时有裁并"[400]，教官选择多为贡生、举人[②]。

两宋时期，中央以礼部掌管全国学校、贡举的政令，而地方行政区划分为路、府（州、军、监）及县，为一个三级政府的制度，地方官学行政机构亦分路学、府学、县学三级。路学设置有提举学事司，为地方官学的最高行政主管机构，"是徽宗崇宁二年时设立的路一级的教育管理"[401]，职能为"掌一路州县学政，岁巡所部以

---

① 关于历代官职，实不尽相同，并且官学作为行政机构，人员配置有一个不断发展的过程。

② 贡生：科举时代，挑选府、州、县生员(秀才)中成绩或资格优异者，升入京师的国子监读书，称为贡生。举人：是参加全省范围的科举考试（乡试）及格后所取得的资格，亦称作孝廉。

察师儒之优劣、生员之勤惰，而专举刺之事。崇宁二年置，宣和三年[①]罢"，后南宋复设[②]，但两宋无路学设置，故与庙学关系甚微。

府 / 州学校，在未设专门的教授时，是本行政单位最高行政长官如知州、通判主持学事。直到北宋仁宗兴学后，州学才开始设置教授，掌管学生的课业问题，但行政上仍接受知州、通判的管辖。对于未设置教授的地方，则仍由知州、通判主持。神宗熙宁之后，州学教授成为朝廷任命的正式职官，建炎三年（1129 年）被废罢，自绍兴三年（1133 年）复置州、军教授，开始恢复设置。学校除教授之外，还设置有学正、学录、直学、学谕、司计、教谕、司书、司器、斋长、斋谕等配套职位，分工明确：教授为学校的最高职官，负责传授生员；学正、录"掌举行学规，凡诸生之戾规矩者，待以五等之罚"[402]兼帮助教授训导生员；学谕负责将教授所讲内容与布置课业转告学员；直学"掌诸生之籍及几察出入"，相当于学籍管理；斋长、谕各一人，"掌表率斋生，凡戾规矩者，纠以齐规五等之罚，仍月考斋生行艺，着于籍"[402]；教谕掌管训导及考校责罚。

县学，在北宋及南宋并非朝廷任命官员，由本地县令、县丞、主簿担任，直到南宋理宗景定三年（1262 年），朝廷正式在县学设置学官——县学主学，"特奏名授文学出官者充，其禄同主簿、尉，班在主簿、尉下。主簿、尉非正科则下主学"[401]。配置规定：县学设学长一人视州学教授，谕一人，直学一人，斋长、斋谕名一人，长诸生，选特奏名进士，无，则选老成有经行者充[403]。

两宋时期，庙学格局中出现为教授单独配备教授厅的现象诸如南宋绍兴府学，"教授直舍在学之东"[403]；南宋建康府学（图 2-80）在庙学西侧有教授西厅，其他学校相关职位未见历史详细记载。福建漳州府学，宋为州学，北宋徽宗政和二年（1112 年）移学于州左，南宋绍兴九年（1139 年）以科第不利复故址，前建棂星门，次建仪门，中列戟门，东西两庑，庑上为阁，东曰御书，西曰经史，中建大成殿，奉先圣像以兖邹二国公配，旁列十哲位，于两庑设诸子及先贤位，殿后凿泮池，中建亭曰瑞荷，上接讲堂，分十斋，学正、学录位在讲堂西直，直学位在学门左右，经谕位在东西两庑，小学在学东南隅，学官直舍在讲堂后东北，十一年学成，后建置不一[404]，学官直舍是否包含其他职位的直舍无从得知。

---

① 崇宁二年，为北宋徽宗年号，1103 年。宣和二年，为北宋徽宗年号，1120 年。

② 关于南宋提学官的更多内容，读者可以参考薛东升的《南宋州县学研究》，此处因与庙学关系甚微，故略。

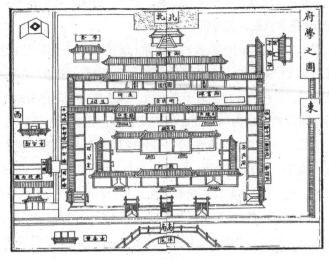

图 2-80　南京夫子庙

图片来源:《景定建康志 - 建康年间》

至元代时，中央官学的职名有博士、助教、学正、学录、典给、教授、典书。博士职责是教授生徒，考校儒人著述及教官所业文字；教授、助教职责是分教各斋生员；学正、学录职责是督习课业；典给掌生员膳饮；典书管理图书资料。博士定员，国子学及蒙古国子学为两员，回回国子学有专教博士文博士一员；助教，国子学四员，后在大都分校增加两员，蒙古国子学两员，至元三十一年（1294 年）又增置一员，后定置为两员；教授，国子学无，蒙古国子学定置两员；学正学录，国子上都分校各设两员，蒙古国子学各两员，后又增置两员，最后定置是各两员；典给，国子学为一员，蒙古国子学于至元三十一年（1294 年）设一员，后定制仍是一员；典书，国子学无，蒙古国子学定置一员 [405]。

元代地方官学①依然设置提举司，掌管全省学校之事，"各省设提举二员，正提举从五品，副提举从七品，提举凡学校之事"。在地方学校上采用分级设置，路设

_____

① 元代地方官学分为汉儒学和蒙古字学，蒙古字学在等级和配置上均优于汉儒学，但是因不具有普遍性，仅存于路、州等级，且元后即废，故不作为本书中的论证对象。

教授、学正、学录各一员，散府 ①、上州、中州设教授一员，下州设学正一员，县设教谕一员 [345]。学校职名有教授、学正、学录、教谕、直学等。路教授为九品，其他职位未见官品定制。教授、学正、教谕在学校职责是训诲诸生，担一学之主任，直学与宋代不同，掌钱谷之事，学正、学录沿用宋制掌管学规。

元代沿宋制，仍为庙学教师配套直舍，方位一般在讲堂附近，上下级教职在建筑配置中未体现尊卑关系。漳州庙学于元代延祐三年（1316 年），总管张泉逸、教授高元子重修大成殿、两庑及戟门、棂星门，殿后为杏坛，又后为学廪，廪之东为神厨，厨之东为宰牲房，厨前为神库，殿西为明伦堂，堂左右为四斋，堂前为亭，亭外为书楼，楼下为大门，门外为泮池，池上为石梁，堂后为乐器库，堂西为馔堂，东为教授厅，又东为训导 ② 署 [404]。训导职位等级固然低于教授，但是训导署在东，而教授厅在其西，虽教授厅靠近讲堂，从实用主义角度出发合情合理，但是从礼制尊卑角度来讲，训导署应位于西侧，教授署应在其东。

明代时，全国建立府、州、县（都司、宣慰司、卫）各级别官学。府学，有教授一人（从九品），训导四人；各州设州学，有学正一人，训导三人；各县设县学，有教谕一人，训导二人，都司、行都司、卫学亦设置有教授或者教谕，训导若干人，"**教授、学正、教谕，掌教诲所属生员，训导佐之**" [399]，等级制度已经十分明显。

清代时，沿用明制，对学校官职有所提升。"**府教授、训导，州学正、训导，县教谕、训导，俱各一人**" [406]。各府教授正七品，州学正、县教谕正八品，府、州、县训导为均副职，从八品。

考证全国现存庙学，明清已经普遍设立教授（学正、教谕）宅和训导宅，尤其是图档能够清晰地提供佐证。二宅一般非单独一个建筑，而是一个建筑群，内有正厅、厨房、书房、卧室。比如安徽旌德县庙学的学署配置，我们大致可以知道学署

---

① 元代将全国分为中书省直辖区、宣政院辖地，以及 10 个行中书省。省下有路、州（府）、县，路归省管。府和州有的归路管，有的归省管，还有的州归府管。县有的归路管，有的归府管，有的归州管。中书省直辖地区称作"腹里"，包括河北、山东、山西，以及河南和内蒙古的一部分，由中书省直接管辖，不属于任何行省。"行中书省"的全称为"某某等处行中书省"，简称"某某行中书省"或"某某行省"。此外，元政府设立了宣政院（初为总制院），除掌管全国佛教事宜外，并负责统辖青藏高原（今西藏）地区的军政事务。直隶于行省的府、州称为直隶府、直隶州；隶于路的府、州，称为散府、散州。

② 训导一职，本应为明清时期所设，笔者在检索文献中也未考察到元代有训导一职，推测为庙学内其他职位的统称。

中的建筑配置：教谕署，在明伦堂后，正厅三间，后楼三间，西书房前后各三间，东厨房二间；训导署，在文昌塔右，正厅三间，东旁屋三间，西厨房一间，前廊三间[332]。关于两署的方位，在庙学总体建筑布局中属于从属关系，位置一般靠近明伦堂，居于明伦堂中、两侧方位，方位不定，时而位于东，时而位于西。在教授（学正、教谕）宅与训导宅二者的关系上，时而呈现出一定程度的等级关系[教授（学正、教谕）宅位于明伦堂后，训导宅偏于一侧，或教授（学正、教谕）宅居东，等级方位略高于西侧训导宅①]，而有时这种关系又显得不太明显（笔者认为每一个庙学建筑都有其历史发展过程和受限条件，并且庙学建置尤其是越往地方发展，谨慎程度越会减弱，同时也与当地主导建设的官员等密切相关，所以有时候并不能看出当地庙学建筑在这两者关系上的慎重考量），比较有代表性的案例如下。

　　山西绛州文庙，学正训导署均在明伦堂西，但学正宅略大于训导宅（图2-81）。江苏宿迁县庙学，规制严正，教谕宅在东，训导宅在西。山西辽州文庙，学正斋在明伦堂东北，训导宅在明伦堂东南（图2-82）。山西浑源府文庙，学正宅在明伦堂东，

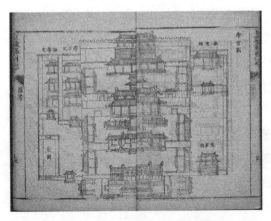

图 2-81　山西绛州文庙学宫图

图片来源：《直隶绛州（山西）志》（朱友洙等纂）

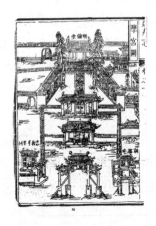

图 2-82　山西辽州文庙学宫图

图片来源：《中国方志丛书·雍正辽州志》（台北成文出版社）

---

① 关于这个结论，笔者与周瑛《明代河南府、州、县庙学建筑平面与规制探析》一文中的结论不谋而合，但是周瑛先生的调研范围限定于河南，对于一些特殊建置的案例，可能未太多地关注，并且先生原文中亦有不遵从此案例的特殊情况，这个结论应该是符合大多数的结论，而非定式。

训导宅在明伦堂西（图 2-83），后格局稍有变化（图 2-84）。上海嘉定县庙学，教谕廨在"庙"序列与"学"序列之间，训导署在"学"序列东（图 2-85）。江苏常熟县庙学，明嘉靖时期，明伦堂之东为教谕宅，西为训导宅，后清仍旧（图 2-86）。安徽芜湖县庙学，明嘉靖时期在庙学东建训导署，训导署前建教谕署。安徽泗县庙学，训导署在庙学东侧，学正斋在庙学西侧，分列前庙后学序列左右（图 2-87）。山东高唐县庙学，学正宅在明伦堂东南，训导宅在明伦堂西（图 2-88）。河南汝州学宫，明

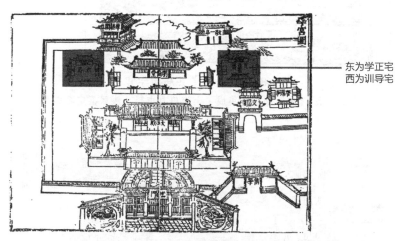

东为学正宅
西为训导宅

图 2-83　山西浑源府文庙学宫图（1）
图片来源：《中国地方志集成·山西府县志辑·顺治浑源州志》

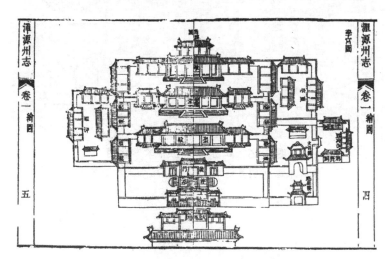

图 2-84　山西浑源府文庙学宫图（2）
图片来源：《中国地方志集成·山西府县志辑·乾隆浑源州志》

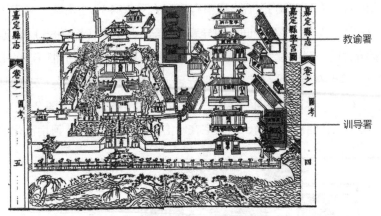

教谕署

训导署

图 2-85　上海嘉定县庙学学宫图

图片来源:《中国地方志集成·上海府县志辑·康熙嘉定县志》

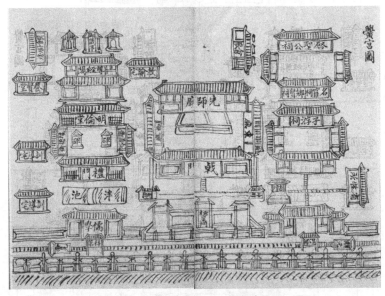

图 2-86　江苏常熟县庙学学宫图

图片来源:《明嘉靖常熟县志》(哈佛大学图书馆)

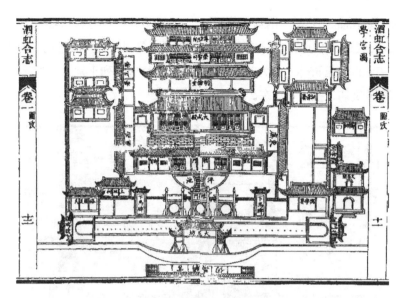

图 2-87　安徽泗县庙学学宫图

图片来源:《中国地方志集成·光绪泗虹合志》

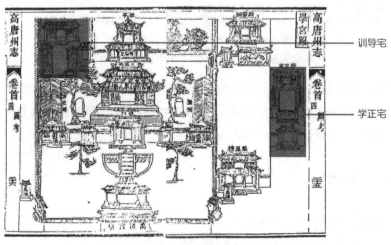

图 2-88　山东高唐县庙学学宫图

图片来源:《中国地方志集成·光绪高唐州志》

正德时期，教官宅四所，三所在学门内东偏之北，一所在南，与三宅相对，正德丙寅知州王雄买民地创建[407]。河南许昌州庙学，学正斋在明伦堂后；训导宅在明伦堂东北隅、西北隅各一，分列学正宅左右[408]（图 2-89）。无锡县庙学，教谕署在明伦

堂后，训导署在庙之东偏。山西襄垣县庙学，教谕署在明伦堂后，训导署在西偏侧。河北盐山庆云县庙学为教谕署在东，训导署在西，分列轴线两侧格局。四川温江县学署成一单独的建筑群体，前为明伦堂，教谕、训导署分列于堂后，布置较为自由。广东五华长乐文庙，教谕署在东，训导署在西。

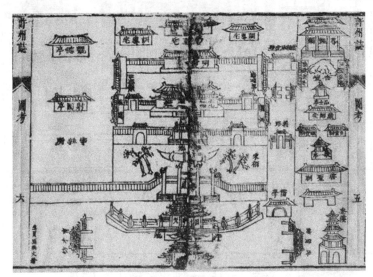

图 2-89　河南许昌州庙学学宫图
图片来源：《康熙许州志》（国家数字图书馆）

在学署个别建筑的命名上，有时也会有别有诗意的命名情况，且多根据当地特点命名。如黄岩县庙学，建有瑞芝堂，在儒学讲堂后，即宋陈梦建所作直舍，以楹产瑞芝，故名；景言堂，在瑞芝堂后，宋宝庆三年，令朱日新建。[99]

2.5.7　其他碑

学校内还设置有清代皇帝碑文。

雍正四年九月《御制训饬士子文》[185]。碑文如下：

"为士者，乃四民之首一方之望。凡属编氓皆尊之奉之，以为读圣贤之书，列胶庠之选。其所言所行，俱可以为乡人法则，也故必敦品励学、谨言慎行，不愧端人正士。然后以圣贤诗书之道开示愚民，则民必听从其言、服习其教，相率而归于谨厚。或小民偶有不善之事，即怀愧耻之心，相戒勿令某人知之。如古人之往事，则民风何患不淳，世道何患不复古耶。朕观今日之士，虽不乏闭户勤修读书立品之人，而荡检逾闲不顾名节者亦复不少，或出入官署包揽词讼，或武断乡曲欺压平民，或抗违钱粮藐视国法，或代民纳课私润身家，种种卑污下贱之事难以悉数。彼为民者，见士子诵读圣贤之书而行止尚且如此，则必薄待读书之人，而并且轻视圣贤之书矣。士习不端，民风何由？而正其间关系极为重大。

朕自即位以来，加恩学校、培养人材，所以教育士子者无所不至宜乎，天下之士皆鼓舞奋兴，争自濯磨尽去其佻达之习矣。而内外诸臣条奏中胪列诸生之劣迹，请行严惩者甚多。朕思转移化导之法，当先端其本。原教官者多士之仪型也，学臣者教官之表率也。教官多属中材，又或年齿衰迈、贪位窃禄，与士子为朋俦，视考课为故套，而学臣又但以衡文为事，任教官之因循怠惰、苟且塞责、漫不加察，所以倡率之本不立，无怪乎士习之不端、风俗之未淳也。朕孜孜图治，欲四海之大。万民之众皆向风慕义、革薄从忠，故特简督学之臣，慎重教官之职欲，使自上而下端本澄源，以收实效也。凡为学臣者，务须持正秉公、宣扬风化，于教官之称职者，即加荐拔；溺职者，即行参革。为教官者训诲士子悉秉诚心，如父兄之督课。子弟至于分别优劣，必至公至当，不涉偏私。如此各尽其道，则士子人人崇尚品诣，砥砺廉隅，不但自淑其身，而群黎百姓，日闻善言、日观善行，必共生感发之念，风俗之丕变，庶几其可望也。"

乾隆十年（1745 年）五月，颁御制《太学训饬士子文》于各省学宫，同世祖《卧碑文》、圣祖《圣谕广训》、世宗《朋党论》朔望宣讲。[410]

2.5.8　学田、学仓、号舍（斋舍）

学田，本不是属于学校内的建置系统，但是是庙学的直接经济来源，故简略阐述。宋仁宗天圣元年，诏赐兖州学田，已而旁郡多立学赐之田如兖州，此朝廷赐额学田之始；宁宗嘉定中，赵崇本知崇安军，买开平寺废田以充学廪，此有司立学田之始；元世祖至元二十九年（1292 年），诏学田所入春秋释奠之外以给诸生之无告者，此学田赡给贫生之始；仁宗祐二年（1315 年），会昌州判官杨景行，劝民出田赡士，此义民捐助学田之始；明神宗万历六年（1578 年），诏天下学田不拘定额，皆编入全书，减其赋役，不与民田等其岁入，租息赈给贫生，岁由学政衙门报销增减如例，今依现存田数附载各学后。"学田之设，自宋乾兴之年始给兖州而诸县遂为例，其后神宗给田十项于五路，为学粮，徽宗察绝田以赡学，至明听督学及府州县长吏增置无定额。"[254]

学仓，为储存学田农具等其他工具的仓库。海宁盐官县庙学，"至大间州守忽都贾锷相继改作，训导陈登建学仓四间（张无垢先圣后裔以此田赡学故建学仓）"[290]。

号舍，为学生宿舍，一般设置位置靠近于明伦堂功能区，较为随机，无完整序列。关于号舍，出现当自明代，前代多为斋舍，即学生自习和居住一体，且考察文献，也是直到明代出现号舍一说。

东汉太学初建时，鲁恭即与弟丕及母俱居太学，时恭年十五，弟丕年仅十岁。据《后汉书》梁鸿传载，梁鸿以童幼诣太学受业，由于他性情孤独，不与人同食，同屋学生炊饭后，招呼梁鸿乘热釜而炊，梁鸿不肯，竟"灭灶更燃火"。由此看学校似无集体食堂，只在宿舍外设有灶釜，有学生自营炊事。前述鲁恭与弟及母俱居太学，当也是为解决生活问题。

《宋史·徽宗纪一》："壬辰，诏诸路州学别置斋舍，以养材武之士。"它是师生生活起居场所，也是读书钻研、研习课业、日常进行学术切磋活动的地方，相当于现代大学的宿舍。同时书院讲于堂，习于斋[411]。"太学生员，庆历尝置内舍生二百人。熙宁初，又增百人，寻诏通额为九百人。四年，尽以锡庆院及朝集院西庑建讲书堂四，诸生斋舍、掌事者直庐始仅足用"[412]"像塑、绘事、讲堂、斋舍、庖廪之所皆备"[413]"斋舍有六，扁曰'贵仁''立爱''大雅''明贤''怀德''升俊'。武学，在太学之侧前洋街。建武成殿，祀太公，曰昭烈武成王，以留侯张良、武侯诸葛亮配，累朝诸名将从祀……淳熙、嘉泰，主上临幸武学，谒武成王，行肃揖礼。学建立成堂。斋舍有六，扁曰'受成''贵谋''辅文''中吉''经远''阅礼'。宗武学，俱有学廪、膳供、舍选、释褐，一如太学例。杭州府学，在凌家桥西。士夫嫌其湫隘，故帅臣累增辟规模，广其斋舍，总为十斋，扁曰'进德''兴能''登俊''宾贤''持正''崇礼''致道''尚志''率性''养心'。又有小学斋舍，在登俊后。以东西二教掌其教训之职。次有前廊，录正等生员。各斋有长谕。月书季考，供膳亦厚，学廪不下数千，出纳、学正领其职。仁和、钱塘二县学，在县左，建庙学养士。仁和学有斋舍四，扁曰'教文''教行''教忠''教信'。钱塘学有斋舍六，曰'友善''辨志''教行''教信''教文''教忠'。诸县学亦如之。各县有学官，次有学职。生员日供饮膳，月修课考，悉如州学。州学廪，各县学不下数百，以为养士之供。医学，在通江桥北，又名太医局，建殿扁曰'神应'，奉医师神应王，以岐伯善济公配祀。讲堂扁曰'正纪'。朝家以御诊长听充判局职。本学以医官充教授四员，领斋生二百五十人。月季教课，出入冠带，如上学礼。学廪饮膳，丰厚不苟，大约视学校规式严肃。局有斋舍者八，扁曰'守一''全冲''精微''立本''慈用''致用''深明''稽疾'"[104]"洪武二年三月戊午，诏增筑国子学舍。初，即应天府学为国子学。至是，太祖以规制未广，谕中书省臣曰：'太学育贤之地，所以兴礼乐，明教化，贤人、君子之所自出。古之帝王。建国君民，以此为重。朕承困弊之余，首建太学，招徕师儒，以教育生徒。今学者日众，斋舍卑隘，不足以居。其令工部增益学会，必高明轩敞，俾讲习有所，游息有地，庶达材成德者有可望焉。'"[414]。这些均表明了明代中期以前的斋舍，都是集自学的斋与居住功能的舍为一体的。

到明代之后，学生居住的舍从斋中分离出来，名为号舍，同时号舍也被用于考试时学生所居之所，也称号子。明正德年间的《东廓邹先生文集》中记载："永丰县重修儒学记，初，成化癸卯，永丰县新孔子庙，一峰罗文毅公伦诏之，以为尊孔子以文，莫若尊以道。而世之学孔子者，无异于优孟之学孙叔敖，举失其真。其词侃侃然至今读之毛发尚竦也。嘉靖癸卯冬，益适至永丰，双江聂子豹与乡大夫士出赀议新学宫。时，中丞净峰张公岳主其议，柱史槐川魏公谦吉核其成，县尹魏君梦贤及梅丞继儒经营缔构，以臻其绩。首文庙，次明伦堂、尊经阁，次棂星门，次号舍，次名宦乡贤祠。逾年秋八月告成。林掌教应芳执讯诸生曰：愿以继文毅之声。益不敏，请绎圣学之真，与二三子商之""安福重修儒学记，正德辛巳，安福重修儒学成……由兴贤之衢，西历于泮宫，北入于儒林，瞻于戟门棂星，以拜大成之庑下。又北升于明伦堂，东北入于师儒之舍，东西观于斋，又东谒于乡贤名宦，南出于号舍。焕然改观，以为元丰、绍兴所未备也"，可证斋与号舍之分离。书院亦是，同书记载有："婺源县新修紫阳书院记……乃即佛殿为中堂，奉安晦庵先生神主，以西山蔡氏、勉斋黄氏配，以婺源之受业而有功者从祀焉。堂后为楼，名之曰'瑞云'。楼下为讲堂，揭白鹿之规以规诸生，而两翼为号舍，以居之。"[415]《全辽志》卷之一中，亦有："广宁镇……儒学……正统辛酉都御史王翱改建今会会府之右，先师殿六间，东西庑各六间，戟门五间，棂星门三间，明伦堂五间，东西斋各六间，西号房十间，教授宅一，训导宅三，大门三间，二门一间，正德间都御史刘宪，建号舍二十间……广宁前屯卫……弘治癸亥巡按御史余濂增修建号舍凿泮宫。"[416]明文徵明《明故嘉议大夫沉公行状》："视郡学隘陋弗称，且文庙石列非制，遂彻而新之，建御书楼，增置号舍。"清王士祯《池北偶谈·谈异五·赵廷碞》："适随主人入棘闱，见号舍有红黄二色旗，主人所居之舍，则红旗也。"朱彭寿《安乐康平室随笔》卷四："余至时，工程甫毕，文场号舍，片瓦无存，入门后，惟新式高楼一座而已。"

2.6 营造校园氛围中的其他构筑物

除上述提及的建筑实体及小品之外，"庙学"中还存在相当一部分为营造庙学氛围所设置的墙体、构筑物、相对独立的建筑物等，它们都有着特定的功能或结合一定的寓意，为庙学氛围营造必不可少的部分。

学门，用现在的建筑学语言，是为流线分离所设。在庙学官学中，庙是较为单独的一个群体，只有释典、释菜等重大祭祀活动之时才会打开。因此生员如何进入庙学，成为庙学关系需要思考的问题。对于前庙后学的序列来说，一般是将学门设置于偏侧，生员需要经过很长的流线，直向北面，通过明伦堂前东西的侧门（侧门一般命名为"礼门""义路""圣域""贤关"等，成对出现），进入到学校空间中，那么生员进入的第一个门即为学门，亦有名头门。对于左庙右学或者右庙左学的序列来说，学门的设置较为方便，单独设置在明伦堂南侧即可。学校中头门是进入学校的第一道门，第二道门被称为仪门。

牌坊，因具体环境和位置而设。庙学组团前的通衢两侧一般有所设置，起到限定空间、营造进入庙学前空间氛围的作用。其他位置诸如进入明伦堂前的牌坊、纪念当地科举得胜在庙学前设置的牌坊等。其取名仍然取义于儒学经典或者祈愿生员成才等，多为成双成对，有德配天地、道冠古今，诸如南宁文庙"棂星门，东西为礼门义路，前有照壁"[417]。较为特殊的诸如青云坊，一般为单设于庙学组团前。

下马碑，首创于明代。清代再有重设。康熙二十六年（1687年），驻防镇江将军董某疏称："臣见京口官兵径过文庙，多有不下马者；乞通行禁饬。"于是诏于学宫照墙东西，各立下马牌，天下群知有文庙之尊矣[183]。民国《寿光县志》记载：寿光文庙，有大成殿五楹，殿前左右为东西庑，前为戟门。泮水池外为棂星门，东西便门各一。门外左右有石碑，书曰："文武官员军民人等至此下马。"此下马碑设于明代成化十八年（1482年），明宪宗下诏要求在全国各地文庙正门的东西分别设立下马碑，规定文武官员在两个下马碑之间必须步行通过，锣鼓仪仗须息偃以示尊孔，使得孔庙享受"王"的待遇。[418]

万仞宫墙的设置，取义于孔子学问万仞。万仞宫墙为文庙特有的建制，本为学生崇仰孔子之祠，取义于《论语·子张》："叔孙武叔语大夫于朝曰：'子贡贤于仲尼。'子服景伯以告子贡。子贡曰：'譬之宫墙，赐之墙也及肩，窥见室家之好。夫子之墙数仞，不得其门而入，不见宗庙之美，百官之富。得其门者或寡矣！夫子之云，不亦宜乎？'"[①] 后人因筑"万仞宫墙"于孔庙之前，以象征孔子学问精深，德行高迈，思想深邃，非常人所能仰及。同时按照当时风水学的理解，建墙目的是为固气，合浦廉州府文庙："隆庆以前西南旧有海角亭，乃下砂关锁为好事者废，士气因之弗振，其址犹存，议者以壬亥一脉之气，不宜当其缓处，伤其龙气，是人才少发不继之故，则培补之急。巽上六秀之水，不宜分其上流，引起斜飞，是人文一发便衰之故，则邀祥之要。海角遗址宜仿文昌阁以复其形胜。学通衢宜外树屏墙以固其内气。"[419]

　　曲阜孔庙的万仞宫墙：明武宗正德七年（1512 年），孔庙为刘六、刘七领导的农民起义军所毁，正德皇帝下令建城卫庙，于是以孔庙、孔府为中心修筑了明曲阜城墙，明世宗嘉靖元年（1522 年）竣工。在与孔庙正南门相对处设立城正南门。因正南门为孔庙而设，所以应视正南门与孔庙为一体。明代学者胡缵宗为表达对孔子的尊敬和赞扬，亲书"万仞宫墙"石额镶于门上，其意出自《论语》子贡语。鲁大夫叔孙武叔曾经对大夫们说："子贡的学问很深，比孔子还要强些。"子贡听说后就告诉叔孙武叔："人的学问好比宫墙，我的这道墙不足肩头高，别人很容易看到里面有多少东西，我老师这道墙有好几仞[②] 高，别人是看不到里面的东西的，只有找到门，走进去，才能看到这墙内雄伟的建筑，可找到门的人太少了！"胡缵宗认为数仞宫墙仍不能表达他对孔子的赞扬，于是将其改为"万仞宫墙"。到了清代，乾隆皇帝到曲阜来，为了显示他对孔子的敬仰，把胡缵宗书写的石额换下，自己亲笔书写了同样四个字镶于城门。现在看到的"万仞宫墙"石额，即乾隆皇帝的御笔题写。

　　孔庙的院内，一般还设置碑石，有康熙二十五年《御制至圣先师孔子赞》《四贤赞》。

　　《御制至圣先师孔子赞》碑文为：

　　"盖自三才建，而天地不居其功；一中传，而圣人代宣其蕴。有行道之圣，得位

---

① 原文翻译如下：叔孙武叔在朝廷上对大夫们说："子贡比仲尼更贤明。"子服景伯把这一番话告诉了子贡。子贡说："拿围墙来作比喻，我家的围墙只有齐肩高，老师的围墙却有几仞高，如果找不到门进去，你就看不见里面宗庙的富丽堂皇和房屋的绚丽多彩。能够找到门进去的人并不多。叔孙武叔那么讲，不也是很自然吗？"

② 仞：丈量单位，一仞约等于八尺。

以绥猷；有明道之圣，立言以垂宪。此正学所以昌明，人心所以不泯也。粤稽往绪、仰溯前徽，尧、舜、禹、汤、文、武达而在上，兼君师之寄，行道之圣人也；孔子不得位穷而在下，秉删述之权，明道之圣人也。行道者勋业炳于一朝，明道者教思周于百世；尧、舜、文、武之后，不有孔子，则学术纷淆、仁义湮塞，斯道之失传也久矣。后之人而欲探二帝三王之心法，以为治国平天下之准，其奚所取衷焉！然则孔子之为万古一人也，审矣。朕巡省东国，谒祀阙里，景仰滋深。敬搞笔而为之赞曰：清浊有气，刚柔有质；圣人参之，人极以立。行着习察，舍道莫由；惟皇建极，惟后绥猷。作君、作师，垂统万古；曰惟尧、舜，禹、汤、文、武。五百余岁，至圣挺生；金声玉振，集厥大成。序'书'、删'诗'，定'礼'、正'乐'；既穷象系，亦严笔削。上绍往圣，下示来型；道不终晦，秩然大经。百家纷纭，殊途异趣；日月无踰，羹墙可晤。孔子之道，惟中与庸；此心此理，千圣所同。孔子之德，仁义中正；秉彝之好，根本天性。庶几夙夜，勖哉令图；溯源洙、泗，景躅唐、虞。载历庭除，式观礼器；搞毫仰赞，心焉退企！百世而上，以圣为归；百世而下，以圣为师。非师夫子，惟师于道；统天垂世，惟道为宝。泰山岩岩，东海泱泱；墙高万仞，夫子之堂。孰窥其藩？孰窥其径？道不远人，克念作圣。"

《四贤赞》碑文为：

"颜子赞，圣道早闻，天资独粹；约礼博文，不迁不贰。一善服膺，万德来萃；能化而齐，其乐一致。礼乐四代，治法兼备；用行舍藏，王佐之器。

曾子赞，洙、泗之传，鲁以得之；一贯曰唯，圣学在兹。明德新民，止善为期；格致诚正，均平以推。至德要道，百行所基；纂修统绪，修明训辞。

子思子赞，于穆天命，道之大原；静养动察，庸德庸言。以育万物，以赞乾坤；九经三重，大法是存。笃恭慎独，成德之门；卷之藏密，扩之无垠。

孟子赞，哲人既萎，杨、墨昌炽；子舆辟之，曰仁、曰义。性善独阐，知言养气；道称尧、舜，学屏功利。煌煌七篇，并垂六艺；孔学攸传，禹功作配。"

土地祠，亦名土祠堂，主要是为祭祀土地神或名"土地爷"。据说土地爷是古代中国传说中掌管一方土地的神仙，住在地下，是神仙中级别最低的。俗话说"别拿土地爷不当神仙"。在中国民间土地神的形象千姿百态，性格各异。土地神作为地方保护神，流行于全国各地，旧时凡有人群居住的地方就有祀奉土地神的现象存在。土地神本与庙学关系甚微，但是在考察福建等地的庙学案例时，发现在当地的庙学中，会附设土地祠，大概也是为尊土地之神，以求福泽。

更衣厅，为祭祀前更换衣物之处。宰牲亭，是宰杀牲口的场所，也称打牲亭。更衣厅和宰牲亭在乡贤、名宦二祠依附于戟门左右之前，设置位置一般多左右分列于大成门前院，后来多设置于从属位置，择空地设置，或于其他建筑后合设。斋宿所，为致祭官员等人居住之所，设置位置较为随意，没固定位置。馔堂或名膳堂，有时候也起名养源堂，为师生用餐之处，设置位置靠近学校部分，而不在庙之部分，位置一般较为偏侧或为学校空隙地，且临近学署和生员斋舍或号舍，方便师生就餐。

除上述标准配置以外。地方庙学在建设中多会发挥"地方特点"，诸如安顺文庙，其第二进院落的东西各有一个尊经阁和桂香阁。广西柳州文庙因为柳宗元对于学校的突出贡献，有专门纪念柳宗元的祠。河南杞县文庙，乾隆四十八年（1783 年）营建了五状元祠。

福建永泰文庙中有单独设置的纪念周公的周公祠。

广东丰城东海文庙，文昌阁、魁星阁分列棂星门左右。

江苏丰县学官，明伦堂后还有一个问奇堂，再后为尊经阁。建筑群内的东西都会被寄予一些非常文雅的名字，如前为文曲沟"嗣后知县王初集又修葺文庙东西两庑，前戟门，门外泮池，桥跨其上，文曲沟水绕之，桥左名宦祠，右乡贤祠，又前棂星门"[420]。

江苏泰兴文庙，嘉靖十三年（1534 年）时，观德亭已废。除明伦堂外，其南还有敷教堂（隆庆元年撤），学官前泮池借用城市河道而成被称为鲲化池。且学官三面环水，水和桥均有十分文雅的名字。

浙江奉化礼圣殿历史上曾经出现比较丰富的单体建筑，"至元二十九年县尹丁济创建天寿殿（其目的主要是为报答皇帝的恩情，让大家记住皇帝的圣意，原文记载'万物本乎天，为子者本乎父母，而民本乎君，是三者，仁之至也，而有报莫寿乎天'。）。在大成殿西又创养正堂，觉后亭（祀文里面提到创天寿殿使知有尊，'辟养正堂而小学知有所向'）"。庆元二年（1196 年），"殿之后作堂曰彝训"[421]。明洪武初年（1368 年），有朱文公祠、三先生祠，后毁，到嘉靖时期已经均归为名宦、乡贤二祠中。同时，它也是唐即建庙的案例，后宋景祐中增建学官。

浙江崇德①孔庙，绍兴间，东有陈德堂，元至正二十年（1360 年）已经更名为

____

① 原石门县。

明伦堂；有四先圣祠，元沿用，明正德间改为名宦、乡贤祠。学宫中有文璧山塔。原文记载如下："文璧山塔在泮池东，明嘉靖间邑绅吕希周建坤离巽三隅鼎峙。万历三十七年赵学谕贤左重修时仅存巽隅一塔。国朝屡加修筑，道光二十九年圮。咸丰三年宋学谕成勳、张司训应奎募资重建……赵贤左修文璧塔记：语溪学宫前为泮池，池东偏为文璧山，山上有塔，昔乡绅吕公希周创三塔，坤、离、巽峙，顷之其二圮，独巽位岿然……始克复又一……两顶相望，其坚刚非昔比……按天文志，东璧二星主文记，天下图书之府，今泮池东上应璧宿，浮图矗矗，宫墙外，庙夕与钟声相映……文运其有。"[422]

上海嘉定县庙学，万历十六年（1588年）直线熊密凿汇龙潭。当时记文如是："吴中建学，我嘉独称雄……又以池南之水箭激而北来，非正巽方也。则徙其关而东之迁延数武，穴其垣而穿其坎，甃以坚石而开之门一，如故关之制，复楼其上，栖钟虡以节晨昏而下合震泽……是神物之所由兴也，故命之曰汇龙潭，而关之门亦曰汇龙，识变化也。"[109]

除此之外，还有一些寄予美好愿望的小品。诸如坊，宝应县学宫有鼎甲坊：教谕宅、训导宅亦有着非常好的名字，记载中有"教谕宅磊英堂三间、景燕斋二间、与居轩二间……训导宅赏奇堂三间，杏雨轩三间，西书房四间，住房三间"[303]。背向坐状元峰。明伦堂后还有磊英堂。

2.7　官学校园内的三种活动流线

明清之际，庙学内活动已完备，其中包含两大内容："庙"的祭祀和"学"的活动。"庙"的祭祀包括释奠和释菜，释奠仪式，较释菜隆重。明《泮宫礼乐疏》记载："如云唯释苹藻，无牲牢币帛，则释菜，礼轻。如云奠有牲牢，有合乐，有献酬，则释奠，礼重。"释奠仪式举行较多，释菜多为入学举行。明《泮宫礼乐疏》记载："古者成均之教，乐德乐语乐舞，以缘以祀，大乐正实董正之。而王制，天子受命于祖，受成于学，出征执有罪，反释奠于学，以讯馘告，则学与祖并重。云武事之不忘告也，而况文德乎哉？周礼大胥春入学舍菜，合舞注云，入学释菜，礼先师也。"《大清会典》规定："遣官（未明确规定迎神及祭祀时间）、皇帝临雍讲学（不读祝、翰林詹事官七品以上暨国子监官均陪祭行，取衍圣公率五经博士孔氏族五人、颜曾等族各二人、乘传赴京及官京师者都要同祭)、出师凯旋告成(同遣官)、国家大庆(遣官诣阙里致祭，与遣官祭帝王陵寝礼同)均需要释奠先师，仪式同春秋释奠。""学"的活动包括乡饮、乡射、宾兴。乡饮活动的目的在于向国家推荐贤者，后逐渐演化为地方官设宴招待应举之士。乡射是一种在射圃进行的射礼活动，宾兴为庆祝和嘉奖考中科举生员，因与本文关联甚微，故不作论述。本章将探析明、清两代庙学内各活动流线，尤其注重活动流线的方位①特点。

2.7.1　"庙"内活动——释奠礼仪

释奠，属"三礼"中的君师之礼。荀子《礼论》中记载："礼有三本：天地者，生之本也；先祖者，类之本也；君师者，治之本也。无天地，恶生？无先祖，恶出？无君师，恶治？三者偏亡，焉无安人。故礼、上事天，下事地，尊先祖，而隆君师。是礼之三本也。"[423]明《泮宫礼乐疏》记载："学校之设，自德行艺制而外，莫重于先师之祀典。"[424]

释奠历史由来已久。周代官学即有释奠礼仪："凡学，春官释奠于其先师，秋冬亦如之。凡始立学者，必释奠于先圣先师。"[2]《周礼》规定："释奠，设荐俎馈酌而祭，有音乐而无尸；释菜，以菜蔬设祭，为始立学堂或学子入学仪节；释币，即有事之前的告祭，以币(或帛)奠享，非固定礼仪。周代之后，释奠活动因时代背景、战争等原因多有中断，然一直传承下来②。遭秦灭学，祀秩阙然，虽汉高过鲁，翔祠太牢，乃晋魏以前学庙未设，太常释奠，肇于正始元嘉，权奏整歌。北齐乃舞六佾，春秋二仲，岁有事焉。拜孔揖颜，每朔一举，隋备四仲之祭，日用上丁，其犹古者四时皆祭之意欤？贞观定名先圣，开元乐备宫县，而天下诸州配享从祀彬彬盛矣。宋初以上丁释莫东序，上戊释莫西序，是时登歌虽备，乐止判县。元丰以还，礼乐渐贲。迄元迄今，小有损益，而春秋丁祭则释奠之名无改焉。用丁，象文明也。不用丙者，内事用柔也。其国学吉月谒庙，及州县之附府者春秋二祭俱行释菜礼，进士释祸亦释菜，各有颁行定仪，设诚致行则有司存焉尔已。"[424]

及至明洪武元年(1368年)二月，"诏以太牢祀孔子于国学，仍遣使诣曲阜致祭。

---

① 关于庙学内活动所占方位，在目前考证到的资料中研究甚少，且多停留在文字表达层面，并未结合庙学具体情况分析其活动进行的方位、人员朝向等。

② 具体变化流程，可查阅《释奠礼的历史演变》一文。

临行谕曰:'仲尼之道,广大悠久,与天地并。有天下者莫不皮修祀事。朕为天下主,期大明教化,以行先圣之道。今既释奠成均,仍遣尔修祀事于阙里,尔其敬之。'又定制,每岁仲春、秋上丁,皇帝降香,遣官祀于国学,以丞相初献,翰林学士亚献,国子祭酒终献"。[285]并对皇帝释奠流程规定:"先期,皇帝斋戒。献官、陪祀、执事官皆散斋①二日,致斋②一日。前祀一日,皇帝服皮弁服③,御奉天殿降香。至日,献官行礼。"[285]

洪武三年(1370年),下诏更正诸神封号,规定祀典日期:"惟孔子封爵特仍其旧。每岁二丁,传制遣官祭于国学;每月朔望遣内臣降香,朔日则祭酒行释菜礼。"[169]

洪武四年(1371年),规定释奠仪物:"改初制笾豆之八为十,笾用竹;其簠、簋、登、铏及豆初用木者,悉易以瓷;牲易以熟;乐生六十人,舞生四十八人,引舞二人,凡一百一十人。礼部请选京民之秀者充乐舞生,太祖曰:'乐舞乃学者事,况释奠所以崇师,宜择国子生及公卿子弟在学者,豫教肄之。'"[285]并规定进士释褐④需要到国学行释菜礼。洪武七年(1374年)二月,又将上丁日⑤改为仲丁。

洪武十五年(1382年),南京国子监建成,为左庙右学格局:"庙在学东,中大成殿,左右两庑,前大成门,门左右列戟二十四。门外东为牲牲厨,西为祭器库,又前为灵星门。自经始以来,驾数临视。至是落成,遣官致祭。帝既亲诣释奠,又诏天下通祀孔子,并颁释奠仪注。"[285]同时对释奠时间、各级庙学释奠人员配置做出规定:"凡府州县学,笾豆以八,器物牲牢,皆杀于国学。三献礼同,十哲两庑一献。其祭,各以正官行之,有布政司则以布政官,分献则以本学儒职及老成儒士充之。每岁春、秋仲月上丁日行事。初,国学主祭遣祭酒,后遣翰林院官,然祭酒初到官,必遣一祭。"[285]

---

① 散斋:即七日内不御、不乐、不吊,后代相延,为祭祀前所行之预备性礼仪,源于周礼。散斋于外,致斋于内。

② 致斋:即守戒期间杜绝一切嗜欲,用于祭祀、行大礼等场合,以示虔诚庄敬。

③ 奉天殿,位于南京故宫主轴线上,上承重檐完殿顶,坐三层汉台阶之上,为明初年洪武、建文、永乐三朝举行重大典礼和接受百官朝贺之所。

④ 释褐:脱去平民衣服,喻始任官职。

⑤ 丁日:天干地支纪年法的应用,其排序为:甲乙丙丁戊己庚辛壬癸,丁为第四日。祭孔释奠礼用春秋仲月上丁之日,盖仲春、仲秋二月,取其为时之中正;丙丁二日属火,取其文明之义。又丙日刚而丁日柔,外事用刚,内事用柔,故用丁而不用丙也。

洪武二十六年（1393 年），"颁大成乐器于天下府学，令州县如式制造……后遇登极、皆遣官祭告明里；又驾幸太学，行释莱礼"。[169]

同年，释奠于国学，祭仪如下：

"斋戒（与祀帝王同）、传制（仪见仪制司）、省牲（牛一，今二。山羊五，今北羊。豕九，今十四。鹿一。兔五。今一）。

陈设：正坛，犊一、羊一、豕一、登一、铏二、笾豆各十、簠簋各二、帛一（白色、礼神制帛），共设酒尊三、爵三、篚一、于坛东南、西向；祝文案一于坛西。

四配位：每位羊一、豕一、登一（今去）、铏二、笾豆各十（今八）、簠簋各一（今二）、爵三、帛一、篚一。

十哲位：东五坛，豕一（分五）、帛一、篚一、爵三，每位铏一、笾豆各四、簠簋各酒盏一，西五坛，陈设同。

东庑（五十三位，共十三坛。今四十七位、分十六坛），共豕一（今三）、帛一、第一、爵一。每坛笾豆各四、簠簋各一、酒盏四。

西庑（五十二位，共十三坛；今四十八位、分十六坛），陈设同。

正祭：典仪唱'乐舞生就位'，执事官各司其事，分献官、陪祀官各就位；赞'引'，引献官至盥洗所；赞'诣盥洗位'、搢笏、出笏，引至拜位；赞'就位'，典仪唱'迎神'，奏乐，乐止；赞'四拜'（通赞陪祭官同）；典仪唱'行初献礼'，奏乐，执事官捧帛、爵诣各神位前；赞'引'，导遣官；赞'诣大成至圣文宣王（今称至圣先师孔子）神位前'；赞'搢笏，参献帛'，执事以帛进，奠讫，执事以爵进；赞'引'；赞'献爵、出笏'，赞'诣读祝位'，乐暂止，跪（传赞众官皆跪），赞'读祝'①，读祝官取祝跪于献官左、读讫；赞'俯伏、兴、平身'；赞'诣兖国复圣公（今称复圣颜子）神位前'，搢笏，献爵，出笏，诣郕国宗圣公（今称宗圣曾子）神位前、沂国述圣公（今称述圣子思子）神位前、邹国亚圣公（今称亚圣孟子）神位前（仪并同前）；赞'复位'，乐止；典仪唱'行亚献礼'，奏乐，执事以爵献于神位前，乐止，典仪唱'行终献礼'，奏乐（仪同亚献），乐止，典仪唱'饮福受胙'，赞'诣饮福位'、跪搢笏，执事以爵进；

<hr>

① 祝文内容：维洪武年岁次月朔日皇帝遣具官某、致祭于大成至圣文宣王（先师及四配改定今称。并如前注）。惟王（今曰惟师）德配天地，道冠古今，删述六经，垂宪万世。谨以牲帛醴齐粢盛庶品，祇奉旧章，式陈明荐，以兖国复圣公、郕国宗圣公、沂国述圣公、邹国亚圣公配。尚享。

赞'饮福酒'，执事以胙①进；赞'受胙'，出笏，俯伏、兴、平身，复位；赞'两拜'（传赞陪祀官同），典仪唱'彻馔'，奏乐，执事各诣神位前彻馔；乐止，典仪唱'送神'，奏乐；赞'引'，赞'四拜'（传赞陪祀官同），典仪唱'读祝官捧祝'、掌祭官捧帛馔、各诣瘗位，典仪唱'望瘗'，奏乐；赞'引'，赞'诣望瘗位'，乐止，赞礼毕……

分献官仪注（分献以翰林院修撰等官二员、国子监博士等官二员）：典仪唱'分献官陪祭官各就位'，各至拜位，候读祝讫，唱'分献官行礼'，赞'引'，赞'诣盥洗所'，赞'搢笏'，赞'出笏'，赞'升坛'，赞'诣神位前'，赞'搢笏'，执事以帛进于分献官、奠讫，执事以爵、进于分献官、献讫，赞'出笏'，赞'复位'，（亚献终献同），至典仪唱'望瘗'、各诣瘗位……

凡祭器、礼物……成化十二年，增乐舞为八佾、笾豆各十二；嘉靖九年，令南京国子监祭，用十笾十豆。天下府州县学，八笾八豆。乐舞各止六佾，凡六品以下官不陪祭者、先一日赴庙瞻拜。"[169]

此释奠仪式，明代一直沿用，流线未曾改变（图 2-90、图 2-91），仅祭品、乐舞等规定变动。

永乐初，北京国子监建孔庙于太学东侧，仿南京国子监制。

永乐十九年（1421 年），"北京国子监既定，其南监春祭、命祭酒行礼；称皇帝谨遣"。[169]后正统元年，刊定从祀名爵位次，并颁行天下。直到嘉靖九年，"厘正祀典，始为木主，题曰至圣先师孔子神位，改大成殿为先师庙，殿门为庙门，四配称复圣颜子、宗圣曾子、述圣子思子、亚圣孟子之位，十哲以下及门弟子皆称先贤其子之位。左丘明以下，称先儒某子之位。申党即申枨、祀止存枨。公伯寮、秦冉、颜何、荀况、戴圣、刘向、贾逵、马融、何休、王肃、王弼、杜预、吴澄十三人，俱罢祀。林放、蘧伯玉、郑众、卢植、郑玄、服虔、范宁七人，各祀于其乡。后苍、王通、欧阳修、胡瑗、陆九渊、增入从祀。凡笾豆乐舞之数，皆更定焉。其内臣降香亦罢"。[285]

嘉靖九年（1530 年），"令两京国子监、并天下学校、各建启圣公祠，中祀叔梁纥、题称启圣公孔氏之位。以颜无繇、曾点、孔鲤、孟孙氏配、俱称先贤某氏之位。程（王向）、朱松、蔡元定从祀、俱称先儒某氏之位。每岁仲春秋上丁日遣国子监祭

---

① 胙：古代祭祀时供的肉。

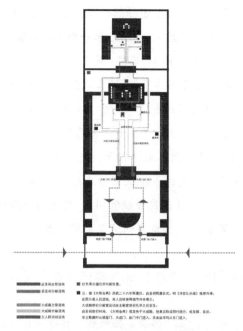

图 2-90　明代释奠仪式流线示意图

图片来源：苗严自绘

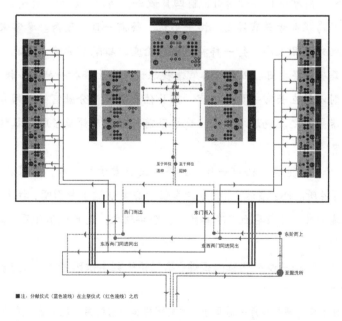

图 2-91　明释奠仪式大成殿内流线图

图片来源：苗严自绘

酒行礼。南监，司业行礼"。[169] 并规定释奠礼仪："陈设：正位羊一豕一，笾豆各八，簠簋各二，铏二，爵三，帛一，篚一。东配：豕一爵三帛一篚一，每位簠簋各一，笾豆各四。西配（同），东西从祀（同）。正祭：是日三更，赞'引'，导遣官至盥洗所，搢笏，出笏，典仪唱'执事官各司其事'，遣官就位，迎神，四拜（两庑分献官同），典仪唱'奠帛行初献礼'，遣官由庙左门入，赞'诣启圣公孔氏神位前'，搢笏，献爵，出笏，诣读祝位，跪，读讫，俯伏、兴、平身（两庑分献官同），赞'诣先贤颜氏神位前'，献帛，献爵，诣先贤曾氏、先贤孔氏、先贤孟孙氏、各神位前（仪并同前，两庑分献官同），献帛爵讫。复位，典仪唱行亚献礼、终献礼（仪同初献），典仪唱'彻馔'，讫，唱送神，四拜（两庑分献官同），典仪唱'读祝官捧祝'，掌祭官捧帛馔，各诣瘗位。唱'望瘗①'，捧祝帛馔官至瘗所，赞'引'，赞'诣望瘗位'，赞'礼毕'。"[169]

明万历年间成书的《泮宫礼乐疏》，对释奠记载如下，相比于洪武年间的释奠仪式，更为全面。

释奠官员和先期散斋上规定："国学先师释奠，钦遣重臣行礼。南雍则祭酒主之，是为献官。监属四员分献，御史监礼，祠部监宰，鸿胪引班，太常赞礼，其牲醴、祭品皆出太常，前期十日移防诸司，前四日散斋，演乐，涤牲。礼卿，奉常，祭酒，司业，咸往观焉。部寺属官继之，博士书祝。祭前一日，致斋。奉常乘马，教坊司备乐，导送祝文祭品入庙，行一拜礼，诣彝伦堂，填献官职名。是晚，诣宰牲所省牲讫，回宿斋房。祭之日，五鼓，各官省视陈设，先上庙行一拜礼，候献官至以祭。其外郡国，则以所在长官一员为献官，郡县佐及教官为分献官，或阙官则以应贡生代赞。礼则诸生充之。观乐省牲斋宿皆于祭前一日，凡释奠祭服与社稷同。儒士陪祭者深衣幅巾。"

对祭祀前一日规定："祭前一日，执事者设香案于牲房外。赞引者引献官常服。赞引唱：诣省牲所。唱：省牲。（执事者牵牲于香案前过）赞引唱：牲省毕。（遂宰牲以毛血少许盛于盘。其余毛血以净器盛贮，祭毕理之，是日观乐并习仪。）"

正祭日来临。

击鼓三轮：第一轮遍燃庙庭内香烛；第二轮乐舞生执事者各序立于丹墀两旁；第

---

① 望瘗，亦称望燎，祭祀最后一道程序。之前需将牌位前的帛、祝文送至燎炉。后祭祀者在燎炉前或望燎位观其焚化，完成与神灵沟通的祈愿，然考证文献，未考证到燎所位置及望燎位的明确记述。

三轮赞、引官引各献官至戟门（大成门）下立候。

就位阶段，乐舞生就位（就位之前均有通赞唱赞，以下此步骤省略），"乐舞生各以序进，立于殿庭奏乐之所，司节者分引舞生至丹墀东西两阶，各序于舞佾之位。司节，在东则退至东四班舞生之首。在西则退至西四班舞生之首。相向立"。各执事者就位；配祭官就位"各赞引引各分献官至拜位，各赞引退立东西讫"。献官就位，"赞引引献官至拜位，赞引退立于献官东西两旁相向立讫"。就位阶段结束。

瘗毛血阶段，"执事者捧毛血，正庙由中门出，四配东西哲由左右门出，两庑随之，瘗于坎，遂启俎盖。"然未见其关于瘗坎位置之规定。

迎神阶段，"舞生执羽箭，麾生举麾"，击祝作乐，奏《咸和之曲》。众官行四跪拜礼迎神，后乐舞均停。

初献礼，行奠帛礼，"捧帛者各捧帛，执爵者各执虚爵"。献官至盥洗所，司盥者捧盆，献官献官摺①中笏②，盥毕进巾，出笏。之后献官至酒罇所，司罇者举幂酌酒，执爵者以爵受酒，同捧帛者在献官前行。先圣帛爵由中门入，四配帛爵左门入，各于神案之侧，朝上立。献官，亦由大成殿东门入，到先师位前。《宁和之曲》奏响。献官到神位前，跪，摺笏，捧帛者转身，西向，跪进帛于献官右，献官接帛。之后献官奠帛，"以帛授接帛者，奠于神位前案上，执爵者转身，西向跪进爵于献官右，献官接爵"。献爵，"以爵授接爵者，奠于神位前"。献官出笏。

读祝文，读祝位设置于庙中香案前，献官至祝位，乐舞均停，读祝者跪，取祝文，退立于献官之左。众官皆跪。读祝，"读祝者读毕，仍将祝文跪置于祝案上，退堂西朝上"。之后行一跪礼，奏乐继续，舞不作。接着献官分别到四配前献帛、献爵，仪同前。

行分献礼，仪式同前，均从左门进，各到十哲、两庑神位前，仪式同前，之后复位。

亚献礼，同初献礼，奏乐为《安和之曲》。

终献礼，同前，奏乐《景和之曲》。"击祝作乐行礼，复位俱如初，惟执爵者不必出庙外，俱在庙内两旁立候撤馔。麾生偃麾柷敔乐止。"

引福受胙阶段，"进福酒者捧爵进福，进福胙者捧盘立于神位之东，又令一执事

---

① 摺，意思为插，收起的意思。

② 笏，古时候文武大臣朝见君王时，双手执笏以记录君命或旨意，亦可以将要对君王上奏的话记在笏板上，以防止遗忘。用于祭祀中，以表尊敬之至意。

取正坛羊左肩胙，置于盘"。之后献官至饮福位，"饮福位乃读祝位也。又令二执事先立于庙内两旁，赞引引献官至饮福位，捧福酒福胙者转身向西，立于献官旁，前庙内二执事行于献官西，于捧爵胙者相对"。之后献官，跪，两旁，"献官跪，搢笏，进福酒者跪于献官右，进爵于献官"。之后引酒，"献官接酒饮讫，两傍接福酒者跪于献官左接爵。捧福胙者跪于献官右，进胙于献官"。之后受胙，"献官接胙讫。西旁接福胙者跪于献官左，接捧胙，由中门出"，献官出笏。接着行一拜礼，至拜位立。之后行一跪二拜礼。众官俱拜。

撤馔，奏《咸和之曲》。"击机作乐，执事者各于神位前将笾豆稍移动，复位立于原位。舞生直执其篑，与翟同。司节者在东，进于东一班舞生之首。在西者进立于西一班舞生之首。举节朝上，分引舞生于丹陛东西，序立相向。乐尽，麾生偃麾栎敔，乐止。"

送神阶段，奏《咸和之曲》，众官行四拜礼。

望瘗阶段，读祝者捧祝，进帛者捧帛。（执事者各诣神位前，待读祝者先跪取祝文，捧帛者跪取帛，齐转身向外立），之后诣瘗所，"正殿右中门出，四配十哲由左门出，两庑执事者取帛随班出"，之后为望瘗，奏《咸和之曲》，献官、分献官至瘗所，待到焚烧结束，音乐停止，礼仪结束。[424]

及至清代，十哲扩充为十二哲；两庑先贤、先儒位次重新更定；四配、崇圣祠配位沿用明代昭穆之制；祭期依然为每岁春秋仲月上丁，即每年二月、八月的丁日；并规定"皇帝特举崇典则亲诣行礼"。[187]

在祭祀官员上，明确规定："直省府州县，岁以春秋仲月上丁祭先师于泮宫，会城①以督、抚②、学政将事，司道、府、县分献，学政巡试属郡，及道官之分驻各府者即于其地将事，以府州县分献，余以正官将事，佐贰③分献，监礼以师儒，赞引执事以生员，中和韶乐羽龠之舞及牲登铏簠簋笾豆尊爵之数将事之仪均如太学丁祭礼。"[187]崇圣祠主、分祭官员官衔均低于大成殿正主、分祭官，"崇圣祠与大成殿同

---

① 会城：省城的意思。

② 总督和巡抚在清代为地方最高长官，总管多省；巡抚主管一省军政、民政，一般官职略低于总督。

③ 佐贰：辅助主官的副官。至明清时，凡知府、知州、知县的辅佐官，如通判、同知、州同、县丞、主簿等，统称佐贰。知府为州府最高行政长官，同知为知府的副职，正五品，因事而设，每府设一二人，无定员。

时致祭，正献以督学使者主之，如果督学按试他郡，则以布政使一人担任，分献以教谕、训导，执事以学弟子员"。[185] 祭祀时，城内的文武官员均需陪祭。

祭祀时相关人员位置记载如下："承祭官拜位在大成殿阶下，读祝受福胙拜位在殿中门槛内，分献官在甬道左右，陪祀官在庭内左右，均为北面。通赞立殿左门外，面向西。乐工乐舞于阶上，县东西序立，司香四人，司帛四人、司爵九人立东案之东，西面。司香三人，司帛三人、司爵八人立西案之西，东面。纠仪立承祭官之次，掌燎立于燎炉之隅，两庑司香、司爵东西各二人，序立南案之南，均北面。承祭崇圣祠官拜位在阶下，分献官拜位在承祭官后，读祝在殿中间门槛内，均北面。司祝、通赞、掌燎各一人，正殿司香、司帛、司爵九人，两庑司香、司帛、司爵各一人，立位与大成殿同。"[185]

陈设规定如下："先师位前帛一、牛一、羊一、豕一、登一、铏二、簠簋各二、笾豆各十、尊一、爵三、炉一、镫二；四配各帛一、羊一、豕一、铏二、簠簋各二、笾豆各八、爵三、雏一、镫二，东西各尊一；十二哲各帛一、铏一、簠簋各一、笾豆各四、爵三，东西各羊一、豕一、尊一、炉一、镫二；两庑二位共一案，每位爵一、每案簠簋各一、笾豆各四，东西各羊三、豕三、尊三、统设香案二，每案帛一、爵三、炉一、镫二、牲载于俎帛，正位四配异簋，十二哲东西共簋，尊实酒疏布幂勺具。崇圣祠，正位前各帛一、羊一、豕一、铏一、簠簋各二、笾豆各八、爵三、尊一、炉一、镫二；四配各帛一、簠簋各一、笾豆各四、爵三，东西各羊一、系一、尊一、炉一、镫二；两庑东二案西一案均簠簋各一、笾豆各四、每位爵一、东各帛一、羊一、豕一、尊一、炉一、镫二、俎簋幂勺具。"[187]

在祭祀步骤上，正祭日来临前两日，据《济南府志》记载祭官、分献官、陪祀官都需要斋戒①。清同治八年《新宁县志》记载"承祭各官，均在本街门致斋二日，斋宿于外"。[425]

在祭祀前一日，不同庙学活动有所不同。《大清会典》规定："先祭一日乐部设中和韶乐于大成殿外阶上，分左右。"[187]《济南府志》记载：有司需要对殿庑内外进行清扫，担任视割牲仪式的官员需要身着官服前往神厨，按照规定仪式观视割牲。正献官需要率领相关人员去学校练习礼仪，教官需要率领乐生、舞生去学校练习舞蹈

---

① "斋"来源于"齐"，主要是"整齐"，如沐浴更衣、不饮酒、不吃荤。"戒"主要是指戒游乐，比如不与妻妾同寝，减少娱乐活动。斋戒的大意为克制欲望、控制饮食。

和吹乐。《中国地方志集成·道光版本遂溪县志·卷之五·学制》中记载:"每遇丁祭预日辰刻,教官委生员二名穿公服,鼓乐前导,恭送祝文绫帛赴府县衙门,至二堂安置案上,承祭官穿黼服,恭阅祝文,金名印帛毕,仍交该生等恭送回学,在正殿安设,行一跪三叩首,礼退,巳①刻,禀请承祭官穿黼服同分献官诣明伦堂,观演礼乐毕,礼生引承祭官、分献官诣省牲所行省牲礼礼,监视宰牲②,瘗毛血毕,即回……祭崇圣祠……分派教官承祭,前期一日,儒学委生员,恭送祝文绫帛,同大成殿祝帛赴府县衙门,知县穿黼服,恭阅祝文,金名印帛毕,同大成殿祝帛仍交该生等恭送回学,在后殿安设,行一跪三叩首礼毕。"[426]清同治八年《新宁县志》记载:"前期二日,用白纸糊板,黄纸镶苃,墨书祝文本。学教官具补服,亲捧祝板,礼生前导,送至正殿中案上安设,一跪三叩首退。前期一日,承祭各官具蟒袍、补服,监视宰牲并献毛血③,赞礼生引承祭官诣正殿,视祝板上香,一跪三叩首,退立两庑,亲视演礼。"[425]

在祭祀日当天,祭祀步骤如下。

第一,出发期间。帝王出行较为隆重:五鼓时分,"銮仪卫陈法驾、卤簿④于午门外",日出前六刻,"太常卿⑤诣乾清门告时,皇帝御祭服,乘礼舆出宫,前引后扈如常仪,驾发警跸,午门鸣钟,法驾、卤簿前导,不陪祀,王公百官咸朝服跪送,导迎鼓吹设而不作"。[187]地方官员:"五鼓"⑥时分或"天未亮"[185]清洗祭器、陈设祭具。鸡初鸣之时,"承祭官穿朝服,不响锣,不开导,至学宫载门外坐侯斋少坐"[426],或在致斋所。

---

① 巳:上午 9 时整至上午 11 时整。

②《彰化县志:卷四(学校卷)》记载:"监宰(凡牛羊豕为正牲,鹿兔为脯醢。宰杀之时,务使洁净。其毛血存少许以告神。其余及肠胃皆以净桶盛之,以供埋瘗)……宰牲:凡宰牲,必取血以告杀,取毛以告纯。以盆盛毛血少许,入置神位下。"

③ 关于献毛血:执事者牵各牲于香案前过视,皆纯色、肥大,无有伤残疾缺;唱"搢"、唱"平身"、唱"礼毕";遂宰之,取毛血少许盛盘中;执事者捧毛血,升自东阶,正祀由中门入、配哲由左右门入、两庑随左右,安置各位下。其余毛血藏净器中,侯祭日瘗之。

④ 法驾:皇帝的车驾。卤簿:古代帝王驾出时扈从的仪仗队。

⑤ 太常卿:太常寺最高长官,正三品。主管祭祀社稷、宗庙和朝会、丧葬等礼仪。祭祀时充当主祭人皇帝的助手。

⑥ 黄昏:一更、一鼓、甲夜,19—21 点。人定:二更、二鼓、乙夜,21—23 点。夜半:三更、三鼓、丙夜,23—1 点。鸡鸣:四更、四鼓、丁夜,1—3 点。平旦:五更、五鼓、戊夜,3—5 点。

第二，崇圣祠就位阶段。帝王释奠：皇帝达到国子监孔庙门外，降车驾，太常卿二人恭引皇帝从棂星门中门入，到大次更衣并做片刻休息。崇圣祠祭祀人员就位：太常赞礼郎二人引崇圣祠承祭官，太常赞礼郎引分献官均于祠门外东面序立，待到皇帝出大次时与大成殿同时行礼（此点与地方释奠非常不同，见下文详述）。地方释奠[1]：按照"子不先父食"的原则，首先释奠崇圣祠，时间在四鼓时分（或鸡鸣之时），约略提前大成殿释奠一个时辰，由分献官担任。此时众官先至致斋所换朝服，承祭官（引赞引）入崇圣祠垣东门（文东武西），分献官随入，之后至东阶下洗手毕，众官就位。

第三，迎神阶段。帝王释奠中未见记载。地方释奠：承祭官从东阶入殿东门至殿中拜位立，（司香奉香盘就各香案前立），之后承祭官上香三炷—一行—叩礼，之后到左右神位前上香（仪式同前），接着回到东阶下原位。接着分献官分别到两庑，按照前仪上香，之后复位。接着众官行三跪九叩首礼。

第四，崇圣祠初献、亚献、三献、饮福受胙、彻馔、送神阶段。帝王释奠中崇圣祠和大成殿释奠同时进行（特别关注的不同点）。地方释奠：初献礼阶段，承祭官（引赞引）从东阶升，诣酒尊所，司尊者举幂酌酒（凡进从东上，退从西下），到肇圣王位前跪——一叩首—献帛（司帛跪奉筐）—献爵（司爵跪奉爵）—叩首—起立，接着分别到裕圣王、诒圣王、昌圣王、启圣王位前，行礼（同前）。后承祭官到读祝位前跪(司祝至祝案前跪下，三叩，捧祝板跪案左)，众官皆跪，司祝读祝[2]，读完之后，捧祝板跪安肇圣王位前筐内，三叩，承祭官、分献官行三叩，复位。分献官（通赞引导）分别从大殿东西门进入到东、西配位前，跪—献帛—献爵—叩首—起立；两庑分献官（通赞引导）分别到东、西庑配位前，跪—献帛—献爵—叩首—起立。众官复位。接着进入亚献阶段（同初献）（独献爵于右）、三献阶段（同亚献）。接着进入饮福受胙阶段，承祭官（引赞引导）至饮福受胙位，跪—饮福酒受福胙—叩首—起立，接着复位。接着进入彻馔阶段，后送神，行三跪九叩礼，接着读祝生捧祝、司帛者捧帛至燎所，承祭官立东旁，西向立，众官旁立，至祝、帛过，各到望燎位望燎，

---

① 地方庙学释奠仪式，主要参照《济南府志》(乾隆)和《遂溪县志》(道光)、清同治八年版《新宁县志》而总结。

② 维某年月日某官致祭于肇圣王、裕圣王、治圣王、昌圣王，启圣王曰惟王奕叶、钟祥光，开圣绪圣德贻后，积久弥昌，凡声教所覃敷，率循源而溯本，以肃明禋之典，用伸守土之忱，兹届仲秋，聿修祀事，以先贤孔氏，先贤颜氏，先贤孔氏，先贤曾氏，先贤孟孙氏配，尚飨。

之后仍从此东门出，退至戟门外，等待文武百官，此时正值大成殿释奠之时，同祭正殿。

第五，大成殿就位阶段。帝王释奠：太常卿奏请行礼，皇帝出大次盥洗，并引入大成门中门，从中阶进入大成殿中门，至殿中拜位前，面北而立；太常赞礼郎[①]引分献官至阶下，夹甬道立；鸿胪官[②]引陪祀王公位殿外阶上，百官位阶下，左右序立，均北面。之后"乐舞生登歌，执事官各共乃职（以下自迎神至送神皆典仪官唱赞），文舞六佾进，赞引官奏就位，皇帝就拜位立"。[187] 崇圣祠：在皇帝出大次时，同时开始就位，承祭官（太常赞礼郎引）入祠左门，分献官随入，承祭官盥洗毕，引诣殿阶下正中，分献官以次序立于后，均北面，典仪赞执事官各共廼职（以下自迎神至送神皆典仪唱赞），之后承祭官（太常赞礼郎引）就拜位（大殿外东阶下）立。地方释奠：时间为黎明时分，步骤如下：①礼生引纠仪官[③]先行，行三跪九叩首礼后，置纠仪位立；②两名引赞引承祭官、文武各官，四名引赞分引两序分献官，八名引赞分引两庑分献官，从大成门东侧门入，引赞引承祭官至盥洗所（盥洗所在大成殿东阶下）盥洗，授巾毕，引至台阶下立，其余分献官都俱至大成殿东阶盥洗所洗手，接着于大成门内对应拜位立；③分献官、陪祀官分文东武西各俱至台阶下立，通赞唱"乐舞生各就列"，[426] 执事者各司其事，承祭官就位，陪祀官、分献官各就位。

第六，瘗毛血阶段。明、清两代帝王释奠均未见其详细记载，亦未表明其方位。地方释奠：地方志中亦未见其规定。然考证史料，可得到如下结论：瘗毛血确为庙学内之配置："世祖定大原，以京师国子监为大学，立文庙。制方，南乡。西持敬门，西乡。前大成门，内列戟二十四，石鼓十，东西舍各十一楹，北乡。大成殿七楹，陛三出，两庑各十九楹，东西列舍如门内，南乡，启圣祠正殿五楹，两庑各三楹，燎炉、瘗坎、神库、神厨、宰牲亭、井亭皆如制。"[181] 明代瘗毛血、望燎两项活动与祭祀其他诸神同，且沿用至清，"瘗毛血、望燎，与风云雷雨诸神同"。[285] 而瘗毛血之位置，清《台湾县志》记载"唱：'瘗毛血'（执事者捧毛血，正祀由中门出，四配、东西哲由

---

① 太常赞礼郎：正九品。礼郎职能通常负责宗教祭祀，为配置于太常等之基层官员编制，其上有读祝官及主事等主管官。

② 鸿胪官：主要掌朝会仪节等，官至正四品。

③ 纠仪官：官名。在举行庆典及祭祀等活动时临时设置，作用是在仪仗、仪式中违纪官员，一般由监察御史兼代。

左右门出，两庑随之，接于坎①）。"[259]《噶玛兰厅志》记载"设酒尊所、盥洗所于丹辉东南（尊实酒施器、盥置盆施锐），设理瘗所于庙西北。"[308]《福建通志》记载"以毛血瘗于坎，在西北隅。"[427]《南溪县志》记载"立瘗毛血于庙学内西北隅。"[428]《新宁县志》记载"瘗毛血（司毛血生将毛血捧，从中门出，埋于西北隅坎内）。打开牲馔盖，迎神乐奏《昭平之章》，乐作……诣西北隅迎神（引众官至）。神降，众官打躬，复位（通赞唱）。参神（鸣赞唱），跪叩首（行三跪九叩礼），兴平身（众官俱立），乐止（通赞唱）。"[425]《树杞林志》记载"执事者入神位下，捧毛血碗出宫外坎方②洁处理之，复唱'主祭各官参神，鞠躬，跪'（要唱三跪九叩）。"[429]因而瘗毛血之位置，多在庙学内之西北隅，或在大成殿后北侧洁净之处，瘗毛血时众官跟随至瘗坎与否，并无明确规定。

第七，大成殿迎神阶段。帝王释奠：司香官奉香盘进，司乐官赞举迎，奏"昭平之章"，皇帝就上香位，太常卿引皇帝到先师香案前立，司香官跪进香，皇帝站立上香三炷之后复位。接着跪拜行礼，皇帝行二跪六拜礼，王公百官均随行礼。分献官各到四配、两庑从祀位前上香如仪，后复位。崇圣祠：司香官奉香盘进，承祭官（太常赞礼郎引）升东阶由殿左门入诣肇圣王香案前立，司香跪奉香，承祭官跪—一叩首礼—上香—起立，依次到裕圣王、诒圣王、昌圣王、启圣王位前上香，仪同，结束后复位，承祭官（太常赞礼郎引）退到大殿左门，北面揖出（凡出殿门皆揖），回到东阶原位。跪拜行礼阶段：崇圣祠承祭官行三跪九叩礼，分献官均随行礼。地方释奠："通赞唱迎神，协律生唱乐奏《昭平之章》（原名《咸平之章》）"[426]，承祭官（引赞引导）从大成殿东阶入殿东门，至先师案前跪—行一叩首礼—上香三炷—行一叩礼—分别至四配行香，复位，之后退至东阶原位。在迎神初时，东西序分献官（引赞分引）各一人升东、西阶，入殿左右门到十二哲位前跪上香，后退降原位。两庑分献官东西各二人分别到先贤、先儒位前跪上香，后也退降原位，仪式与前相同。之后，承献官、分献官、陪祀官行三跪九叩礼，奏乐停止。

第八，初献礼阶段。帝王释奠：司帛官奉篚、司爵官奉爵进，奏"宣平之章"，舞羽龠之舞，司帛官诣先师位前，跪献三叩首，司爵官到先师位前立，皇帝献帛、爵后复位。分献官各到四配、十二哲，两庑先儒先贤位前上香，献帛、爵，如同前

---

① 瘗坎，古代祭地时用以埋牲、玉帛的坑穴。
② 坎方，即为北方。

仪。接着司祝到祝案前跪，三叩首，捧祝板跪于案左，音乐停止，皇帝下跪，群臣皆跪，司祝读祝文，读毕，到先师位前跪，捧祝板于案，三叩首，音乐响起，皇帝率群臣行三拜礼，起立。崇圣祠：执事生奉篚、司爵官奉爵进，承祭官（太常赞礼郎引）入殿左门到神位前跪—一行一叩首礼，司帛跪奉篚，承祭官受篚，拱举奠于案，司爵跪奉爵，承祭官受爵，拱举奠于正中，一叩首后起立，之后依次到裕圣王、诒圣王、昌圣王、启圣王位前初献后。司祝到祝案前三叩，捧祝板跪案左，承祭官（太常赞礼郎引）到读祝位跪，司祝读祝结束后，到案前跪一叩—退。承祭官行三叩礼后，仍由殿左门出，复位。两庑分献官，仪式同前，结束后都复位。地方释奠："通赞唱奠……协律生唱乐奏《宣平之章》"[426]，承祭官升东阶，诣酒尊所，司尊者举幂酌酒（凡进从东上，退从西下），到先师孔子位前跪，一叩首—献帛（司帛跪奉篚于案左，承祭官受篚拱举过头顶，祭奠于案前）—献爵（司爵跪着奉上爵于案左，承祭官受爵，拱举奠于垫中）—一叩首，起立至读祝位置（殿中拜位）立。同时，读祝生走到置于西侧的祝案前东侧旁，一叩首（《新宁县志》记载为三叩首）后，手捧祝板跪。接着众官皆跪，音乐停止，引赞读祝文①，（跪）读祝文后，读祝生将祝板安置于正案上，叩首（《新宁县志》记载为三叩首），退下。音乐复作，通赞、引赞齐声唱"行一叩首礼（济南府志规定为：三叩首）"[426]，行礼之后，承祭官（引赞引导）分别到颜子、曾子、子思子、孟子木主前跪，按照叩首—献帛—献爵—叩首—起立—退回至东阶原位的步骤进行。四配初献之后，东西分献官（引赞引导）升东西阶入殿左右门至十二哲案前初献，仪式同前，之后退回至原位。十二哲初献后，东西分献官（引赞引导）分别至东西庑先贤、先儒案前初献，仪式同前。之后，承祭官（引赞引导）、分献官（引赞引导）复位，音乐停止。

第九，亚献阶段。帝王释奠：奏"秩平之章（舞同初献）"，司爵官诣先师位前献爵奠于左，仪如初献；分献官亦行礼，同前。崇圣祠：同，不奏乐。地方释奠："通赞唱行亚献礼，协律生唱乐，奏秩平之章（原安平之章）"[426]，承祭官（引赞引）从东阶升，诣酒尊所，司尊者举幂酌酒（凡进从东上，退从西下），到先师孔子位前跪，叩首—进爵（献爵于左）—叩首，起立，承祭官（引赞引导）分别到颜子、曾子、子思子、孟子木主前跪，按照同样步骤行礼；两序分献官按照初献礼的形式行礼。之

---

① 祝文为：惟先师德隆千圣，道冠百王，揭日月以常行，自生民所未有。属文教昌明之会，正礼乐节和之时，辟雍钟鼓，咸格荐以客香。泮水胶庠，益致严于俎豆。兹当春（秋）仲，祗率彝章，肃展微忱，聿将祀典，以复圣颜子、宗圣曾子、述圣子思于、亚圣孟子配。尚飨。

后，承祭官（引赞引导）、分献官（引赞引导）复位，音乐停止。

第十，终献（三献）阶段。帝王释奠：奏"叙平之章（舞同亚献）"，司爵官诣先师位前献爵奠于右，仪如亚献；分献官亦行礼，同前。崇圣祠：同，不奏乐。地方释奠："通赞唱行三献礼，协律生唱乐，奏叙平之章（《景平之章》）" [426]，引赞引导承祭官、两序两庑分献官如亚献的方式行礼（献爵于右）。之后复位，音乐停止。

第十一，饮福受胙阶段。帝王释奠未见规定。地方释奠：承祭官（引赞引导）到殿中拜位（饮福受胙位），奉福胙二人自东案奉福胙至先师位前拱举，退立于承祭官之右，接福胙二人自西案来，立于承祭官左。承祭官按照跪—饮福酒（右一人跪递福酒）—受福胙（同前）—叩首（三跪九叩礼）—起立—复位。

第十二，彻馔阶段。帝王释奠：奏"懿平之章"。崇圣祠：不奏乐。地方释奠："通赞唱微馔，协律生唱乐，奏懿平之章（原成平之章）" [426]，结束之后，音乐停止。

第十三，送神阶段。帝王释奠：奏"德平之章"，皇帝率领群臣行二跪六拜礼。崇圣祠：不奏乐，承祭官及分献官均行三跪九叩礼。地方释奠："通赞唱送神，协律生唱乐，奏德平之章（原成平之章）" [426]，承祭官、分献官、陪祀官俱行三跪九叩礼，起立，音乐停止；另一种说法为"送神（引赞唱），诣西北隅送神（众官俱至戟门），神去打躬（引赞唱），众官打躬（引赞唱），复位，各官仍旧拜位立"。[430]

第十四，望燎阶段（亦有望瘗之称，实为同仪）。帝王释奠：按照祝、帛、馔、香的次序送到燎所，皇帝转立拜位旁，面向西等待送燎的队伍经过，音乐响起，祝、帛烧到一半，恭引皇帝从大成中门出。崇圣祠：承祭官避立西旁，东面，待祝帛过，复位，引诣望燎位，望燎后，退。地方释奠："通赞唱捧祝" [426]，负责捧祝之生员，到燎位，行一跪三叩礼，接着捧起祝文，捧帛着紧跟其后，从大成殿中阶下送到燎位。接着"咸平之章"奏响，承祭官东立，西面，众官两旁立，等到送祝、帛的队伍经过，承祭官至望燎位立，祝、帛烧完，音乐停止，众官退。关于望燎中的燎所位置，未见文献具体记载，北京国子监燎所（图 2-92）在大成殿院内西南角处。《世界孔子庙·上》中亦只是简单说明其用途和位置，并未对其历史上是否存于此位做出探究。考察文献，明代冬至祀天于圜丘，有望燎的记述，"上退立于拜位之东望燎，上至望燎位燎半内赞奏礼毕乐止" [431]。清孔尚任《桃花扇·拜坛》记载："读祝官捧祝，进帛官捧帛，各诣瘗位。'各官立介''赞'望瘗。'杂焚祝帛介''赞'礼毕。"王季思等注："明代祭宗庙及孔庙的礼仪，当最后唱'望瘗'时，捧祝官与进帛官捧祝、帛至瘗毛血的地方焚化" [432]，证明其望瘗之处即为瘗毛血之处。今人总结望瘗：先师之帛亦由中门出，重从先师处来也。望瘗者，或在大门外壬地，或在庙后，或庙前东西有炉。犹礼器曰：设祭于堂，为祊乎外，故曰：于彼乎？于此乎？弟子不必神之所在，故祭之于庙，又求之于门外。这两处记载，实为谬误。假设望燎即为瘗毛血之处，那么按照前文所述，即在庙学西北隅或为庙后，那么众官皆望燎，视线和难度可想而知。同时根据《乾隆曲阜县志》，可见望燎位置为院内西南隅，北京孔庙燎所亦为西南隅（图2-93），结合流线和庙学内活动，此位置当为合适，也是可以顺畅举行望燎仪式的位置所在。

图 2-92　北京孔庙内燎所

图片来源：笔者自摄

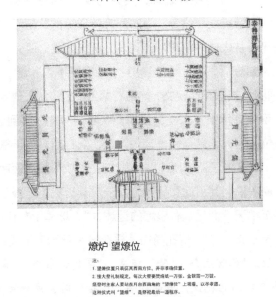

燎炉 望燎位

图 2-93　北京孔庙望燎位置图

图片来源：笔者自绘（底图来自国家数字图书馆《乾隆曲阜县志》图考卷）

第十五，回程阶段。皇帝回宫："皇帝至庙门外升舆法驾，卤簿前导导迎，乐作，奏祐平之章，皇帝回銮，王公从各官以次退，不陪祀，王公百官于午门外跪迎，午门鸣钟王公随驾入至内金水桥恭候，皇帝还宫各退。"[187] 地方则皆退，未予规定。其中幸鲁释奠，《大清会典》规定："特举章鲁盛典，释奠于阙里，届日昧爽 ①，守土大吏率属清跸除道，行在銮仪卫陈骑驾卤簿于行宫门外，分献官、扈从、王公、文官郎中、武官条领以上，守土文官知府、武官副将以上，衍圣公暨十三氏五经博士，皆与祭，咸采服。日出前三刻，太常卿诣行宫告时，皇帝御龙袍衮服，乘舆出行宫，前引后扈如常仪，不陪祭，扈从官序立行宫前跪送，衍圣公率十三氏五经博士及不陪祭之守土官序立庙门前跪迎，鸿胪官引陪祭王公序立于奎文阁前，各官东由全声门入、西由玉振门入，序立于庙廷左右，驾至奎文阁前降舆，赞引，太常卿恭导皇帝诣大成殿正中拜位，王公由东、西阶升驻春坛上，分献官暨百官驻杏坛下，均东西上北面序立，乃行释奠礼仪，与春秋丁祭礼同，崇圣祠遣官同时致祭并如太学之礼。"[187] 同时《大清会典》对于忠孝节义名宦祠亦做规定："省府州县附庙左右各建忠孝、节孝、名宦、乡贤四祠，岁春秋释奠礼毕，教谕一人，公服诣祠，致祭各帛一羊、一豕、一笾、四豆、四尊、一爵，三读祝望燎承，祭官行三叩礼，如仪。"[187]

对比明清释奠仪式的差别，比较重要的一点在于：明代释奠未规定其祭祀同赞引官，而是各自独立，分开进行，二者互不同步；清代释奠仪式，在国学中，崇圣祠释奠与大成殿释奠同时进行，同时听从赞引官引导、指挥；地方释奠为先祭崇圣祠，后集中到戟门外等候正祭官员，共同释奠大成殿。

释奠仪式，除固定日期单独举行之外，还出现在视学仪式中。视学仪式集释奠和讲学于一体，是古代皇帝视察学校的活动，其作用在于祭祀先师、勉励生员，主要在国子监及孔庙中进行。

《大明会典》记载：

"皇祖视学，祭先师、不设牲、不奏乐；宪宗始用牲乐；孝宗加币与太牢；世宗以正先师称号、载视学，复增设启圣公祠，礼更有加云。

洪武十五年定：

前期一日、有司洒扫殿堂，设御幄于大成门东上、南向，设御座于彝伦堂。

至日，学官率诸生迎驾于成贤街左，驾至，学官及诸生俯伏、叩头、兴，驾入

———————————

① 昧爽：拂晓；黎明。

禙星门，止于大成门外，上入御幄，礼官入奏请具皮弁服。

次请行礼，导引官导上出御幄，就御位，百官各就位，导引官导上诣盥洗位，搢圭，盥悦，出圭，诣酒尊所酌酒，诣先师神位前再拜。百官皆再拜，搢圭，执事官跪进爵，上献爵，授执事官、奠于神位前，出圭，再拜，百官皆再拜，四配、十哲两庑分献如常仪。

导引官导上入御幄，易常服、升舆、诣学，学官率诸生先列于堂下东西，上至彝伦堂，升御座。赞唱学官诸生行礼，五拜叩头，东西序立于堂下，三品以上及侍从官，以次入堂，东西序立。赞进讲，祭酒司业博士助教四人以次升堂，由西门入，至堂中，赞举经案于御前。礼部官奏请授经于讲官，祭酒跪受，赐讲官坐，乃以经置讲案，叩头，就西南隅、设几榻坐讲，赐大臣翰林儒臣坐，皆叩头。序坐于东西，诸生圜立以听。讲毕，祭酒叩头、退就本位。司业博士助教各以次进。讲毕，出堂门复位。赞唱有制，学官诸生列班、俱北而跪听宣谕，五拜叩头。礼毕，学官率诸生出成贤街跪俟驾还，明日祭酒率学官上表谢恩。

成化元年续定：

前期一日，太常寺备祭仪，设大成乐器于殿上，列乐舞生于阶下之东西，国子监洒扫殿室内外。锦衣卫设御幄于大成门之东上、南向，设御座于彝伦堂正中。鸿胪寺设经案于堂内之左，设讲案于堂内之西南。

至日，置经于经案。锦衣卫设卤簿驾，教坊司设大乐，俱于午门外。是日早，百官免朝，先诣国子监门外迎驾，分献陪祀官、先诣国子监具祭服向候行礼。驾从东长安门出，卤簿大乐以次前导，乐设而不作。太常寺先陈设祭仪于各神位前，设酒尊爵如常仪，执事设上拜位于先师神位前正中。

是日，学官率诸生迎上至大成门外入御幄，礼官入奏请具服。上具皮弁服讫，奏请行礼，导引官导上出御程中道请大成殿陛上。典仪唱执事官各司其事，执事官各先斟酒于爵，候导上至拜住，赞就位。百官亦各就拜住四配十哲分献官，各诣殿东西阶下；两庑分献官，各诣庑前，俱北向立，赞迎神，乐作；乐止，奏上鞠躬，拜、兴、拜、兴、平身。通赞百官行礼同，奏搢圭，上搢圭，执事官跪进爵。乐作，上受爵献毕。复授执事官奠于神位前；乐止，奏出圭，上出生。四配十哲两庑分献官，以次诣神位前奠爵讫，仍以次出殿门外、东西向立，典仪唱送神，乐作；乐止，奏上鞠躬，拜、兴、拜、兴、平身。通赞陪祀官行礼同，导引官导上由中道出，分献官以次退。

上入御幄易常服讫，礼官入奏请幸彝伦堂。上升舆，礼官前导，由棂星门出，从太学门入。诸生先分列于堂下东西，学官列于诸生前。驾至，学官诸生跪，伺驾过然后起，仍前序立。百官分列堂外稍上、左右侍立，上至彝伦堂，升御座。赞学官诸生行五拜叩头礼，武官都督以上、文官三品以上及翰林院学士升堂、执事官各以次序立。赞进讲，祭酒司业以次升堂，由东西小门入，至堂中。执事官举案于御前，礼官奏请授经于讲官，祭酒跪受经，受毕，上赐讲官坐，祭酒乃以经置讲案，叩头，就西南几榻坐讲。上赐武官都督以上、文官三品以上及翰林院学士坐。皆叩头，序坐于东西，诸王圜立于外以听。祭酒讲毕，叩头，退就本位。司业进讲如仪，毕，出堂门复位。赞有制，学官诸生列班，俱北面跪听，宣谕毕，赞行五拜叩头。礼毕，学官诸生以次退，先从东西小门出，列于成贤街之右伺候，尚膳监进茶御前。上命光禄寺赐各官茶毕，各官退列于堂门外，叩头，东西序立。上起升舆，由太学门出，升辇，卤簿大乐前导，乐作，驾出太学门，学官诸生伺驾至跪叩头退。百官常服，先诣午门外伺候驾还。卤簿大乐止于午门外，上御奉天门，鸣鞭，百官常服行庆贺礼。

鸿胪寺致词云，恭惟皇上敬礼先师，亲临太学，增光前烈，丕阐鸿猷，臣等欣逢盛事，礼当庆贺。行礼毕，鸣鞭，驾兴，还宫，百官退。

明日国子监祭酒，率学官诸生上表谢恩。上具皮弁服，御奉天殿，锦衣卫设丹陛驾，百官朝服侍班。行礼毕，上易服御奉天门，礼部引奏，赐祭酒司业学官及三氏子孙衣服、诸生钞锭。毕，驾还，是日上御奉天门，赐宴。武官都督以上、文官三品以上、翰林院学士及祭酒司业学官、三氏子孙与宴。又明日、祭酒司业率学官诸生谢恩，上赐敕勉励师生，祭酒捧出，师生迎导至太学开读，行礼如常仪。再明日，祭酒司业率学官诸生复谢恩。

弘治元年定：

先期，致斋一日，莫加币，牲用太牢，改分献官为分奠官，拜位列于陪祭官之前，乐仍设而不作，余如成化间仪。

嘉靖元年续定：驾将至，陪祀官、武官自都督以上、文官三品以上、翰林院官七品以上、同国子监官、具祭服伺候行礼。驾至棂星门外，即降辇。步入御幄，易常服。祭毕，仍自御幄步出棂星门外升辇，次日袭封衍圣公、率三氏子孙、国子监祭酒车学官诸生、上表谢恩。是日，赐三氏子孙衍圣公等及祭酒司业宴于礼部，命本部尚书待，余如成化问仪。

（嘉靖）十二年，以先师祀典既正，再视学，命大臣一员致奠启圣公祠，余如元年仪。乐章，视学还，导驾，奏御鎏歌神欢之曲：臣闻古帝王，受天命、统四方，宵衣旰食治道章，一心诚敬感昊苍，龙翔鹤舞，神心乐康，臣民赞时皇、万寿无疆。驾至奉天门，升座，奏万岁乐朝天子之曲（与朝贺同），还宫泰万岁乐（与前同）。

万历四年续定：

驾至棂星门外、降辇，礼部官吉服，导上入御幄，礼部奏请具服，上具皮弁服讫。礼部官奏请行礼，上出御幄，太常寺官导上由太成门中道入。盥洗、诣庙中，与嘉靖元年仪稍异。余俱同前仪。次日方行庆贺礼，袭封衍圣公率三氏子孙、祭酒司业率学官诸生各上表谢恩。先期设表案于皇极殿檐下东王门外，至日早锦衣卫设卤簿驾，百官朝服侍班，上具皮弁服，御中极殿，礼部官及各执事官行礼如常仪。鸿胪寺官奏请升殿，导驾官前导，乐作，升座；乐止，鸣鞭，传赞排班。班齐，鸿胪寺官致词，百官行庆贺礼。乐作，五拜三叩头讫，乐止，分班侍立。序班引衍圣公三氏等族人国子监师生、过中，赞鞠躬。乐作，四拜，兴，平身；乐止，赞进表。乐作，执事官举案，由东王门入，至帘前置定；乐止，赞宣表目。鸿胪寺堂上官一员，随礼部堂上官，捧表目过中，内赞赞跪，外亦赞跪，进表官俱跪。宣毕，赞俯伏，乐作，兴，平身，传赞同；乐止，执事官举案过东边，赞鞠躬；乐作，进表官俱四拜，兴，平身；乐止，各入本班立。鸿胪寺官奏礼毕。鸣鞭，百官退出，仍于皇极门朝服侍立。上易常服御门，鸿胪寺官传奏事起案，执事官举案置御路中。序班引袭封衍圣公等官并族人及国子监祭酒等官诸生，上御路。赞跪，礼部官奏请颁赏，承旨谕，赞叩头。衍圣公并祭酒等叩头，起，执事官举案过东边，鸿胪寺官奏事毕。鸣鞭，上兴，还宫，百官退。是日免赐宴（后二日仪俱同前）。

成化元年，令取三氏子孙赴京观礼。又命衍圣公分献。

嘉靖十二年题准、衍圣公及颜孟二博士、礼部先期差行人前去行取。及另取孔氏老成族人五人、颜孟族人各二人、一驰驿赴京、迎驾陪祀。前期八日，内阁及执事官赴因子监习仪；至日，习礼公侯伯俱迎驾听讲观礼，跪受宣谕。班列于学官之次，诸生之前。三氏族人听讲，序立文官之次，各衙门办事监生、俱取回迎驾、听讲、观礼。"[169]

清代沿用明代视学仪式及流线（图2-94），不再赘述。

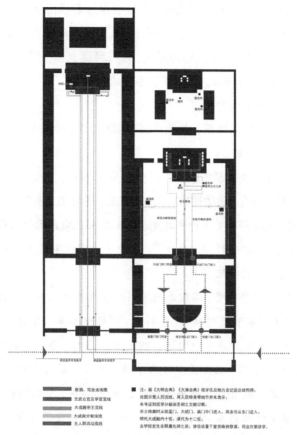

图 2-94　明、清两代视学仪式流线示意图

图片来源：笔者自绘

2.7.2　"庙"内活动二——释菜礼仪

释菜，亦作舍采、祭菜。古代凡始入学，须向先师行释菜之礼，以蘋蘩之属奠祭之，而不用牲牢币帛。这是一种从简的祭礼，更是自古两大祭祀先师仪典之一。"释菜，不舞，不授器，礼有明征。故宋景濂曰：释菜，无乐，释奠，有乐无尸，此其辨也。惟其无迎尸以下事，故王伯厚曰：释奠、释菜祭之畧者也，此礼不止用于学，顾学校祀典惟此耳。"[424]《礼记·文王世子》："始立学者，既兴（衅字之误）器用币，然后释菜，不舞不授器。"郑玄注："释菜，礼轻也。释奠则舞，舞则授器。"《周礼·春官宗伯》："春入学，舍采合舞。"郑玄注："舍即释也。采读为菜。始入学必释菜礼，先

师也。菜，蘋蘩之属。"释菜礼仪亦由来已久，且经过前代传承，明代亦已成熟。

明洪武十七年（1384年），朱元璋发布诏令，"每月朔望①，祭酒以下行释菜礼，郡县长以下诣学行香。"[285]如遇到特殊情况，如与释奠上丁日同时，则推迟一天举行，"成化二十二年二月朔，当释菜，值上丁，令以次日释菜"[169]。

明代释菜仪式具体步骤为：

第一，准备阶段。当日清晨，执事者各司其事。"先于庙庑陈设如仪。酒罇盥洗之所，依释奠礼陈设于丹墀。"

第二，就位阶段。执事者先就位，各赞引分东西立，分献官、各教官具常服分列于红门（即大成门）左右，诸生排班。"俟献官至，通赞唱：排班（献官以下各就位）。通赞唱：班齐。通赞唱：辟户（未行礼之先，礼生二人在庙内两旁立待，闻唱即辟之）。通赞唱：鞠躬、拜兴、拜兴、拜兴、拜兴②、平身（献官以下俱拜。执爵者各执虚爵以俟）。赞引唱：行礼（替引引献官）。"

第三，献礼开始。"赞引唱：诣盥洗所（引献官至洗所。司洗者酌水盥毕，进巾）。赞引唱：诣酒罇所（引献官至罇所）。赞引唱：司罇者举幂，酌酒（各执事者以前虚爵受酒，在献官前行。先师爵由中门进，四配由左门入，各立于神案之侧，朝上立。赞引献官亦由左门入）。唱：诣至圣先师孔子神位前（引献官至神位前）。唱：跪（献官跪。执爵者转身跪于献官右。进爵于献官，献官接爵）赞引唱：献爵（献官献爵，以爵授接爵者，奠于神位前）。赞引唱：俯伏兴平身。诣复圣颜子神位前（引献官至神位前），唱：跪（献官跪执。爵者转身跪于献官右，进爵于献官。献官接爵）。赞引唱：献爵（献官献爵，以爵授接爵者。奠于神位前）。赞引唱：俯伏兴平身，诣宗圣曾子神位前（仪同前，但执爵者跪于献官左，进爵讫）。唱：诣述圣子思子神位前（仪同前）。通赞随唱：行分献礼（各赞引诣各分献官前）。唱：诣盥洗所（各赞引引各分献官至洗所。司洗者酌水盥毕进巾）。赞引唱：诣酒罇所（引各分献官至酒罇所）。同唱：司罇者举幂，酌酒（各执事者以虚爵受酒，在分献官前行，各至庙及两庑神案之侧，朝神位立俟）。正赞引唱：诣亚圣孟子神位前，各赞引随唱诣东哲西哲东庑西庑神位前（各赞引引各分献官。东哲西哲俱由左门进各至神位前）。同唱：跪（献官分献官俱跪。东哲东庑，执爵者转身跪于分献官右。亚圣位西哲西庑执爵者，跪于献官分

---

① 朔望：每月的朔日和望日，即旧历初一和十五。
② 拜兴：《大明会典》记载为二次拜兴，明《泮官礼乐疏》为四次拜兴。

献官左。进爵于献官分献官。各献官接爵）。赞引同唱：献爵（献官分献官献爵，以爵授接爵者。奠于神位前）。赞引同唱：俯伏兴平身，复位（各赞引引献官分献官依次由左门出，至原拜位讫）。通赞唱：鞠躬、拜、兴、拜、兴、拜、兴、拜、兴、平身（献官以下俱拜讫）。通赞唱：阖户（其内二礼生即阖之）。通赞唱：礼毕。"众官皆退。[424]

及至清代，《大清会典》规定国学释菜："月朔，国子监祭酒率师生行释菜礼，祭酒献先师、四配；所属官分献两序、两庑。崇圣祠，司业主献，所属官分献亦如之，皆笾二豆一爵三献，升由东阶，降自西阶就拜位行三跪九叩礼。望日，司业行礼，仪同。"[187]

考察《（乾隆）济南府志》，其步骤如下：

"望日上香：教授、教谕、训导等官分班次行礼，上香。当日天未亮，执事即清扫神案，之后设香盘于殿内及两庑各案，诸生、司香各一人立于案前，设洗于阶东。

天亮之时，老师身着公服，学生身着吉服从大成门左侧门到阶下就位。通赞赞曰：'行上香礼'，引赞引导学师洗手，升东阶进入大成殿左门到先师位前，引赞赞曰：'跪'，师生均跪，通赞赞曰：'上香'，司香跪奉香，学师三上香，起立，之后引赞引导学师到四配位前按照次序同样跪下上香，结束后到东阶复位。诸生二人洗手登阶分别到两序十二哲位前跪下上香，结束后同样复位。二人洗手分别到两庑先贤、先儒位前跪上香，结束后复位。通赞，赞曰：'跪叩兴'，全体师生都行三跪九叩礼，礼毕后各退。崇圣祠正殿以训导上香，两庑以诸生上香，仪式同大成殿。

朔日释菜：早起到庙，对庙内外进行清扫，之后在正殿神案前摆放好祭品，殿内东面放香盘、爵，东西两庑的南侧也摆放香盘、爵。之后司爵立于案旁，设洗于阶下东侧。通赞二人立于殿内，东西二人立于殿外，东西阶上学校的老师身着公服，学生身着吉服齐聚。

引赞引导由大成门左侧门进入，到院中。通赞，赞曰：'就位'，师生齐面朝北就位，老师在前，学生在后，以次排列。通赞，赞曰：'跪叩兴'，师生全都行三跪九叩礼，后起立。

赞：'行释菜礼'，引赞引导正献官到阶东洗手，升东阶，从大成殿左门进到先师位前，司香手持香盘，跟随引赞，引赞赞曰：'跪'，正献官跪，通赞赞曰：'上香'，司香跪奉香，正献官三上香后起立，到先师案前视倒酒，司爵举盛满酒的酒爵，引赞引正献官再次到先师位前，司爵拿着酒爵跟随引赞，赞：'跪'，正献官跪，通赞赞曰：'献爵'，司爵跪奉爵，正献官拿爵，拱举，司爵起立献于正中后退下，正献官起立。之后按照次序到四配位前跪上香，献爵，仪式同前，结束后，赞：'复位'，引正献官退降阶复位。

初迎神时，引赞引导两序分献诸生二人洗手，升东、西阶，进入大殿左右门，到十二哲位前跪上香献爵，结束后，降阶复位，仪式同前。两庑引赞引分献诸生二人洗手，后到先贤、先儒位置前跪上香献爵，结束后复位，仪式同前。通赞，赞曰：'跪叩兴'，正献、分献及诸生均行三跪九叩礼，结束后按照次序退。"[185]

相比于释奠仪式，释菜仪式较为简洁，从事祭祀仪式的人主要为学校师生，其中大成殿释菜和崇圣祠释菜未规定其先后顺序，且释菜流线与释奠流线大体相同。

2.7.3 "学"内活动——乡饮仪式

乡饮酒礼，最早可追溯至周代，是一种宴饮风俗，由当地乡大夫做主人设宴，其目的在于向国家推荐贤者，后逐渐演化为地方官设宴招待应举之士。乡饮酒约分四类：第一，三年大比，诸侯之乡大夫向其君举荐贤能之士，在乡学中与之会饮，待以宾礼；第二，乡大夫以宾礼宴饮国中贤者；第三，州长于春、秋会民习射，射前饮酒；第四，党正于季冬腊祭饮酒。《礼记·射义》："乡饮酒礼者，所以明长幼之序也。"

明洪武初年（1368 年），下诏中书省详细制定乡饮酒礼的规范，其目的为："使民岁时燕会，习礼读律，期于申明朝廷之法，敦叙长幼之节。"洪武五年（1372 年），对乡饮酒礼的日期、人员等做出规定："在内应天府及直隶府州县，每岁孟春正月、孟冬十月，有司与学官率士大夫之老者行于学校。在外行省所属府州县，亦皆取法于京师。其民间里社，以百家为一会，粮长或里长主之。百人内以年最长者为正宾，余以齿序坐。每季行之于里中。若读律令，则以刑部所编申明戒谕书兼读之。其武职衙门，在内各卫亲军指挥使司及指挥使司，凡镇守官，每月朔日，亦以大都督府所编戒谕书率僚佐读之。"

洪武十六年（1383 年），颁行乡饮酒礼图式，规定各府、州、县每年正月十五日、十月初一日，要于儒学明伦堂内举行乡饮酒礼，必须节俭。人员及座次规定为："主：府知府、州知州、县知县；如无正官，佐贰官代，位于东南；大宾：以致仕官为之，位于西北；僎宾：择乡里年高有德之人，位于东北；介：以次长，位于西南；三宾：

以宾之次者为之，位于宾主介便之后；司正：以教职为之，主扬觯以罚；赞礼者：以老成生员为之""除宾侯外，众宾序齿列坐，其僚属则序爵①。"[433]

乡饮酒礼的步骤如下：

"一、准备座位、习礼阶段：前一日，执事者于儒学之讲堂，依图例陈设坐次，司正②率执事习礼。

二、当日黎明之时，执事者宰牲具馔、主席及僚属司正先诣学，遣人速宾、僎以下。

三、等到宾、僎陆续到来，执事者先报告宾至，主席率僚属出迎于庠门之外，主人居东宾客居西，三让三揖而后升入明伦堂，东西相向站立，两拜之后，宾客入座；执事又报告僎至，主席又率僚属出迎，揖让升堂，拜坐如前仪，宾僎介至，各就位。

四、执事者唱'司正扬觯'，执事者引司正由西阶升，诣堂中北向立。执事者唱'宾僎以下皆立'，唱'揖'，司正揖，宾僎以下皆报揖。执事者将觯酌酒递给司正，司正举酒曰：'恭惟朝廷，率由旧章，敦崇礼教，举行乡饮，非为饮食，凡我长幼，各相劝勉，为臣尽忠，为子尽孝，长幼有序，兄友弟恭，内睦宗族，外和乡里，无或废坠，以忝所生。'

五、接着执事者唱司正饮酒，饮酒毕，将觯交给执事。执事者唱"揖"，司正揖，宾僎以下皆报揖，之后司正复位，宾僎以下皆坐。

六、接着读律令，执事者举《律令案》于明伦堂中，引礼引导读律令者到案前北向站立，之后宾僎以下皆拱立，行揖礼如扬觯仪，之后诵读律令。有过之人，都在正席上站立听取。读毕均复位。

七、接着供馔案，执事者举馔案到宾前，次到僎前，次到介前，次到主前，三宾以下，都按照次序举讫。

八、接着献宾，主人起立北面立，执事斟酒交给主人，主人接爵，到宾前，至宾席后退后，两拜之后宾回礼，亦拜；之后执事斟酒交给主人，主人接爵，到僎前，同前仪。结束之后，主人复位。

九、接着为宾酬酒，宾起立，僎跟随，执事斟酒交给宾，宾接爵，到主人前至主人席后退后，两拜之后主人回礼，各复位。执事分左右站立。介、三宾、众宾以下，依次斟酒。

---

① 序爵：依爵位排列座次。

② 司正：古代行乡饮酒礼或宾主宴会时的监礼者。

十、接着为饮酒，或三行①，或五行，饮后供汤。之后继续斟酒，饮酒，供汤三次后，饮酒结束。

十一、接着彻馔。

十二、接着宾、僎以下皆行礼。'僎②、主僚属居东。宾、介③、三宾、众宾居西'，两拜之后，送宾，按照次序下明伦堂，分东西行，之后三揖出庠门而退。"[433]

且《大明会典》记载：

"一乡饮之设，所以尊高年，尚有德，兴礼让。敢有喧哗失礼者，许扬觯者以礼责之。其或因而致争竞者，主席者会众罪之。

十八年，大诰天下。乡饮酒礼、叙长幼、论贤良、别奸顽、异罪人。其坐席间。高年有德者居于上，高年淳笃者并之。以次序齿而列。其有曾违条犯法之人，列于外坐，同类者成席。不许干于善良之席。主者若不分别，致使贵贱混淆、察知，或坐中人发觉，罪以违制。奸顽不由其主、紊乱正席，全家移出化外。

二十二年，再定图式。凡良民中年高有德、无公私过犯者，自为一席，坐于上等。有因户役差税迟误及曾犯公杖私笞招犯在官者，又为一席，序坐中门之外。其曾犯奸盗诈伪、说事过钱、起灭词讼、蠹政害民、排陷官长及一应私杖徒流重罪者，又为一席，序坐于东门之内。执壶供事、各用本等之家子弟。务要分别三等坐次，善恶不许混淆。其所行仪注，并依原颁定式。如有不遵图序坐及有过之人不行赴饮者，以违制。

弘治十七年题准：今后但遇乡饮酒，延访年高有德为众所推服者为宾。其次为介。如本县有以礼致仕官员，主席请以为僎。不许视为虚文，以致贵贱混淆，贤否无别。如违，该府具呈巡按御史，径自提问依律治罪。"[433]

其明伦堂内座次图如图 2-95 所示，流线图如图 2-96 所示。

及至清代，"乡饮酒礼顺治初元，沿明旧制，令京府暨直省府、州、县，岁以孟春望日、孟冬朔日，举行学宫。前一日，执事数坐讲堂习礼，以致仕官为大宾，位西北；齿德兼优为僎宾，位东北；次为介，位西南；宾之次为三宾；位宾、主、介、僎后；府、州、县官为主人，位东南。若顺天府则府尹为主人，司正一人主扬觯，教官任之。赞引、读律各二人，生员任之。届日执事牵牲具馔，主人率属诣学，乃速宾。宾至，迓门外，

---

① 行：轮流喝一次叫一行。

② 僎：指古代行乡饮酒礼时辅佐主人之间的人。

③ 介：指古代行乡饮酒礼时辅佐宾客之间的人。

图 2-95　乡饮酒礼座次图
图片来源：嘉庆澄迈县志

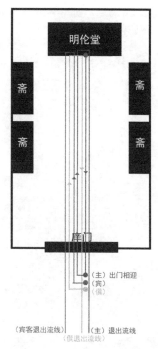

图 2-96　明乡饮酒礼流线图
图片来源：笔者自绘

主东宾西，三揖让乃升，相乡再拜。宾即席，延僎、介入，如宾礼。就位，赞'扬觶'，司正升自西阶，北乡立，宾主皆起立。赞'揖'，司正揖，宾、介以下答揖。执事举冪酌酒于觶授司正，司正扬觶而语曰：'恭惟朝廷，率由旧章，敦崇礼教，举行乡饮。非为饮食，凡我长幼，各相劝勉。为臣尽忠，为子尽孝，长幼有序，兄友弟恭，内睦宗族，外和乡党。毋或废坠，以忝所生。'读毕，赞'饮酒'，司正立饮。赞'揖'，则皆揖。司正复位，宾、介皆坐。赞'读律令'，生员就案北面立，咸起立旅辑。读曰：'律令，凡乡饮酒，序长幼，论贤良，别奸顽。年高德劭者上列，纯谨者肩随。差以齿，悖法偭规者毋俾参席，否以违制论。敢有哗噪失仪，扬觶者纠之。'读毕复位。赞'供馔'，有司设馔。赞'献宾'，则授主以爵，主受之，置宾席。少退，再拜，宾答拜。于馔亦如之。皆坐，有司遍酌，赞'饮酒'，酒三五行，汤三品，毕，彻馔。僎、主、僚属居东，宾、介居西，皆再拜。赞'送宾'，各三揖，出，退。"

雍正初元，"谕：'乡饮酒礼所以敬老尊贤，厥制甚古，顺天府行礼日，礼部长官监视以为常。'乾隆八年，以各省乡饮制不画一，或频年阙略不行。旧仪载图有大

图 2-97　清明伦堂内乡饮座次图

图片来源:《民国三年灌阳县志》学
校卷（国家数字图书馆）

宾、介宾、一宾、二宾、三宾，与一僎、二
僎、三僎，名号纷歧。按古仪礼：'宾若有遵
者，诸公大夫。'注云：'今文读为僎，此乡
之人仕至大夫，来助主人乐宾，主人所荣遵
法者。'戴记：'坐僎于西北，以辅主人。'其
言主人亲速宾及介，拜至献酬辞让之节甚繁，
无一言及僎，所谓'不干主人正礼'者也。
嗣后乡饮宾、介，有司当料简耆绅硕德者任
之，或乡居显宦有来观礼者，依古礼坐东北，
无则宁阙，而不立僎名。五十年，命岁时举
乡饮毋旷。每行礼，奏御制补笙诗六章。其
制，献宾，宾酢主人后，酒数行。工升，鼓瑟，
歌鹿鸣。宾主以下酒三行，司馔供羹，笙磬作，
奏南陔，闲歌鱼丽，笙由庚。司爵以次酌酒。
司馔供羹者三，乃合乐，歌关雎。工告'乐
备'，彻馔。宾主咸起立再拜。宾、介出，主
人送门外，如初迓仪。初，乡饮诸费取给公
家，自道光末叶，移充军饷，始改归地方指
办。余准故事行。然行之亦仅矣"。[434]

　　明清两代，除在明伦堂内宾客位次等稍
有变动之外（图 2-97），室外活动流线未曾改变，且乡饮酒礼在学校内进行，与庙内
释奠、释菜之流线完全分开。

附　录

附表 1　全国现存文庙信息统计表

中国古代官学建筑庙学并
置格局考 - 附录表 .pdf

附表2 大成殿东西庑先儒先贤位次表

	西庑		东庑	
	人员	介绍	人员	介绍
先儒	1. 公孙侨	字子产，仕郑为大夫	1. 蘧瑗	字伯玉，卫国人，仕灵公称贤大夫
	2. 林放	字子邱，鲁国人，问礼于孔子	2. 澹台灭明	孔子门人，字子羽，鲁国人
	3. 宓不齐	孔子门人，字子贱，鲁国人	3. 原宪	孔子门人，字子思，宋国人
	4. 公冶长	孔子门人，字子长，鲁国人，孔子以其女妻之	4. 南宫适	孔子门人，字子容，鲁国人，孔子以兄之女妻之
	5. 公皙哀	孔子门人，字季次，齐国人	5. 商瞿	孔子门人，字子木，鲁国人，孔子以易传
	6. 高柴	孔子门人，字子羔，卫国人	6. 漆雕开	孔子门人，字子若，蔡国人
	7. 樊须	孔子门人，字子迟，鲁国人	7. 司马耕	孔子门人，字子牛，宋国人
	8. 商泽	孔子门人，字子季，齐国人	8. 梁鳣	孔子门人，字叔鱼，齐国人
	9. 巫马施	孔子门人，字子期，陈国人	9. 冉儒	孔子门人，字子鲁，鲁国人
	10. 颜辛	孔子门人，字子柳，鲁国人	10. 伯虔	孔子门人，字子析，鲁国人
	11. 曹恤	孔子门人，字子循，蔡国人	11. 冉季	孔子门人，字子产，鲁国人
	12. 公孙龙	孔子门人，字子石，卫国人	12. 漆雕徒父	孔子门人，又名文，字子期，蔡国人
	13. 秦商	孔子门人，字子丕，鲁国人	13. 漆雕哆	孔子门人，字子敛，蔡国人
	14. 颜高	孔子门人，字子骄，鲁国人	14. 公西赤	孔子门人，字子华，鲁国人
	15. 壤驷赤	孔子门人，字子徒，秦国人	15. 任不齐	孔子门人，字子选，鲁国人
	16. 石作蜀	孔子门人，字子明，周人	16. 公良孺	孔子门人，字子正，陈国人
	17. 公夏首	孔子门人，字子乘，鲁国人	17. 公肩定	孔子门人，字子中，鲁国人
	18. 后处	孔子门人，字子里，周人	18. 鄡单	孔子门人，字子家，鲁国人
	19. 奚容蒧	孔子门人，字子哲，鲁国人	19. 罕父黑	孔子门人，字子索，鲁国人
	20. 颜祖	孔子门人，字子商，鲁国人	20. 荣旂	孔子门人，字子祺，鲁国人
	21. 勾井疆	孔子门人，字子疆，卫国人	21. 左人郢	孔子门人，字子行，鲁国人
	22. 秦祖	孔子门人，字子南，秦国人	22. 郑国	孔子门人，字子徒，鲁国人
	23. 县成	孔子门人，字子祺，鲁国人	23. 原亢	孔子门人，字子籍，鲁国人
	24. 公祖句兹	孔子门人，字子之，鲁国人	24. 廉洁	孔子门人，字子庸，卫国人
	25. 燕伋	孔子门人，字子思，鲁国人	25. 叔仲会	孔子门人，字子期，鲁国人
	26. 乐欬	孔子门人，字子声，鲁国人	26. 公西舆如	孔子门人，字子之，鲁国人
	27. 狄黑	孔子门人，字子哲，鲁国人	27. 邽巽	孔子门人，字子敛，鲁国人
	28. 孔忠	孔子门人，孔子兄伯尼之子	28. 陈亢	孔子门人，字子禽，陈国人
	29. 公西蒧	孔子门人，字子尚，鲁国人	29. 琴张	孔子门人，字子开，卫国人

	西庑		东庑	
	人员	介绍	人员	介绍
先儒	30. 颜之仆	孔子门人，字子叔，鲁国人	30. 步叔乘	孔子门人，字子车，齐国人
	31. 施之常	孔子门人，字子恒，鲁国人	31. 秦非	孔子门人，字子之，鲁国人
	32. 申枨	孔子门人，字子周，鲁国人	32. 颜哙	孔子门人，字子声，鲁国人
	33. 左丘明	邹人，作《春秋传》	33. 颜何	孔子门人，字子冉，鲁国人
	34. 秦冉	孔子门人，字子开，蔡国人	34. 县亶	孔子门人，字子象，鲁国人
	35. 牧皮	孔子门人，鲁国人	35. 乐正克	孟子门人，邹人，在鲁为政
	36. 公都子	孟子门人，十七弟子之一，鲁国人	36. 万章	孟子门人，邹人，佐孟子著作七篇
	37. 公孙丑	孟子门人，齐国人	37. 周敦颐	字茂叔，宋朝人，号濂溪先生
	38. 张载	字子原，宋朝人，号横渠先生	38. 程颢	字伯淳，宋朝人，述明五经，号明道先生
	39. 程颐	字正叔，宋朝人，与兄程颢同著作经书，号伊川先生	39. 邵雍	字尧夫，号安乐先生，宋人
先贤	40. 公羊高	子夏门人，齐国人，著作《春秋公羊传》	40. 韩愈	字退之，唐朝人
	41. 孔安国	孔子十一世，汉朝人	41. 范仲淹	字希文，宋朝人
	42. 毛苌	字长生，汉朝人，传《诗经》	42. 胡瑗	字翼之，宋朝人
	43. 高堂生	字子伯，汉朝人，《礼经》被秦毁，独能传十七篇	43. 韩琦	字稚圭，宋朝人
	44. 郑康成	汉朝人，受书于马融，融曰：我道东矣	44. 杨时	字中立，宋朝人
	45. 诸葛亮	字孔明，后汉人，辅刘氏重兴汉室，有前、后《出师表》	45. 罗从彦	字仲素，宋朝人
	46. 王通	字子淹，隋朝人，卒谥文中子	46. 李纲	字伯纪，宋朝人
	47. 陆贽	字敬舆，唐朝人	47. 李侗	字愿中，宋朝人
	48. 司马光	字君实，宋朝人，著《资治通鉴》	48. 张栻	字敬夫，宋朝人
	49. 谢良佐	字显道，宋朝人，著《论语说》	49. 黄干	字直卿，宋朝人
	50. 欧阳修	字永叔，宋朝人	50. 辅广	清光绪六年从祀
	51. 胡安国	字康侯，宋朝人	51. 真德秀	字希元，宋朝人
	52. 尹焞	字彦明，宋朝人，师事程颐，著《论语解》	52. 何基	字子恭，宋朝人
	53. 吕祖谦	字伯恭，宋朝人	53. 文天祥	字履善，宋朝人
	54. 袁焱	明朝人	54. 赵复	字仁甫，宋朝人
	55. 蔡沈	字仲默，宋朝人	55. 吴澄	字幼清，元朝人
	56. 陆九渊	字子静，宋朝人	56. 许谦	字益之，号白云先生，元朝人

续表

西庑		东庑	
人员	介绍	人员	介绍
57. 陈淳	字安卿，宋朝人	57. 曹端	字正夫，明朝人，著《孝经述解》
58. 魏了翁	字华甫，宋朝人	58. 王守仁	字伯安，明朝人
59. 王柏	字会元，宋朝人	59. 薛瑄	字德温，明朝人
60. 陆秀夫	字君实，宋时官左丞山之变以身殉节	60. 罗钦顺	字允升，明朝人
61. 许衡	字仲平，元朝人	61. 吕丹	字仲木，号泾野，明朝人
62. 金履祥	字吉甫，元朝人	62. 黄道周	字幼平，明朝人，明末殉节
63. 王夫之	字而农，明朝人，著《周易内传》	63. 陆世仪	字道威，号桴亭，明亡隐逸不仕
64. 陈澔	字大可，元朝人	64. 顾炎武	清光绪三十四年从祀
65. 陈献章	字公甫，明朝人	65. 汤斌	字孔伯，清朝人
66. 胡居仁	字叔心，明朝人	66. 谷梁赤	字符始，周朝人，著《谷梁传》
67. 蔡清	字介夫，明朝人	67. 伏胜	字子贱，秦之博士，独壁藏之作《尚书传》四十一篇
68. 刘宗周	字起东，明朝人	68. 毛亨	汉朝人，以诗学授毛苌
69. 吕坤	字叔简，明朝人	69. 后苍	字近君，汉朝人，传《礼记》于戴德与德从兄子圣
70. 孙奇逢	字启泰，明朝人，纯孝笃学博通经书	70. 刘德	汉景帝之子，封河间王
71. 黄宗羲	字太冲，明朝人，明亡归隐于乡	71. 许慎	字叔重，汉朝人，著《五经正义》
72. 张履祥	字考夫，明朝人	72. 董仲舒	汉朝人，仕武席博识高才
73. 陆陇其	字稼书，清朝人	73. 杜子春	东汉人，著《周体解》
74. 张伯行	字考先，清朝人	74. 范宁	字武子，晋朝人

注：苗严绘

数据来源：主要依据苗严考察的650所文庙的历史文献和图档所得。

附表 3 射圃在"庙学"中位置归纳表

太原县儒学	射圃、观德亭在儒学东,道光时期已废
绛州儒学（新绛县文庙）	射圃在儒学署西南,光绪时期仍存
榆次县儒学	射圃为儒学西,光绪时期仍存
永宁州儒学	射圃在儒学东侧隙地
襄垣县儒学	射圃在县城西南
襄陵县儒学	射圃在儒学内西隅
汾城／太平县儒学（襄汾）	射圃道光朝前废,在儒学西,道光二年从民居赎回
长子县儒学	明景泰十六年,创射圃,构观德亭
祁县儒学	乾隆时期,射圃已废
介休县儒学	射圃旧在文庙东北,明万历间建亭三楹,后废。至康熙三十二年易文庙东。雍正八年重建,岁久复为居民侵占,乾隆三十五年知县王谋文请出竖碑圃中以存饬羊之意
清源县儒学	儒学,外东偏有射圃亭,光绪时期已废
浮山县儒学	射圃在大成殿西南,旧有观德亭三间,同治时期已废
崞县儒学	射圃在儒学东侧,忠义祠前
绛县儒学	射圃亭在儒学西隙地,乾隆时期已废
太谷县儒学	射圃和射圃亭在庙学西北方位,靠近明伦堂处
赵城县儒学	射圃及射圃亭在学署东墙外,即庙学东北方位,明嘉靖年间建,内有一口官井,道光时期井在,但是圃同亭都废
嘉定县儒学	射圃不在儒学,嘉靖十六年,建射圃于书院之西（儒学东南方位）,置射器
崇明县儒学	正统二年创射圃
南京夫子庙	嘉靖十四年,增置射圃,观德亭
苏州长州县学	清乾隆十五年建射圃,在学校西北隅
江阴县儒学	明洪武三十年建射圃,庙学后重建,在儒学与东侧书院之中的空隙地为射圃,有堂曰观德
南通县儒学	射圃在尊经阁之后,空隙地
如皋县儒学	明正德七年始创射圃及观德亭,明嘉靖十九年移建庙学创射圃及射圃亭。射圃原来在庙学序列后空隙地,后康熙十三年射圃改为教谕署,后移射圃于泮池之南
盱眙县儒学	射圃在庙学东偏空隙地,光绪时期已废
吴江县儒学	明洪武二年,立射圃在学西南,洪武八年置观德亭。崇祯十四年射圃亭址建观德堂
常熟县儒学	明洪武八年始辟射圃,建观德亭,在庙学西空隙地;嘉靖时期因为射圃逼近学宫之西,以城东颐脱地改建。至知刘震臣迁圃于城市西面山麓

常州府儒学	明洪武五年郡守在庙学旁设射圃。永乐、宣德皆有修建，知府莫愚将射圃做观德亭。射圃在庙学东侧
宝应县儒学	射圃在庙学西侧，清嘉庆时期建
邳州府新学	射圃及观德亭为明代洪武到天启年间建，位置不详
泰兴县儒学	正德八年、嘉靖十三年均有辟射圃及观德亭
泗阳县儒学	射圃在泮池南，观德亭在射圃西
宁波镇海卫庙学	射圃在庙学东空隙地，弘治初年间
台州黄岩县庙学	射圃在庙学西南空隙地
台州府学	射圃在庙学西侧
海宁盐官儒学	射圃在庙学北侧，与庙学距离较远
奉化县儒学	射圃在庙学东
崇德县/石门庙学	射圃在嘉靖中即号房废地建，在庙学东南方位，后岁久为居民所侵，万历时重整
长兴县儒学	射圃在庙学西，内有观德堂，嘉靖九年建，后射圃废，堂尚存
嘉兴秀水县儒学	明景泰二年增置观德亭，五年立射圃于学门之南
松阳县儒学	射圃在庙学东空隙地
天台县儒学	射圃在庙学西，并且康熙十四年设置有射圃堂
德清县儒学	射圃因学内无地，择址城内
合肥县儒学	射圃在庙学东北方位
桐城县儒学	射圃在学门外，具体方位应该是在东侧，位置不明
芜湖县儒学	射圃在启圣祠西北（启圣祠西为庙学序列，所以应该为启圣祠与庙间空隙地），明洪武中建，旧有观德亭，后改建为厅
望江县儒学	射圃在庙学外，在庙学碑三山山麓北
霍山县儒学	射圃位置不明
霍邱县儒学	射圃在明代即有，在庙学东空隙地，南北向布置，清顺治时期废，荒为蔬圃并为附近居民暂住
六安州儒学	射圃在明万历始建，在庙学西，后清原址重建
绩溪县儒学	射圃在明洪武五年始建，在庙学左，后因为格局紧迫，移于学后之西山而以旧射圃基改宰牲房
泗州儒学	射圃在庙学南
歙县儒学	射圃在学后，明洪武三年立，后废
和县儒学	射圃于顺治重修建在尊经阁周围空隙地
福州儒学	南宋淳熙四年始创射圃，南北十三步，东西五十步有奇，构亭；明宣德九年改建射圃于学之东偏；正统十年辟其地建观德亭
泉州府儒学	射圃于正统十一年辟，位置在学东地，射圃临百源川，池中有堂曰观德

漳州府儒学	射圃在城隍庙（庙学东）左，明成化五年知府王文购地未及建，弘治五年同知谢珪成之，后因寇乱历年失掌，后为居民侵占，未再复建
安溪县儒学	射圃在庙学东侧
仙游县儒学	射圃在洪武时期即置，位置在庙学泮池南
建瓯县儒学	南宋淳熙十一年辟射圃于西序隙地；明成化二年割废仓基为射圃（在城市西），圃中为兴让亭，嘉靖期间废
漳平县儒学	射圃在东北方位
汀州府儒学	射圃在学校东，后移动到府城东的预备仓东侧
同安县儒学	南宋绍兴十年，辟射圃于城隍隙地。明代射圃久废，成化六年始复其地重修，成化八年拓大射圃，以儒学面城嫌其蔽，遂建亭于雉堞之上，以豁之；十一年知县张逊建观德亭于射圃之东，衣冠亭于射圃之北
永安县儒学	射圃旧址在县治北门外演武亭左，嘉靖三十五年漂于水，康熙时期在学宫西面隙地，有见山亭（因为此地可以看到山，所以命名为见山亭）
永春县儒学	射圃旧在白马山（在县城北的一座山），儒林之东。明嘉靖三十一年知县罗汝泾迁学于官田，以学基旷地为射圃，建观德亭，罗汝泾有记，清乾隆已废
惠安县儒学	明永乐十二年，教谕于馔堂后西偏做射圃，建亭其中，日观德。嘉靖九年，射圃子，朝天门外之邑历坛，中间为观德堂
平和县儒学	射圃于明万历四年，建于西门内，扁其堂日观德堂，到清康熙时期已经被兵民侵筑，尚存旧址
上杭县儒学	射圃，在学宫东北隅隙地
漳浦县儒学	明洪武初年，建射圃于儒学前，有亭日观德；成化十九年奉知府姜谅檄修治射圃，后徙射圃于东南隅；嘉靖五年，射圃地（东南隅民地）辟明伦堂，在东偏筑射圃，圃为亭五间，外门日崇德，内日观德；万历九年射圃坏，三十三年，射圃废，其亭改为汉寿亭侯，地改为他用，崇德观德二门亦圮无存
闽清县儒学	射圃在学东
沙县儒学	射圃于明景泰年间移建仁和坊西山岗上，与学相距二里，后岁久渐为民家所侵，改为民壮习射之所，遂废，弘治间，移建射圃于学宫戟门之左，节孝祠（庙学东）前隙地疑即射圃地
德化县儒学	射圃在庙学西。明隆庆建，清康熙时候已废
诏安县儒学	射圃在庙学西
宁德县儒学	射圃位置不明，文献载一种可能是在学校外，另一种可能是在庙学西侧
南昌府儒学	射圃旧在文庙之西隙地，清乾隆时期已废
萍乡县儒学	射圃于明洪武四年建，在庙学北
丰城县儒学	射圃亭于明洪武十年知县齐景明建，正统二年徙学前五十步，弘治元年增建，后俱圮，初建遗址在庙学东南隅，徙建射圃遗址即学前空地，射圃湖，在旧射圃南正中

济南府儒学	射圃在尊经阁东，清代道光时期已废
堂邑县儒学	射圃在学西，康熙时期已废
临沂县儒学	射圃在学校东偏
高唐州儒学	射圃于明代即存，在学校东北
乐陵县儒学	射圃在文庙西墙外
汶上县儒学	射圃在明伦堂斋北的空隙地
莘县儒学	射圃在旧署东北大成街南
夏津县儒学	射圃于嘉靖四年创于学宫东
东明县儒学	射圃在儒学东，清乾隆时期已废
汝州县儒学	射圃位于明伦堂西北
内乡县儒学	射圃亭有三间，旧在明伦堂西，后改为西斋训导宅，明成化年间别建于明伦堂东北隅，清康熙时期已圮
襄城县儒学	射圃在庙学西北
辉县儒学	射圃在儒学西，后废
南乐县儒学	射圃于明嘉靖年建，在庙学东北隅空隙地
新安县儒学	射圃在学西。乾隆二年，建射圃亭三楹，界以墙垣前隙地，树以花草葱葱馪馪，士子习射者时群萃于其中焉。在昔未建亭时原系空地，西联民居，历年已久，渐为居人侵占或盖房或筑墙据为己业，坚不吐出。康熙二十五年生员管有度、张泗英等倡阖学具呈县府学院争讼年余侵占者，方各拆毁，房垣退出学宫基址不少一寸
密县儒学	射圃旧在学宫北，明知县史信改学南
信阳州儒学	射圃在西侧，后改建为西庑
汤阴县儒学	射圃厅三间，在学前神路西，崇祯十年重修，复立期斜人士习射其中
郾城县儒学	射圃在庙学西北
临颍县儒学	射圃于正统九年立，西向建观德亭
裕州儒学	射圃在儒学东，明嘉靖甲辰建，久废
鹿邑县儒学	射圃于洪武初建，在庙学西北方位，后久废矣
扶沟县儒学	射圃、观德亭在庙西，明洪武二十年建
获嘉县儒学	射圃在学西，后废为污池，旧有观德亭
唐县儒学	射圃亭三楹，在庙学西侧，南北纵轴布置，清后期废
德安府儒学	射圃在大成殿和明伦堂之间的空隙地
云梦县儒学	射圃在西城门内，清代康熙时期已废
通山县儒学	射圃在翠屏山下（在学宫南偏西），隔溪。明正德初建，康熙时即废，仅有址存
枣阳县儒学	射圃于明成化间立，位置不考
荆州儒学	射圃于明成化间建于明伦堂之西偏

应城县儒学	射圃在庙学东北位置
黄州府儒学	射圃于明嘉靖时期在西南方位，后不载
房县儒学	射圃于明嘉靖建，在学宫南，河对岸
岳州府儒学	明代成化间，在学宫南筑射圃，建观德亭
永兴县儒学	射圃在养贤育才二斋中门外，即庙学东偏
城步县儒学	射圃于乾隆时期建，在学宫东北
湘乡县儒学	射圃在庙学北
番禺县儒学	同治三年，增建射圃于孝悌祠北隙地
海丰县儒学	射圃在学宫东北，康熙时已废
新会县儒学	射圃明洪武十八年建，在庙学东
揭阳县儒学	射圃于明代建，在明伦堂北，旧为民侵，后创建观德亭三间，左右弓矢库共六间，后废改为尊经阁等建筑
肇庆府儒学	射圃于明弘治始立
龙川县儒学	射圃于明永乐时即立，嘉靖重修，在学宫西北空地
饶平县儒学	射圃在学宫东，后久废
长乐县儒学	射圃在学宫西
徐闻县儒学	射圃于明正德间即建，在学前西街，大致是在庙学西
南雄府儒学	明洪武三十年，徙射圃于西北，后射圃徙于学东空地
海康县儒学	明永乐元年建射圃于城南文昌坊之东，匾曰观德亭
嘉应州儒学	乾隆十年，清理学校西庑西侧地建射圃，内为箭亭
恩平县儒学	射圃在学西，万历时期已废
潮阳县儒学	射圃在城东太平门外，校场旁，明宣德四年，县丞廖童作有观德亭，成化十二年知县吴毅重修，清光绪已废
遂溪县儒学	射圃于明洪武二十二年，辟于明伦堂后
柳州府儒学	射圃于明弘治间辟于学东
临高县儒学	射圃于明洪武三年创建。永乐三年重修。成化二年以逼近街衢，不便演习，迁于太平桥东，建观德亭，之后久废
澄迈县儒学	射圃于明成化十一年建，嘉靖三年重修，后不载
感恩县学宫	射圃于明成化九年辟

注：苗严绘
数据来源：主要依据苗严考察的 650 所文庙的历史文献和图档所得。

文庙调研实景照片

大同文庙

敬一亭

尊经阁

广东揭阳文庙

大成殿

集贤门

广西恭城文庙

大成殿

文庙泮池

国子监

国子监成贤街第二道牌坊

国子监辟雍图

海口文昌文庙

大成殿

棂星门

杭州文庙

大成殿

文昌阁

济南府文庙

尊经阁

照壁

南京朝天宫

崇圣殿（大成殿后）

棂星门

南京夫子庙

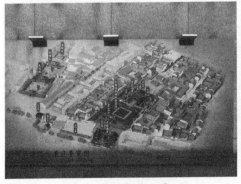

南京夫子庙格局示意图

尊经阁

宁波慈溪文庙

祭祀牲畜相关

明伦堂内景

曲阜文庙

太和元气坊

至圣坊

上海文庙

魁星阁

儒学署

太原文庙

棂星门

刘邦祭孔（太牢）

云南建水文庙

洙泗渊源坊

德配天地

汾阳府文庙

文峰塔

注：苗严摄

庙学并置格局经典案例

1. 江阴文庙

考察嘉靖、道光、光绪、民国版本县志记载,梳理其历史沿革如下。

宋初,建庙于观风门外,学者肄业其中,后废为营屯。南宋绍兴五年建教堂,东西四斋,曰诚身、逊志、进德、育英,重立讲堂,创设义廪,再建西序,重修东序,拓泮官外门,建御书阁、清孝公祠、先贤祠。淳熙年间设贡院选士,在爱日门外,祥符寺之侧。开禧元年迁于军学之东,其县学榜附于讲堂西偏而为之名。

元,州学仍宋,兴作学官,旧有双池,植莲其内,上各有亭,曰光风,曰霁月,岁久墟无。大德五年,东南隅相筑室三楹,名曰君子堂,至正间庙学毁于兵。

明,因故址创立庙学,洪武三年重修;十五年建讲堂于庙学;二十六年为左庙右学,乃更建于讲堂址,而以庙址为明伦堂;三十年增建戟门、廨舍、射圃。宣德六年重建大成殿、明伦堂、君子堂,时习日新而斋。天顺六年拓学门,自是一下不治者三十载。弘治七年购民庐为名宦、乡贤二祠。

正德二年复修之,外为石坊门,入为棂星门,又入为泮池,池上架石为桥者三,穿为九洞,桥北为戟门,左右为两翼,戟门北中未正殿,殿前为月台,殿东西为两庑,西庑之右南向为祭器库,东向为刑牲所,是为庙制,并庙门而东为儒林坊,入为学门,循东墙逾桥西折而北为二门,曰礼义相先之地,又折而西为正尔荣门,由门循庙而北,正中为明伦堂,堂后为奎文阁,东为时习斋,西为日新斋,斋左右翼以楼,由时习斋入南向为君子堂,由日新斋入南向为养贤堂(师生会撰之所),由正尔荣门出而东为教谕廨,君子堂后为训导东廨,养贤堂后为训导西廨,并教谕廨而东为射圃,有堂曰观德,庙门之东为名宦祠,又东为兴贤坊,西为乡贤祠,又西为育俊坊,是为学制。合庙学周垣凡四百五十八丈九尺。正德十一年建号舍九联于观德堂后(凡五十四舍);十五年葺奎文阁。

嘉靖七年重修,购庙南民舍为通衢,凿池跨桥旁立庑屋;八年建敬一亭介明伦堂、奎文阁间;十年建启圣公祠,在观德堂前,正南为殿,殿左右为斋,室前为正门,门左为碑亭,右折而出为外门,改射圃于外泮,南为门,门内两旁为亭(左亭刻道统圣贤赞),又正北魏青云楼(有讲学行礼额),楼后为屏,东西垣为角门,垣之外为委巷;十八年修斋楼;二十一年修戟门,撤庙门坊为学门(额"斯文在兹"),增吏舍一区（附图1）。

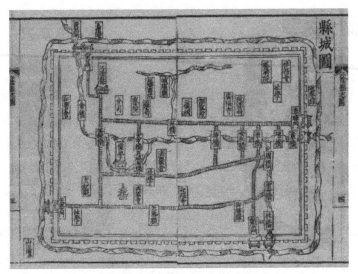

附图1　江阴县城图（1）
图片来源：《嘉靖江阴县志》（国家数字图书馆）

万历初重修庙学；三十七年建聚奎亭于启圣祠之东南，修补祭器，其后建讲习堂于聚奎亭后。

清朝鼎兴，值明季兵燹，后自大成殿、明伦堂外俱榛芜不治。顺治九年修复，规制粗备。后相继修复。乾隆二年首建明伦堂，奉例扩启圣祠为五王殿，作两坊以节行人，东曰金声，西曰玉振，更彙征楼为坊，濬学河池甃堤防，改环桥缭石垣，凡昔之因陋就简者，至是而规制大备。五十三年重修，始于春三月，越明年，仲秋功竣，自大成殿而外次第修整，自彙征桥入则崇圣祠，易建一新。进贤门内莫不整饬邃严，又数十年名宦、乡贤祠之僦于外者俱还旧观。

道光元年濬学前河而折其东南，塞学后河而潴其西北，六年疏濬深广，撤旧砖桥，购民房，移金声，玉振两坊及下马碑于河之北，增建石桥，于玉振坊之西彙征桥以石，两桥之间重甃石岸，上缔石栏，于是河流通畅，气象更新，此规制之大略也。道光六年改戟门左右翼为文武官致斋所，加高官墙十数丈石刻。道光七年修黉门通行，加高官墙，修葺泮池，三桥易木栏以石，建宰牲亭于先贤祠之南；九年至十二年筑黄石墙五十八丈九尺，覆以麻石，修建学头门，加高五王殿；十三年修尊经阁、大成殿、戟门，易其朽腐，重制配序神位、神橱、神案（附图2、附图3）。

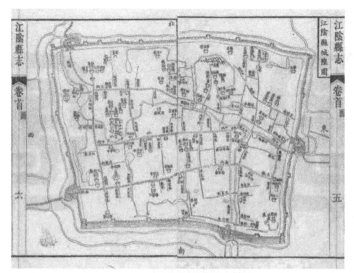

附图 2　江阴县城图（2）

图片来源：《道光江阴县志》（国家数字图书馆）

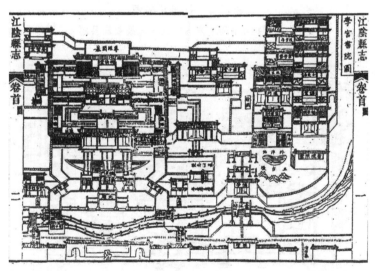

附图 3　江阴学宫书院图

图片来源：《道光江阴县志》（国家数字图书馆）

　　咸丰十年毁于粤匪。同治二年复城垣，后春秋致祭借邑庙行礼，教官、两学署俱赁民房；六年重建，先建棂星门、戟门、东西官舍、黉宫门、明伦堂、东西旁屋、崇圣祠、头门、仪门，于是上丁祀事始有考。光绪元年庙工竣工。

2. 长洲县学

考察乾隆版本县志记载，梳理其历史沿革如下（附图4、附图5）。

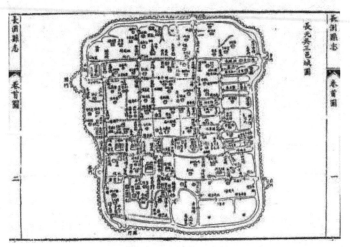

附图4　长洲县城图

图片来源:《中国地方志集成·乾隆长洲县志》

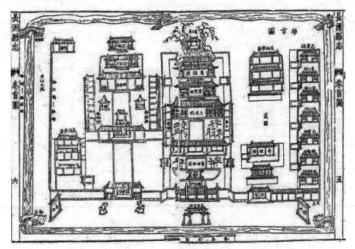

附图5　长洲学宫图

图片来源:《中国地方志集成·乾隆长洲县志》

初无学，学附于府庠，名丽泽斋。北宋景定三年制诏天下县新设主学，于是建学，讲堂曰礼堂，四斋曰富文、贵德、广业、博学，同时兴建景文堂纪念范文正公，建友德堂，绘学中士登大魁者黄由阮登炳像于壁。

元初建庙，至元三年确立前庙后学的并置关系——"周以长垣，辟以广庭，翼以邃庑，前为礼殿，后为两斋，为讲堂，为庖庚。"

明成化九年形成左庙右学的形制——"拓东南地改建，左为大成殿，夹以两庑；右为明伦堂，东西两斋曰进德修业。"正德十六年建尊经阁，嘉靖十五年增名宦、乡贤祠。后庙学渐备。

清乾隆十五年因毁重修，"其地在县治东北里许，前为起凤街，东南为升龙桥（旧此桥跨河而北，直对棂星门，后移建今地），东为玉带桥，兴贤坊（旧名圣域坊），西为茂苑桥达材坊（旧名贤关坊），先师庙居左前立万代宗师坊，直入为棂星门，门内两旁为东西庑，中则先师庙右行折而西为夹道，道之右为儒学，越河而南有田廿亩，中濬一方为外泮池，池南筑万仞宫墙，照学门自大门入为礼门，中为明伦堂，东为进德修斋，西为修业斋，斋南北为号舍，堂之后为后堂，旁为事友轩，东号舍后有小路二岐，一折而北为名宦祠，一折而北过飞虹桥为乡贤祠，西号舍后折而北为射圃，中有观德亭，西夹道折而东当，先师庙后为启圣祠，祠附礼乐二库，东北为聚奎楼，北为尊经阁，后为道山亭，亭北有桥曰望阙桥，跨玉带河东为蔬圃，稍西为桃李园，由园而北为敬一亭，由尊经阁而东为会馔当，又东为俸廪仓，自仓而南有路二岐，一南行通夹道，一东行为跨玉桥，过桥北折为游息所，又北为嘉树馆，南折而东有小池，池上有桥名折桂，过桥而东为春宴园，又东南为小洪园，其宰牲所在，东南隅教谕厅在会馔堂南，后教谕厅废，即后堂事游友轩为斋舍，今亦废。训导厅一在儒学门之右，明伦堂西南，中为斋堂，西为书舍，后为敬一亭，今教谕居之，一在旧教谕厅东北，从东夹道入今训导居之，启圣祠视旧址缩数武"。

3. 南昌文庙

考察乾隆版本府志记载，梳理其历史沿革如下（附图6、附图7）。

晋朝大康年间在郡西始建学官，太元年间设庠序。

唐光启十三年徙学于城北。

宋治平二年将学官搬迁到州治东南。建炎年间，火于兵。绍兴四年，因故址建。庆元二年，重修。

明洪武三年改为南昌府学。嘉靖九年奉旨建敬一亭，易大成殿曰先师庙；三十年拓学基，庙前为棂星门，庙北为明伦堂，后为贮书楼，楼两旁为斋宿，房堂翼东西为四斋，东曰志道，曰依仁，西曰据德，曰游艺，右有上达阁，堂前西南为祭器库，东南为瘗圣贤遗像之所,有碑为志(嘉靖十年诏像易以木主),志道斋后为黄柑园及池。崇祯八年广启圣祠并饰祭器祠,前为膳堂及号舍、戟门,左为名宦祠,右为乡贤祠。

清乾隆四十四年重修,庙东西为西庑,阶下立平定金川准噶尔及青海回部四碑亭,棂星门外翼东西为崇礼、敬义二堂,甬道中为泮池,池上有文明日盛坊,庙后为明伦堂,两旁为廊房,崇圣祠在庙西,前为名宦、乡贤二祠,庙东为邵公祠,祠旁为尊经阁,祠前为省牲亭,祠后为正副儒学署,儒学门在戟门之东,西建魁星阁,东义路,西礼门。

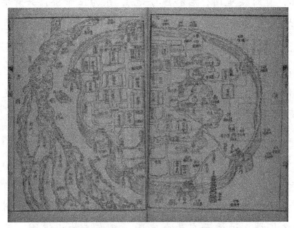

附图 6　南昌府城图
图片来源:《乾隆南昌府志》(哈佛大学图书馆)

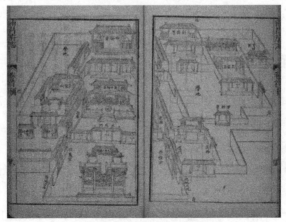

附图 7　南昌府学图
图片来源:《乾隆南昌府志》(哈佛大学图书馆)

4. 萍乡文庙

考察同治版本县志记载，梳理其历史沿革如下（附图8、附图9）。

"郡县学祀孔子礼创于汉而庙建于唐元明定制遂以孔子庙为学即古乡学也。"

唐武德年间，建学于县南宝积寺左。

宋绍兴时因兵毁，徙建于尉司左；二十二年，迁建县右。乾道四年，徙县治后。淳熙十年，重修。

元皇庆三年，重修；至正十二年，兵毁。

明洪武四年立讲堂、斋舍，筑射圃，司教之斋于其后；二十八年，增建尊经阁。正统元年，建馔堂。十一年，建讲堂。弘治元年水圮，迁建西隅沈家窎左；十七年，改建县南宝积寺东。正德十年，复建沈家窎原所。嘉靖三年，改建于西隅大街，"盖自武德至是更迭八迁择建大地而后为今学焉"。三十五年，修葺二门夹道并植以柏。万历十年，重修廱宇；十三年建敬一亭，设神库、神厨、祭器、书籍，置育才进德斋；二十二年改建敬一亭、教官斋，增置祭器、书籍。崇祯十年临蓝贼起，迄癸未甲申兵寇络绎，学圮。

清顺治十年，重修。雍正十二年，改建于明伦堂左，以旧址为明伦堂。明伦堂在文庙右，教谕署在明伦堂甬道右，训导署在教谕署前，魁星阁在学宫左旁，名宦祠在戟门左，乡贤祠在戟门右，忠义孝悌祠在戟门外左旁，节孝祠在戟门外右旁。

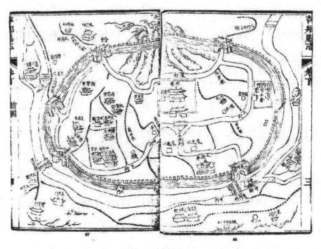

附图8　萍乡县城图

图片来源：《同治萍乡县志》（台北成文出版社）

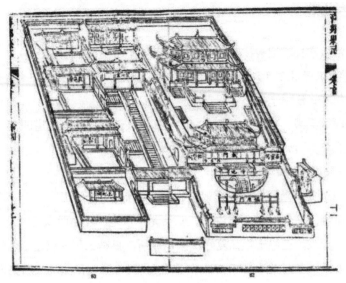

附图9 萍乡文庙图

图片来源：《同治萍乡县志》（台北成文出版社）

5. 辉县文庙

考察光绪版本县志记载，梳理其历史沿革如下（附图10、附图11）。

初建远不可考。

元至元年间，重修。

明洪武年间，重修。天顺年间，重建大成殿。嘉靖年间，撤旧大新之。隆庆四年，修建名宦、乡贤二祠。

清顺治九年，重修。康熙十九年，重修大成殿、两庑及四周墙垣；三十六年重修先师殿并两庑，大成门，名宦、乡贤二祠。雍正六年，始建忠义孝悌祠。乾隆十三年修大成门，十五年修奎光楼，二十一年修先师殿及两庑，乡贤、忠义、节孝各祠，五十九年于大成门外修东西官廨各三楹、移忠义孝悌神位配享乡贤祠。

至圣先师殿五楹，东西两庑各九间，其两端为神厨神库，祭酒祭帛所。大成门三间，两角门各一间。泮池在大成门前，跨以石桥。棂星门在泮池前，以石为之。照壁在棂星门前，两端各有门。名宦祠三间，在大成门左，南向。乡贤祠三间，在大成门右，南向。忠义孝悌祠三间，旧在名宦祠前，南向，久废。文昌祠在棂星门东，又一在古城外东南隅（详建祠祀志）。奎光楼与文昌祠同阁，楼北旧有宰牲堂，久废。

崇圣祠，旧在文庙东北隅，万历四十五年重修；清代重修，因时雨，堂五间改为祠。敬一亭，旧在明伦堂前，万历年间移建明伦堂后；乾隆五十九年重修，道光四年补修、十四年续修。

明伦堂五间，堂之前东为进德斋，西为修业斋，辨事房四间久废。建大门三间（旧系敬一亭，明万历年间移建敬一亭于明伦堂后），两旁角门各一间，外有东西两门，东曰义路，西曰礼门。时雨堂五间，在敬一亭后，今为崇圣祠。教谕宅在明伦堂右，大门一间，二堂三间，东二门一间，南书房三间，马房一间，北为内宅门一间，正房三间，东房三间，西房二间，顺治十六年创建，道光元年补修。训导宅在教谕宅

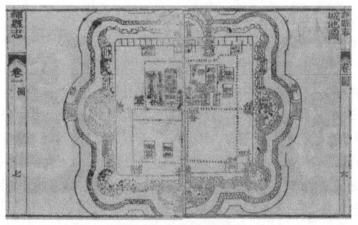

附图 10　辉县县城图

图片来源:《光绪辉县图》(国家数字图书馆)

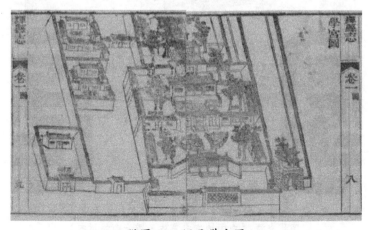

附图 11　辉县学宫图

图片来源:《光绪辉县图》(国家数字图书馆)

南，嘉庆二十四年旧宇全圮后重建，大门一间，二堂三间，堂左为二门，内书房二间，茶房二间，堂右马房一间，北为内宅正房五间，东房三间，西房三间，宅西有菜圃。儒学门在棂星门右，南临大街，明志载北行数十步有亭，亭内石刻大书"进士第"三字，今亭圮，碑移置明伦堂大门壁上。射圃在儒学西，久废。

6.南雄学宫

考察道光版本府志记载，梳理其历史沿革如下（附图12、附图13）。

南雄州学，原府学，在小东门外。嘉庆十一年改府为州，学亦改。

宋庆历年间，始建。治平二年，奉诏建大观。

元至元年间，置学田。至正年间，修崇文阁、两庑、斋舍，创乐育亭于泮池南。

明洪武年间，重修，创明伦堂、西斋，徙射圃于西北，创大成殿。正统年间，创号舍、置乐器。成化年间，合两学为一。正德年间，复两学于旧址，中为大殿，殿东西为庑，前为戟门，为泮池，为桥，又前为棂星门。嘉靖年间，修明伦堂，东西居仁由义两斋。万历年间，修濬泮池、神厨、神库，宰牲房俱在西庑后，几久尽圮。

清康熙十年，修建，并建名宦、乡贤祠。雍正年间，修明伦堂东西斋，大成殿两庑。嘉庆十三年，新学宫，填坑陷、厘侵地，迁建名宦、乡贤祠并于宫墙南环建店房二十余间，详学田。嘉庆二十二年，修殿前拜地。

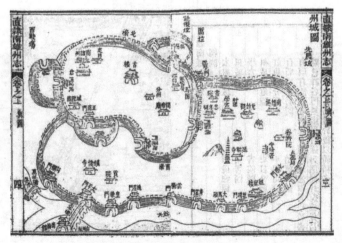

附图 12　南雄州城图

图片来源：《中国地方志集成·道光南雄州志》

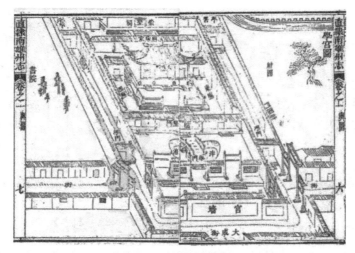

附图 13　南雄学宫图

图片来源:《中国地方志集成·道光南雄州志》

7. 梅州学宫

考察光绪版本州志记载,梳理其历史沿革如下(附图 14~ 附图 16)。

"《宋史》绍兴十六年,梅州孔子庙生芝,按王荆公谓真宗,时四方以芝来告者万数,神宗即位有司以祥瑞告者皆勿纳,而芝遂不得献。若夫高宗南渡则祥瑞益克不言矣,乃梅州僻壤偶产一芝,达朱天子宣付史馆,岂非以学宫故重耶,一芝之瑞生于学宫且得以献朝廷垂史册刬道德文章之士产于其中,学校之光更当何如,论衡云土气和故生芝曹,南宋迄今六百余年中和之气郁既久,必有所发不发于物必发于

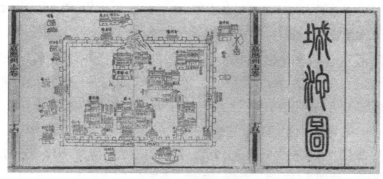

附图 14　梅州城池图

图片来源:国家数字图书馆《光绪版本嘉应州志》

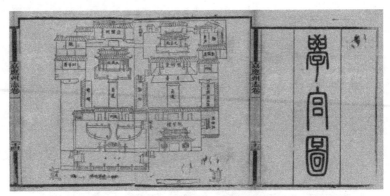

附图 15　梅州学宫图

图片来源：国家数字图书馆《光绪版本嘉应州志》

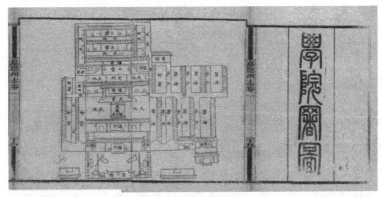

附图 16　梅州考棚图

图片来源：国家数字图书馆《光绪版本嘉应州志》

人，况我国家重道崇儒，作人化，洽尤于文庙典礼善美芜尽，真足培养道脉振起，人文而兹者，复值学宫增修规模气象焕然一新，将必有才德之彦出而应昌期之瑞者岂第一芝之见重哉，谨稽学制详著于篇备后人有考。"

　　学宫在城中，宋梅州学也，初建于大市后，以阛阓[①]之逼徙东南隅。南宋乾道九年，迁于城之西北天庆观侧，创而未备。淳熙二十年，建梯云桥于学前（旧志云文庙之外木梁二间），易两斋曰由义，由化。庆元六年，增修学宫，新十哲像，编续从祀诸贤，加建斋舍职事位，建大成殿。绍定三年，毁于寇，迁于贡院旧址，建大成殿及两庑、戟门，立匾讲堂曰明道。嘉熙三年，毁于寇。淳祐元年，迁今所，建大成殿及明伦堂，增四斋曰志道、据德、依仁、游艺。

———————————

① 街市。

元至元十七年，毁于寇。元贞二年，复修。大德元年，成之；九年，增置学田，今废不可考，重建棂星门、仪门，修圣殿两庑及明伦堂。至顺元年，重建大成殿及两庑，前为戟门，潴泮池而梁仍名曰梯云，外为棂星门，殿后为明伦堂，前为杏坛。东西为斋房，置祭器库，书库。至正十二年，毁于寇；二十六年，收学田逋租重建，又毁于寇。

明洪武二年，省州改为县学；九年，修大成殿明伦堂戟门重建两庑、棂星门、博文斋、约礼斋；十七年，堂斋毁于火；二十四年，迁于石镇，其梅塘衙宇旧材用以修复。正统九年，重建大成殿及两庑；十年，重修明伦堂及两斋；十二年，置两庑先贤神位棹。景泰六年，创文昌、先贤二祠于戟门前两旁。成化元年，伐石为棂星门；二年，修大成殿，重建戟门、两庑、祠库。弘治三年，修纳粟，新文庙，作明伦堂移于文庙之右（记文：尊左，所以庙在左。次右为堂。并且说明了因地之形式广狭而更张之）。正德八年，重建大成殿、两庑、大成门、棂星门、泮池、祭器库，复移明伦堂于大成殿后，作东西两斋，作馔堂于大成殿之右；九年，增号房十二间于馔堂之南，连旧号房，共三十二间；十六年，重建大成门。嘉靖四年，撤馔堂建尊经阁；八年，立敬一箴亭即尊经阁为之；十年，建启圣祠于敬一亭右，改大成殿匾为先师庙，左右为库房，为两庑，改大成门为庙门，庙左为明伦堂，堂前左右为博文约礼斋，敬一亭前为号房，亭后为宰牲地，启圣祠后为学仓，明伦堂后为教谕署，右为训导署，儒学门在棂星门左。万历初年，即儒学仪门为尊经阁，寻废。崇祯六年，修文昌祠，在明伦堂左，建义鼎堂（在明伦堂后，教谕署内）。

清顺治十年，撤照墙，建石坊，题曰大成文庙，棂星门前为树栏杆，移建启圣祠于庙后（记载是便于行礼），塑土地神像于约礼斋，省牲亭在仪门外左，荐和门在右，四箴亭在明伦堂后。康熙八年，修明伦堂；十年，修圣殿及两庑，戟门，名宦、乡贤祠，撤去庙前石坊，筑照墙，镌石嵌其上曰宫腔万仞，左腾蛟坊，右起凤坊，又祀文昌于照墙前南门楼上，额曰文昌楼，两庑、戟门、明伦堂、名宦祠及左右腾蛟、起凤坊俱重修焉，有碑在戟门下。雍正八年改启圣祠曰崇圣祠；九年，修崇圣祠，建圣殿四檐修两庑、戟门及名宦、乡贤祠；十一年，改设州治，即县学为州学；十二年，修明伦堂及仪门。乾隆十年，修文庙，撤去宫墙万仞，照墙建棋盘街，筑石栏，修明伦堂，即儒学门建奎文阁，移儒学照墙于城墙下，建省牲亭于仪门内左刘公祠下，更造教谕衙、四箴亭，清复西庑右学地为射圃，内为箭亭；十三年，新至圣及四配十一哲、先贤、先儒、名宦、乡贤牌位，龛座、圣殿前月台栏杆丹墀甬道更筑灰土，树"忠孝廉节"四大字石碑于西庑檐阶，修匾额、浚泮池，筑梯云桥并周围石栏，更棂星门石柱，建德配天地、道冠古今二木坊于棂星门，外立下马石于左右，祀文昌、魁星神像于奎文阁，修训导衙，立文武科甲提名匾于明伦堂，立石明伦堂。嘉庆十八年，移文昌庙于北岗。道光九年，以学署改建文昌庙，迁学署于侧边。同治十一年，修葺大成殿及两庑。光绪二年，修崇圣祠及两庑、戟门、明伦堂、仪门、名宦祠乡贤祠。

8. 潮阳孔庙

考察光绪版本县志记载，梳理其历史沿革如下（附图17、附图18）。

"文庙在县华亭桥南稍折而东，临于清渠之上，南向，内建圣殿，殿下由堂而檐接以露台，下为广庭，庭分两阶，东西庑宅，其旁中立戟门，门匾曰大成，门凡三，出门过道横焉，左右有两门相向，东曰腾蛟，西曰起凤（旧书贤关圣域，明万历始更今名），自过道而南为泮池，中架泮桥（石为之）直通中道，其旁砌拱桥分东西两路，与中立并列为三，外有棂星门（凡三门，柱直上其端贯以云气），又外为过道，仍东西两门对峙，分书德配天地道冠古今四大字，达东西学门，兴贤育才两坊（内匾各题海滨邹鲁四字，旧为解元会魁坊遗址），极南为照墙，有石匾刻钟灵毓秀，环桥四周，俱用丹膔。"

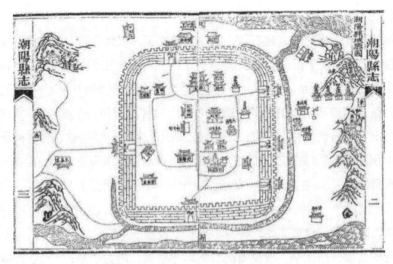

附图17　潮阳县城图

图片来源：《中国地方志集成·光绪版本潮阳县志》

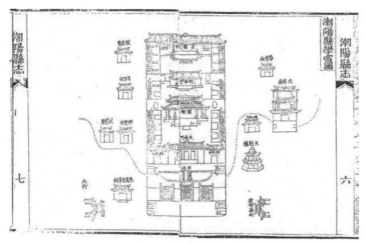

附图 18　潮阳文庙图
图片来源:《中国地方志集成·光绪版本潮阳县志》

宋绍定三年，筑乎斯地，后又重修。景炎年间，不幸毁于兵，新王宫（按前代孔子封号俱称王，故曰王宫），作大成殿，像设圣位，至配哲以下监县偰立篯者始作戟门、两庑及绘庙庭从祀诸贤于庑壁至许衡止。元至正九年，始建明伦堂，更置两斋（堂即宋故讲堂，旧有四斋，今杭易之）。

明洪武初年，诏天下郡国增修儒学，如制，颁卧碑；二十三年，重建潮阳文宣庙；二十八年，易两斋号（东曰进德、西曰修业）。永乐七年，金事雷昇作乡贡提名，作混混泉亭（见井泉及文辞志，亭已废，有"混混泉"三字石碣尚存）。宣德二年，重修殿庑门庭，上作露台，缭以栏干，俱石为之；四年，作观德亭于射圃（在水门外，教场边，方二百四十丈，亭已废）。正统五年，始作号舍（计十间，在学垣外之东畔西向，即旧街一带地也，地邻县前铺，已废）；十年，作馔堂（计三间，在明伦堂后，今为教谕廨）。景泰四年，重建明伦堂、两斋，作文昌祠（祠先在戟门旁，至是始迁于戟门之东，即今名宦祠后，沈聲未详何许人）。天顺六年，作石桥（即泮桥，计三间，旁有栏杆），砌泮池，易棂星门以石。成化元年，增拓号舍至二十四年有奇；十一年，重建大成殿及增修配哲像；十二年，重建两斋及射圃；十五年，重建两庑；十八年，重建戟门；二十三年，重修大成殿，两山头作红门，即棂星门，重修号舍、楼阁，作泮池，左右拱桥易石阑及砌植桂墓于明伦堂下。弘治元年，毁文昌祠，迁于迢真观后，并废；十四年，作乡贤祠。正德十二年，重修殿庑廨舍；十五年，作名宦祠。嘉靖初，诏更大成殿曰先师庙，撤塑像去前代王号，更立先师牌位，作启圣祠（按祠地在文庙之西，旧为官廨，时会有新制乃改廨入馔堂，移教官居住，因立祠于此），及颁敬一箴并御注视听言动心五箴于学官，勒之贞珉，作敬一亭，十九年，有鹿入学官（见事记时或以为魁首之兆云）；二十四年，更混混泉曰钟灵泉；二十六年，重做先师牌位；三十七年，重易明伦堂楹栋，其年有卒入至庙门；四十一年，增补两庑，从祀神牌；四十二年，遗思碑于礼门之外。隆庆中，知县黄一龙复大修庙学；六年，迁遗思碑于儒门道左，复海滨邹鲁两坊（按学前通衢左右两庑于古为育贤坊，其后更彼岸曰海滨邹鲁近或易以题名及儒林黉序等字者，至是始复其旧云），其年又重作配哲及启圣祠，中列祀牌位（按启圣祠以颜鲁思孟及程朱蔡之父配，故曰列祀牌各三丹添金书），重修科贡题名列扁盖一学始终条理之序大都亦略具于斯矣。万历三十三年，改建儒学门。

清康熙三年，重修圣殿、两庑，十八年修葺，二十五年复修。道光七年，复修。咸丰十一年，复修。同治三年，落成。

崇圣祠在明伦堂后，南向，即儒学署旧址，左右有房，东为祭器库，西为乐器库。旧在文庙之西，祠南向，祠门东向，门外有古井，前为乡贤祠，西为训导廨，明嘉靖初奉诏创始。清道光五年移建斯地，至九年落成。

明伦堂在圣殿后，堂上有钦颁卧碑，下为露台，旁植古榕二株（明成化间，植桂后仅存西一株，而东为巨梅树，每当岁寒盛开，暗香满院，今仅古榕而已），庭间左右有门，东曰圣域，西曰贤关，额为朱子墨迹，照墙石匾，有"太和元气"四大字，明岭东伸威道杨芷书。始建明伦堂，更置两斋（堂即宋故讲堂，旧有四斋，杭易之）。明洪武二十八年，教谕李文政修两斋，东曰进德，西曰修业。景泰四年，参政詹冕命同知方述重建。成化十一年修明伦堂；十二年重建两斋。嘉靖三十七年复修明伦堂，重易其梁栋。清康熙三年，斋废；六年，绍修明伦堂，仍于堂左右各筑垣与圣殿壁间相接，另辟二校门，东西向以通文庙；十八年，复修。

大魁楼，在文庙腾蛟门外，案旧址失考，乾隆间始移建于此，规制方向俱失宜，识者非之。同治十一年，重修。兴文祠在大成门左。致斋所在大成门右。尊经阁，于道光五年，拓为崇圣祠。敬一亭在文庙东南，已废（案，明嘉靖初颁敬一箴并御注视听言动心五箴于学官，勒之贞珉始作亭）。混混泉亭在文庙内西北隅，已废（案明永乐七年，金事周伯通、知县周宗贤作）。号舍在学垣外之东，明正统五年始作十间，成化元年又增拓至二十间有奇。二十三年通判吴璘重修，今废。馔堂在古明伦堂后，今为教谕廨，明正统十年作，计三间，已废。乡贡题名石于明永乐七年立。射圃在太平门外，校场旁，明宣德四年，作有观德亭，成化十二年重修，今废。名宦祠在学宫西偏。乡贤祠在学宫西偏。忠义孝悌祠在学宫西南隅，雍正三年奉旨创建，嘉庆十四年重建。节孝祠在大平门街，雍正三年建，嘉庆十四年重修。

9. 郁林文庙

考察乾隆、光绪版本州志记载，梳理其历史沿革如下（附图19、附图20）。

附图 19　郁林州境图

图片来源:《光绪版本郁林州志》(国家数字图书馆)

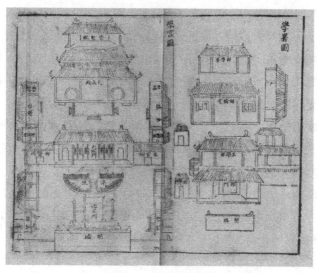

附图 20　郁林学宫图

图片来源:《光绪版本郁林州志》(国家数字图书馆)

宋至道二年建，案旧州志云旧址在城南半里，考元建学碑至正三年始自城南移入城西，即今地也，今庙内大成门右宇下有大中祥符八年碑（碑文略）。

元至正三年，迁建今地，案今大成门左宇下至元五年记建庙学碑有云："州有孔子庙在城南，右凭津溢雨水潦弥漫堂庑，至元三年夏五月真定张侯按摊不花知是州，相旧址，备垫廼营，治之，谓庙本在城南临江津张始移建也，如云西燥刚爽垲者谓迁入城内西偏也，如云正南面为两庑有堂有斋有次第等语谓建殿庑及学署也，据此略可知迁建之迹，考今庙地在城西门内，由西门至庙义路门一百五步，庙左礼门右义路，门内为棂星门，为泮池，有桥，又内为大成门，两旁有碑凡六，中为大成殿凡五楹，旁为两庑各五楹，后为启圣祠，左为学正署，右为陶忠烈祠，此即元至正迁建旧基也。"

明洪武二年，重修。正统七年，建明伦堂，堂今在崇圣祠左，祠后院内有记正统七年重建明伦堂碑。正统十四年，重建殿庑堂斋。弘治七年，重修，案今大成门右宇下弘治七年重修庙学碑有云："邵侯端弘治辛亥春来知州事，见庙学岁久向圮，谋于节判汤君俊先捐己俸又以公帑余积建棂星门，缭以垣墙，重新两庑，日自省视至再不以须史故苟为也是端修庙告成在七年而旧志以为四年者，盖以邵端知州事在辛亥而误也，今改。"弘治十二年，重修，案今崇圣祠后院有明弘治十三年重修于郁林州学碑略云："弘治己未十二年冬十有一月予谪试士郁林，越三日丙申诣学宫释菜于先师孔子。"康熙时期的记文表明是前庙后学，明伦堂后左为启圣祠，名宦、乡贤祠，左为学正廨，右为训导廨。正德十一年，易棂星门以石。嘉靖十六年，两庑俱圮，重修。万历十九年，修启圣诸祠，后筑方塘，前拓地为泮池。

清康熙七年，重修大成殿、两庑、戟门、启圣祠，记文表明弘治时期是前庙后学制度，并且康熙时期的重修是仿照旧制度；二十五年，重修大成殿、两庑、启圣祠，复建明伦堂，周以土垣；五十二年，修大成殿、两庑、戟门、启圣祠、名宦祠乡贤祠，广照墙，礼门义路地，案据州人记重修学宫碑："启圣宫旧在学宫左，今迁建于正殿后，以其基重建明伦堂。"康熙五十六年移建明伦堂，案今明伦堂西侧有移建明伦堂碑记："堂原在大成殿后，地甚僻而隘适修学工竣余有，改建今地。"乾隆六年，修四配十哲木龛，治学宫地；五十九年，修大成殿、两庑。

文昌阁在城南一里瑞龙桥侧，乾隆七年修治。"文昌宫之建始元至顺年间在城南玄妙观左侧，万历间观未废而宫先坏，迁神像于南薰楼，天启初，郡人始移于城外之瑞龙桥畔，甃石成台建阁其上，康熙十七年遭吴逆之乱而阁又圮，盖六十年于兹矣。乾隆四年州绅士陈朝坦等毅然兴复而前州牧傅圣以秩满迁去，余来兹土捐俸以资始于壬戌七月落成于癸亥十月，绅士属言于余遂欣喜为之记。"文昌神自嘉庆六年列入中祀典，春秋致祭礼数祭品于武庙同。道光八年知州李钟璧重建。光绪十五年州人重修于阁上，增建重阁，两层高数丈，远望俨一文塔。案今阁制后殿三楹，祀文昌先代神主，中殿三楹为文昌殿，前阁三层，上一层为文星楼，祀魁星。中层为仓沮，祀始造文字者。

10.安陆文庙

考察康熙、光绪版本府志记载，梳理其历史沿革如下（附图21~附图23）。

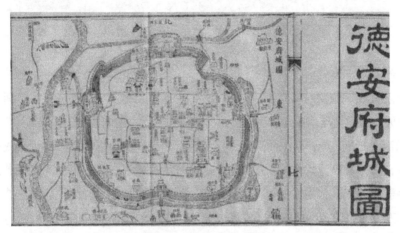

附图 21　德安府府城图

图片来源:《光绪版本德安府志》(国家数字图书馆)

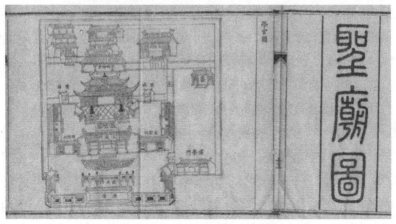

附图 22　德安府学宫图

图片来源:《光绪版本德安府志》(国家数字图书馆)

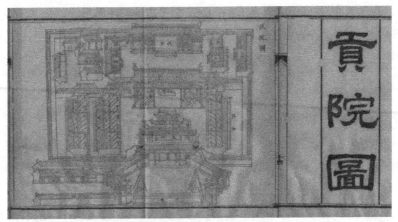

附图 23　德安府贡院图

图片来源:《光绪版本德安府志》(国家数字图书馆)

安陆文庙（德安府儒学）建自宋始，即有东西二堂和夫子殿。嘉祐年间建于南门外东偏。熙宁元年，重修。淳熙初，移建三皇台前，南向凤凰山。

明洪武三年，徙建治东北隅；七年，复徙旧址；十六年，重修，中为大成殿，东西为庑，戟门、泮池，如制。正统十年，增饰大成殿。景泰五年，两庑各增为十五楹，每楹为一坛，东为文昌祠，西为碑亭，为神厨，谓明伦堂隘，仍辟左徙焉，为教职廨五，斋舍门垣悉加于旧。成化十五年，修改文昌祠为名宦祠，碑亭为乡贤祠。弘治三年，建藩第欲取益学地，知府和鸾力争之，庙得不毁而学地割者半，鸾乃徙学官于庙，同知沈绹继成之，堂斋如制。正德七年，易棂星门以石，门外陶甋为屏，同知陶龙记。嘉靖十年，撤馔堂敬一亭；十一年，诏去像易木主，更称号，庙东建启圣祠；十四年，徙泮池于棂星门外；二十一年，度学官旧址，复之堂斋，学舍重门，悉如旧制；二十六年，徙屏近棂星门而复泮池于门内；三十一年改建藩邸，益以学地，乃徙建治东，庙庑学官如制弘丽加于旧。崇祯初，于棂星门外东偏建奎星阁；十四年，加丹垩，以奎星阁太逼改建于南郊龙角寺之巅。

清顺治修启圣祠大成殿、两庑、名宦乡贤祠、敬一亭、斋房，筑垣墙，饰黉门，旧制聿新。康熙四年，新殿庑，次曰明伦堂，曰斋舍，曰启戟门，曰棂星门，悉焕然改观焉。康熙九年，于明伦堂后东建启圣祠，西葺敬一亭各三楹，俱为门垣，以蔽之。乾隆三十九年，新学官，并建两教职学舍于明伦堂后；四十六年，撤两庑而新之。咸丰甲寅乙卯粤贼两次陷城，学官前后俱毁，大成殿虽存，向塑像及四配向亦遭损毁；六年，重修大成殿，更立栗主奉祀焉；十一年，贼复窜，郡学官前后又为瓦砾，场大成殿仍存。同治元年，署府王璐劝阖属捐建学宫，时兵燹之余，材料艰于购置，为期又促，未能巩固，历年墙垣倒塌，乡贤祠、名宦祠、启圣祠、两庑寝圮。光绪五年，署府陈汝藩延绅士等商议学宫试院皆宜培修，工繁费，矩非资，一州四县力无以举办，据实详廪，上宪一面，行知州县筹捐，陆续解府，次第修葺；十一年，工始告竣，正殿两庑，各祠宇暨月台宫墙视昔有加焉。明伦堂在大成殿后，前为学门，为射圃，后为学署，有嘉靖御制敬一亭碑程子四箴碑，为朔望行礼之所，州县均如制。

参考文献

[1] 孟子. 孟子 [M]. 哈尔滨：北方文艺出版社，2013：65.

[2] 戴圣. 礼记 [M]. 哈尔滨：北方文艺出版社，2013：232.

[3] 康熙永宁州志：卷之二学校 [M]// 中国地方志集成：山西府县志辑，南京：凤凰出版社，2005：30.

[4] 光绪翼城县志：卷之八学校 [M]// 中国地方志集成：山西府县志辑，南京：凤凰出版社，2005：247.

[5] 孔祥林. 世界孔子庙研究 [M]. 北京：中央编译出版社，2011：13.

[6] 司马迁. 史记 [M]. 北京：光明日报出版社，2015：486.

[7] 宋孔传. 东家杂记 [M]// 景印文渊阁四库全书：史部二〇四：传记类，台北：台湾商务印书馆，2008：65.

[8] 孔元措. 孔氏祖庭广记：卷一 [M]. 上海：商务印书馆，1936：2.

[9] 定州志：卷十七政典祭祀 [M]// 中国方志丛书：华北地方：第二二五号：河北省，台北：成文出版社，1969：1450.

[10] 栾城县志：卷六学校志 [M]// 中国方志丛书：华北地方：第五〇四号：河北省，台北：成文出版社，1966：289-290.

[11] 王晖. 西周"大学"、"辟雍"考辨 [J]. 宝鸡文理学院学报（社会科学版），2014，34(5)：26-34.

[12] 马端临. 文献通考：卷四十三学校考四 [M]// 景印文渊阁四库全书：史部三六九：政书类，台北：台湾商务印书馆，2008：60.

[13] 王应麟. 困学纪闻：卷十六考史 [M]// 景印摛藻堂四库全书荟要：子部第三四册：考证类，台北：台湾世界书局，1985：470.

[14] 班固. 汉书：卷五十六董仲舒传第二十六 [M]// 景印摛藻堂四库全书荟要：史部第五册：正史类，台北：台湾世界书局，1985：573.

[15] 徐天麟. 西汉会要：卷二十六学校下 [M]// 景印文渊阁四库全书：史部三六七：政书

类, 台北: 台湾商务印书馆, 2008: 157.

[16] 马端临. 文献通考: 卷四十学校考一 [M] // 景印文渊阁四库全书: 史部三六九: 政书类, 台北: 台湾商务印书馆, 2008: 8-9.

[17] 李昉, 李穆, 徐铉, 等. 太平御览: 卷五百三十四礼仪部十三学校 [M] // 景印文渊阁四库全书: 子部二〇四: 类书类, 台北: 台湾商务印书馆, 2008: 83.

[18] 班固. 汉书: 卷九十九上王莽传第六十九上 [M] // 景印摛藻堂四库全书荟要: 史部第六册: 正史类, 台北: 台湾世界书局, 1985: 586.

[19] 司马光. 资治通鉴: 卷三十六王莽上 [M] // 景印摛藻堂四库全书荟要: 史部第七一册: 编年类, 台北: 台湾世界书局, 1985: 714.

[20] 范晔. 后汉书: 卷一上帝纪第一上光武上 [M] // 景印文渊阁四库全书: 史部一〇: 正史类, 台北: 台湾商务印书馆, 2008: 46.

[21] 范晔. 后汉书: 卷一下帝纪第一下光武下 [M] // 景印文渊阁四库全书: 史部一〇: 正史类, 台北: 台湾商务印书馆, 2008: 54.

[22] 房玄龄, 等. 晋书: 卷二十一志第十一礼下 [M] // 景印摛藻堂四库全书荟要: 史部第一二册: 正史类, 台北: 台湾世界书局, 1985: 410.

[23] 马端临. 文献通考: 卷四十五学校考六 [M] // 景印文渊阁四库全书: 史部三六九: 政书类, 台北: 台湾商务印书馆, 2008: 105.

[24] 洪适. 隶释: 卷一高朕修周公礼殿记 [M] // 景印文渊阁四库全书: 史部四三九: 目录类, 台北: 台湾商务印书馆, 2008: 28.

[25] 黄休复. 益州名画录 [M] // 景印文渊阁四库全书: 子部一一八: 艺术类, 台北: 台湾商务印书馆, 2008: 504-505.

[26] 班固. 汉书: 卷九元帝纪第九 [M] // 景印摛藻堂四库全书荟要: 史部第四册: 正史类, 台北: 台湾世界书局, 1985: 158.

[27] 班固. 汉书: 卷十二平帝纪第十二 [M] // 景印摛藻堂四库全书荟要: 史部第四册: 正史类, 台北: 台湾世界书局, 1985: 180.

[28] 范晔. 后汉书: 卷二显宗孝明帝纪第二 [M] // 景印摛藻堂四库全书荟要: 史部第七册: 正史类, 台北: 台湾世界书局, 1985: 76.

[29] 范晔. 后汉书: 卷三肃宗孝章帝纪第三 [M] // 景印摛藻堂四库全书荟要: 史部第七册: 正史类, 台北: 台湾世界书局, 1985: 89.

[30] 范晔. 后汉书: 卷五孝安帝纪第五 [M] // 景印摛藻堂四库全书荟要: 史部第七册: 正

史类,台北:台湾世界书局,1985:120.

[31] 范晔.后汉书:卷八孝灵帝纪第八 [M]// 景印摛藻堂四库全书荟要:史部第七册:正史类,台北:台湾世界书局,1985:153.

[32] 范晔.后汉书:卷九孝献帝纪第九 [M]// 景印摛藻堂四库全书荟要:史部第七册:正史类,台北:台湾世界书局,1985:164.

[33] 班固.汉书:卷八十九循吏传第五十九 [M]// 景印摛藻堂四库全书荟要:史部第六册:正史类,台北:台湾世界书局,1985:366.

[34] 马端临.文献通考:卷四十六学校考七 [M]// 景印文渊阁四库全书:史部三六九:政书类,台北:台湾商务印书馆,2008:117.

[35] 郝虹.汉末魏晋时期儒家政治思想的发展 [J].孔子研究,2006(2):67-74.

[36] 陈寿.三国志:魏志卷一武帝操 [M]// 景印摛藻堂四库全书荟要:史部第一○册:正史类,台北:台湾世界书局,1985:23-24.

[37] 梁沈约.宋书:卷十四志第四礼一 [M]// 景印摛藻堂四库全书荟要:史部第一五册:正史类,台北:台湾世界书局,1985:230.

[38] 陈寿.三国志:魏志卷二文帝丕 [M]// 景印摛藻堂四库全书荟要:史部第一○册:正史类,台北:台湾世界书局,1985:55-56.

[39] 陈寿.三国志:魏志卷三明帝叡 [M]// 景印摛藻堂四库全书荟要:史部第一○册:正史类,台北:台湾世界书局,1985:67.

[40] 陈寿.三国志:魏志卷四齐王芳 [M]// 景印摛藻堂四库全书荟要:史部第一○册:正史类,台北:台湾世界书局,1985:83.

[41] 陈寿.三国志:魏志卷十五刘馥 [M]// 景印摛藻堂四库全书荟要:史部第一○册:正史类,台北:台湾世界书局,1985:304.

[42] 司马光.资治通鉴:卷七十七魏纪九 [M]// 景印摛藻堂四库全书荟要:史部第七三册:编年类,台北:台湾世界书局,1985:58.

[43] 萧子显.南齐书:卷九志第一礼上 [M]// 景印摛藻堂四库全书荟要:史部第一七册:编年类,台北:台湾世界书局,1985:100.

[44] 马端临.文献通考:卷四十一学校考二 [M]// 景印文渊阁四库全书:史部三六九:政书类,台北:台湾商务印书馆,2008:26.

[45] 萧统.文选:卷十六 [M]// 景印摛藻堂四库全书荟要:史部第一一九册:总集类,台北:台湾世界书局,1985:381.

[46] 房玄龄, 等. 晋书: 卷五十五列传第二十五 [M]// 景印摛藻堂四库全书荟要: 史部第一三册: 正史类, 台北: 台湾世界书局, 1985: 273-274.

[47] 梁沈约. 宋书: 卷十七志第七礼四 [M]// 景印摛藻堂四库全书荟要: 史部第一五册: 正史类, 台北: 台湾世界书局, 1985: 314.

[48] 许嵩. 建康实录: 卷九 [M]// 景印文渊阁四库全书: 史部一二八: 别史类, 台北: 台湾商务印书馆, 2008: 364.

[49] 沈旸. 东方儒光: 中国古代城市孔庙研究 [M]. 南京: 东南大学出版社, 2016.

[50] 李大师, 李延寿. 南史: 卷二宋本纪中第二 [M]// 景印摛藻堂四库全书荟要: 史部第二五册: 正史类, 台北: 台湾世界书局, 1985: 50.

[51] 梁沈约. 宋书: 卷五本纪第五文帝 [M]// 景印摛藻堂四库全书荟要: 史部第一五册: 正史类, 台北: 台湾世界书局, 1985: 70.

[52] 马端临. 文献通考: 卷五十七职官考十一 [M]// 景印文渊阁四库全书: 史部三六九: 政书类, 台北: 台湾商务印书馆, 2008: 320.

[53] 姚察, 姚思廉. 梁书: 卷四十八列传第四十二儒林 [M]// 景印摛藻堂四库全书荟要: 史部第一八册: 正史类, 台北: 台湾世界书局, 1985: 413.

[54] 姚察, 姚思廉. 梁书: 卷二本纪第二武帝中 [M]// 景印摛藻堂四库全书荟要: 史部第一八册: 正史类, 台北: 台湾世界书局, 1985: 38.

[55] 李大师, 李延寿. 南史: 卷八梁本纪下第八 [M]// 景印摛藻堂四库全书荟要: 史部第二五册: 正史类, 台北: 台湾世界书局, 1985: 156.

[56] 姚思廉. 陈书: 卷五本纪第五宣帝 [M]// 景印摛藻堂四库全书荟要: 史部第一八册: 正史类, 台北: 台湾世界书局, 1985: 591.

[57] 姚思廉. 陈书: 卷六本纪第六后主 [M]// 景印摛藻堂四库全书荟要: 史部第一八册: 正史类, 台北: 台湾世界书局, 1985: 608.

[58] 房玄龄, 等. 晋书: 卷八十六列传第五十六 [M]// 景印摛藻堂四库全书荟要: 史部第一四册: 正史类, 台北: 台湾世界书局, 1985: 27.

[59] 房玄龄, 等. 晋书: 卷一百三载记第三 [M]// 景印摛藻堂四库全书荟要: 史部第一四册: 正史类, 台北: 台湾世界书局, 1985: 323.

[60] 房玄龄, 等. 晋书: 卷一百四载记第四 [M]// 景印摛藻堂四库全书荟要: 史部第一四册: 正史类, 台北: 台湾世界书局, 1985: 345.

[61] 房玄龄, 等. 晋书: 卷一百五载记第五 [M]// 景印摛藻堂四库全书荟要: 史部第一四

册：正史类，台北：台湾世界书局，1985：353.

[62] 房玄龄，等.晋书：卷一百六载记第六 [M]// 景印摛藻堂四库全书荟要：史部第一四册：正史类，台北：台湾世界书局，1985：375.

[63] 房玄龄，等.晋书：卷一百八载记第八 [M]// 景印摛藻堂四库全书荟要：史部第一四册：正史类，台北：台湾世界书局，1985：397.

[64] 崔鸿.十六国春秋：卷三十七前秦录五 [M]// 景印摛藻堂四库全书荟要：史部第一一七册：别史类，台北：台湾世界书局，1985：580.

[65] 崔鸿.十六国春秋：卷四十二前秦录十 [M]// 景印摛藻堂四库全书荟要：史部第一一七册：别史类，台北：台湾世界书局，1985：665.

[66] 房玄龄，等.晋书：卷一百十六载记第十六 [M]// 景印摛藻堂四库全书荟要：史部第一四册：正史类，台北：台湾世界书局，1985：504.

[67] 房玄龄，等.晋书：卷一百十七载记第十七 [M]// 景印摛藻堂四库全书荟要：史部第一四册：正史类，台北：台湾世界书局，1985：510.

[68] 李大师，李延寿.北史：卷八十一列传第六十九儒林上 [M]// 景印摛藻堂四库全书荟要：史部第二九册：正史类，台北：台湾世界书局，1985：261.

[69] 胡克森.北魏中书学的学校类型：兼谈鲜卑统治者对儒学教育功能的认识 [J]. 邵阳学院学报 (社会科学版)，2017, 16(1)：83-100.

[70] 魏收.魏书：卷七下帝纪第七下高祖纪下 [M]// 景印摛藻堂四库全书荟要：史部第一九册：正史类，台北：台湾世界书局，1985：121.

[71] 司马光.资治通鉴：卷一百三十七齐纪三 [M]// 景印摛藻堂四库全书荟要：史部第七四册：编年类，台北：台湾世界书局，1985：469.

[72] 魏收.魏书：卷一百八之一志第十礼四之一 [M]// 景印摛藻堂四库全书荟要：史部第二一册：正史类，台北：台湾世界书局，1985：430.

[73] 魏收.魏书：卷八帝纪第八世宗纪 [M]// 景印摛藻堂四库全书荟要：史部第一九册：正史类，台北：台湾世界书局，1985：152.

[74] 魏收.魏书：卷八十二列传第七十 [M]// 景印摛藻堂四库全书荟要：史部第二〇册：正史类，台北：台湾世界书局，1985：508.

[75] 令狐德棻.周书：卷四十五列传第三十七儒林 [M]// 景印摛藻堂四库全书荟要：史部第二二册：正史类，台北：台湾世界书局，1985：828.

[76] 李隆基，李林甫，张说，等.唐六典：卷二十一国子监 [M]// 景印文渊阁四库全书：

史部三五三：职官类，台北：台湾商务印书馆，2008：200.

[77] 李大师，李延寿.北史：卷七齐本纪中第七 [M]// 景印摛藻堂四库全书荟要：史部第二七册：正史类，台北：台湾世界书局，1985：155.

[78] 魏征.隋书：卷二十七志第二十二百官中 [M]// 景印摛藻堂四库全书荟要：史部第二三册：正史类，台北：台湾世界书局，1985：528.

[79] 魏征.隋书：卷二十八志第二十三百官下 [M]// 景印摛藻堂四库全书荟要：史部第二三册：正史类，台北：台湾世界书局，1985：543.

[80] 刘昫，赵莹，等.旧唐书：卷一百八十九上列传第一百三十九儒学上 [M]// 景印摛藻堂四库全书荟要：史部第三四册：正史类，台北：台湾世界书局，1985：400.

[81] 刘昫，赵莹，等.旧唐书：卷一本纪第一高祖 [M]// 景印摛藻堂四库全书荟要：史部第三〇册：正史类，台北：台湾世界书局，1985：49.

[82] 孔祥雷.孔庙及其社会价值 [J].沧桑，2006(4)：15-17.

[83] 舒其绅.西安府志：卷第十九学校志 [M]// 中国方志丛书：华北地方：第三一三号：陕西省，台北：成文出版社，1970：871.

[84] 宋祁、欧阳修，等.新唐书：卷十五礼乐志第五 [M]// 景印文渊阁四库全书：史部三〇：正史类，台北：台湾商务印书馆，2008：236.

[85] 脱脱，阿鲁图，等.宋史：卷一百五志第五十八礼八 [M]// 景印摛藻堂四库全书荟要：史部第四五册：正史类，台北：台湾世界书局，1985：281.

[86] 脱脱，阿鲁图，等.宋史：卷五本纪第五太宗二 [M]// 景印摛藻堂四库全书荟要：史部第四三册：正史类，台北：台湾世界书局，1985：131.

[87] 熊奏凯.宋代国子监研究 [D].南昌：南昌大学，2012：40.

[88] 脱脱，阿鲁图，等.宋史全文：卷八下宋仁宗四 [M]// 景印文渊阁四库全书：史部八八：编年类，台北：台湾商务印书馆，2008：253-254.

[89] 张祥云.北宋西京国子监考探 [J].周口师范学院学报，2012,29(6)：74-77.

[90] 毕沅.续资治通鉴：卷第四十六宋纪四十六 [M]// 续修四库全书，上海：上海古籍出版社，2002：519

[91] 张英，王士禛，王掞，等.御定渊鉴类函：卷一百六十礼仪部七 [M]// 景印文渊阁四库全书：子部二九二：类书类，台北：台湾商务印书馆，2008：162.

[92] 脱脱，阿鲁图，等.宋史全文：卷九下宋仁宗六 [M]// 景印文渊阁四库全书：史部八八：编年类，台北：台湾商务印书馆，2008：316.

[93] 熊奏凯 . 宋代国子监研究 [D]. 南昌：南昌大学，2012：11.

[94] 脱脱，阿鲁图，等 . 宋史：卷十四本纪第十四神宗一 [M]// 景印摛藻堂四库全书荟要：史部第四三册：正史类，台北：台湾世界书局，1985：240.

[95] 傅增湘 . 宋代蜀文辑存：卷二十四华阳县学馆记 [M]. 台北：新文丰出版社，1974.

[96] 元氏县志：教育庙学 [M]// 中国方志丛书：华北地方：第五〇七号：河北省，台北：成文出版社，1976：467-468.

[97] 慈溪县志：卷四建制三学校 [M]// 中国方志丛书：华中地方：第二一三号：浙江省，台北：成文出版社，1975：94.

[98] 乾隆福州府志（一）：卷之十一学校 [M]// 中国地方志集成：福建府县志辑，上海：上海书店出版社，2000：253.

[99] 黄岩县志：卷之八建制志二庙学 [M]// 中国方志丛书：华中地方：第二一一号：浙江省，台北：成文出版社，1975：607-608.

[100] 咸淳临安志：卷之八国子监 [M]// 中国方志丛书：华中地方：第四九号：浙江省，台北：成文出版社，1970：98.9

[101] 乾道临安志：卷第二学校 [M]// 中国方志丛书：华中地方：第四八号：浙江省，台北：成文出版社，1970：43-44.

[102] 淳祐袖临安志：卷第六学校 [M]// 中国方志丛书：华中地方：第五一三号：浙江省，台北：成文出版社，1983：4883-4884.

[103] 徐松 . 宋会要辑稿补编 [M]. 北京：全国图书馆文献缩微复制中心，1988：857.

[104] 吴自牧 . 梦粱录：卷十五学校 [M]// 景印文渊阁四库全书：史部三四八：地理类，台北：台湾商务印书馆，2008：120.

[105] 经考：宋高宗御书石经石 [M]// 景印文渊阁四库全书：史部四四一：目录类，台北：台湾商务印书馆，2008：850-851.

[106] 咸淳临安志：卷之十一学校 [M]// 中国方志丛书：华中地方：第四九号：浙江省，台北：成文出版社，1970：124-141.

[107] 丰城县志：卷之五官政志四学校 [M]// 中国方志丛书：华中地方：第二七九号：江西省，台北：成文出版社，1975：525.

[108] 咸淳临安志：卷之五十六文事 [M]// 中国方志丛书：华中地方：第四九号：浙江省，台北：成文出版社，1970：537.

[109] 嘉定县志：卷之三营建考上：学宫 [M]// 中国方志丛书：华中地方：第四二一号：江

苏省，台北：成文出版社，1983：193.

[110] 光绪泰兴县志：卷之十二学校上 [M]// 中国地方志集成：江苏府县志辑，南京：江苏古籍出版社，1991：98.

[111] 脱脱，等 . 辽史：卷七十二列传第二宗室 [M]// 景印摛藻堂四库全书荟要：史部第五四册：正史类，台北：台湾世界书局，1985：140-556.

[112] 脱脱，等 . 辽史：卷一本纪第一太祖上 [M]// 景印摛藻堂四库全书荟要：史部第五四册：正史类，台北：台湾世界书局，1985：140-28.

[113] 脱脱，等 . 辽史：卷二本纪第二太祖下 [M]// 景印摛藻堂四库全书荟要：史部第五四册：正史类，台北：台湾世界书局，1985：140-29.

[114] 脱脱，等 . 辽史：卷三十七志第七地理一上京道 [M]// 景印摛藻堂四库全书荟要：史部第五四册：正史类，台北：台湾世界书局，1985：140-248.

[115] 陈刚 . 辽上京兴建的历史背景及其都城规划思想 [D]. 长春：东北师范大学，2009：43-46.

[116] 脱脱，等 . 辽史：卷二十一本纪第二十一道宗一 [M]// 景印摛藻堂四库全书荟要：史部第五四册：正史类，台北：台湾世界书局，1985：140-158.

[117] 脱脱，等 . 辽史：卷四十八志第十七下百官志四南面京官 [M]// 景印摛藻堂四库全书荟要：史部第五四册：正史类，台北：台湾世界书局，1985：140-383.

[118] 脱脱，等 . 辽史：卷十三本纪第十三圣宗四 [M]// 景印摛藻堂四库全书荟要：史部第五四册：正史类，台北：台湾世界书局，1985：140-101.

[119] 脱脱，等 . 辽史：卷四十一志第十一地理志五西京道 [M]// 景印摛藻堂四库全书荟要：史部第五四册：正史类，台北：台湾世界书局，1985：140-282.

[120] 脱脱，等 . 辽史拾遗：卷十五志第十一地理志五西京道 [M]// 景印文渊阁四库全书：史部四七：正史类，台北：台湾商务印书馆，2008：978.

[121] 厉鹗 . 辽史拾遗：卷十六补选举志四学校 [M]// 景印文渊阁四库全书：史部四七：正史类，台北：台湾商务印书馆，2008：1003.

[122] 脱脱，等 . 辽史：卷十五本纪第十五圣宗六 [M]// 景印摛藻堂四库全书荟要：史部第五四册：正史类，台北：台湾世界书局，1985：289-113.

[123] 脱脱，等 . 辽史：卷一百五列传第三十五能吏 [M]// 景印摛藻堂四库全书荟要：史部第五四册：正史类，台北：台湾世界书局，1985：289-697.

[124] 郑毅 . 辽朝统治者的"崇儒"理念与政治实践 [J]. 学理论，2014(12)：123-124.

[125] 王耀贵.辽代西京的文化教育发展概析[J].学理论,1996(2):20-21.

[126] 李华瑞.论儒学与佛教在西夏文化中的地位[J].西夏学,2006(0):22-27.

[127] 脱脱,阿鲁图,等.宋史:卷一百八十六食货志第一百三十九食货下八[M]//景印摘藻堂四库全书荟要:史部第四七册:正史类,台北:台湾世界书局,1985:133-123.

[128] 毕沅.续资治通鉴:卷第六十宋纪六十[M]//续修四库全书,上海:上海古籍出版社,2002:688.

[129] 吴广成.西夏书事:卷十三[M]//续修四库全书,上海:上海古籍出版社,2002:395.

[130] 吴广成.西夏书事:卷三十一[M]//续修四库全书,上海:上海古籍出版社,2002:544.

[131] 吴广成.西夏书事:卷三十五[M]//续修四库全书,上海:上海古籍出版社,2002:580.

[132] 脱脱,阿鲁图,等.宋史:卷四百八十六列传第二百四十五[M]//景印摘藻堂四库全书荟要:史部第四七册:正史类,台北:台湾世界书局,1985:139-568.

[133] 吴广成.西夏书事:卷三十六[M]//续修四库全书,上海:上海古籍出版社,2002:582.

[134] 确庵,耐庵.靖康稗史笺证:大金国志卷一[M].北京:中华书局,1988.

[135] 解缙,姚广孝,等.永乐大典:卷之七千七百二金史[M].北京:中华书局,2015.

[136] 钦定重订大金国志:卷三十三燕京制度[M]//景印文渊阁四库全书:史部一四一:别史类,台北:台湾商务印书馆,2008:1022.

[137] 确庵,耐庵.靖康稗史笺证:金史卷二四地理志[M].北京:中华书局,1988.

[138] 脱脱.金史:卷一百五列传第四十三孔璠[M]//景印摘藻堂四库全书荟要:史部第五七册:正史类,台北:台湾世界书局,1985:143-178.

[139] 张敏杰.金代孔庙的修建及其在民族融合中的作用[J].北方论丛,1998(6):75.

[140] 脱脱.金史:卷五十一志第三十二选举一[M]//景印摘藻堂四库全书荟要:史部第五六册:正史类,台北:台湾世界书局,1985:142-72.

[141] 脱脱.金史:卷二十四志第五地理上[M]//景印摘藻堂四库全书荟要:史部第五五册:正史类,台北:台湾世界书局,1985:141-339.

[142] 脱脱.金史:卷五本纪第五海陵[M]//景印摘藻堂四库全书荟要:史部第五五册:正

史类，台北：台湾世界书局，1985：141-85.

[143] 脱脱．金史：卷三十五志第十六礼八 [M]// 景印摛藻堂四库全书荟要：史部第五五册：正史类，台北：台湾世界书局，1985：141-449.

[144] 御订全金诗增补中州集：卷首上帝藻 [M]// 景印文渊阁四库全书：集部三八四：总集类，台北：台湾商务印书馆，2008：1445-23—1445-24.

[145] 刘辉．金代的孔庙与庙学述略 [J]. 社会科学战线，2015(12)：126-127.

[146] 脱脱．金史：卷八本纪第八世宗下 [M]// 景印摛藻堂四库全书荟要：史部第五五册：正史类，台北：台湾世界书局，1985：141-132—141-133.

[147] 脱脱．金史：卷九本纪第九章宗一 [M]// 景印摛藻堂四库全书荟要：史部第五五册：正史类，台北：台湾世界书局，1985：141-151.

[148] 脱脱．金史：卷十二本纪第十二章宗四 [M]// 景印摛藻堂四库全书荟要：史部第五五册：正史类，台北：台湾世界书局，1985：141-181.

[149] 脱脱．金史：卷十七本纪第十七哀宗上 [M]// 景印摛藻堂四库全书荟要：史部第五五册：正史类，台北：台湾世界书局，1985：254-255.

[150] 宋濂，王祎．元史：卷一百五十三列传第四十王檝 [M]// 景印摛藻堂四库全书荟要：史部第六一册：正史类，台北：台湾世界书局，1985：402.

[151] 宋濂，王祎．元史：卷一百四十六列传第三十三耶律楚材 [M]// 景印摛藻堂四库全书荟要：史部第六一册：正史类，台北：台湾世界书局，1985：311.

[152] 宋濂，王祎．元史：卷一百三十四列传第二十一撒吉思 [M]// 景印摛藻堂四库全书荟要：史部第六一册：正史类，台北：台湾世界书局，1985：168-169.

[153] 宋濂，王祎．元史：卷七十六志第二十七祭祀五 [M]// 景印摛藻堂四库全书荟要：史部第五九册：正史类，台北：台湾世界书局，1985：635.

[154] 宋濂，王祎．元史：卷一百五十七列传第四十四刘秉忠 [M]// 景印摛藻堂四库全书荟要：史部第六一册：正史类，台北：台湾世界书局，1985：449.

[155] 宋濂，王祎．元史：卷一百四十三列传第三十巙巙 [M]// 景印摛藻堂四库全书荟要：史部第六一册：正史类，台北：台湾世界书局，1985：281-283.

[156] 何绍忞．新元史：卷之十三本纪第十三成宗上 [M]. 北京：中国书店出版社，1988：52.

[157] 钦定续通典：卷五十四礼十 [M]// 景印文渊阁四库全书：史部三九八：政书类，台北：台湾商务印书馆，2008：640-171.

[158] 熊梦祥.析津志辑佚:学校 [M].北京:北京古籍出版社,1983:197-201.

[159] 庙学典礼 [M]// 景印文渊阁四库全书:史部四〇六:政书类,台北:台湾商务印书馆,2008:327-391

[160] 宋濂,王祎.元史:卷一百六十四列传第五十一杨果[M]// 景印摛藻堂四库全书荟要:史部第六一册:正史类,台北:台湾世界书局,1985:147-553.

[161] 宋濂,王祎.元史:卷一百二十五列传第十二赛典赤赡思丁 [M]// 景印摛藻堂四库全书荟要:史部第六一册:正史类,台北:台湾世界书局,1985:147-57.

[162] 张廷玉.明史:卷五十志第二十六礼四 [M]// 景印摛藻堂四库全书荟要:史部第六三册:正史类,台北:台湾商务印书馆,2008:149-665.

[163] 张廷玉.明史:卷五十志第二十六礼四 [M]// 景印摛藻堂四库全书荟要:史部第六三册:正史类,台北:台湾商务印书馆,2008:149-666.

[164] 南雍志:卷一事纪一 [M].台北:伟文图书出版社,1976:91.

[165] 陈鼎.东林列传:卷二高攀龙传 [M]// 景印文渊阁四库全书:史部二一六:传记类,台北:台湾商务印书馆,2008:458-199.

[166] 辽州志:卷之二学校 [M]// 中国方志丛书:华北地方:第四〇七号:山西省,台北:成文出版社,1976:153-156.

[167] 张廷玉.明史:卷六十九志第四十五选举一 [M]// 景印摛藻堂四库全书荟要:史部第六四册:正史类,台北:台湾商务印书馆,2008:157.

[168] 程利娟.明代前中期国子监教师研究 [D].厦门:厦门大学,2009:12.

[169] 大明会典:卷之二百二十国子监 [M]// 续修四库全书,上海:上海古籍出版社,2002:603.

[170] 吴宣德.中国教育制度通史(第4卷)[M] 济南:山东教育出版社,2000:41.

[171] 张廷玉.明史:卷七十五志第五十一职官四 [M]// 景印摛藻堂四库全书荟要:史部第六四册:正史类,台北:台湾商务印书馆 2008:150-263.

[172] 任洛,等.辽东志:卷二建置学校 [M]// 辽海丛书,沈阳:辽海出版社,2009:377.

[173] 乾隆威海卫志:卷三学校 [M]// 中国地方志集成:山东府县志辑,南京:凤凰出版社,2005:444.

[174] 康熙靖海卫志:卷之一形胜 [M]// 中国地方志集成:山东府县志辑,南京:凤凰出版社,2005:434.

[175] 唐咨伯.潼关卫志:卷上 建置 [DB/OL].[2020-08-01].北京:国家数字图书馆.

http://find.nlc.cn/search/showDocDetails?docId=-3025235853667913501
&dataSource=ucs01, szfz&query=%E6%BD%BC%E5%85%B3%E5%8D%
AB%E5%BF%97.

[176] 光绪永昌府志：卷六十五碑记书传重修金齿司学记 [M]// 中国地方志集成：云南府县志辑，南京：凤凰出版社，2005：393.

[177] 镇海卫志：学校志学官 [M]// 中国方志丛书：华中地方：第四九三号：浙江省，台北：成文出版社.1983：54-55.

[178] 重修蒙城县志书：卷五学校志 [M]// 中国方志丛书：华中地方：第二四四号：安徽省，台北：成文出版社，1975：229.

[179] 民国宣化县新志：卷七学制志上 [M]// 中国地方志集成：河北府县志辑，南京：凤凰出版社，2005：346-349

[180] 吴云 . 曲阜碑刻视域下的清代文化选择 [D]. 曲阜：曲阜师范大学，2016：21-28.

[181] 赵尔巽 . 清史稿：卷九十志六十五礼三 [M]//续修四库全书，上海：上海古籍出版社，2002：157.

[182] 光绪正定县志：卷二十二释奠 [M]// 中国地方志集成：河北府县志辑，南京：凤凰出版社，2005：290.

[183] 凤山县志：卷之二规制志学官 [M]// 台北文献丛刊：第一二四种，台北：台湾银行经济研究室，1963.

[184] 礼典：卷四十八礼吉八 [M]// 万有文库：清朝通典，上海：商务印书馆，1935：2315.

[185] 道光济南府志：卷十七学校 [M]// 中国地方志集成：山东府县志辑，南京：凤凰出版社，2005：339.

[186] 连平州志：卷之四学官 [M]. 河源：广东省连平县档案馆图书馆，1980.

[187] 钦定大清会典则例：卷八十二中祀二先师庙 [M]// 景印文渊阁四库全书：史部三八〇：政书类，台北：台湾商务印书馆，2008.

[188] 赵尔巽 . 清史稿：卷十六：本纪十六仁宗 [M]//.续修四库全书，上海：上海古籍出版社，2002：207.

[189] 尹弘基，沙露茵 . 论中国古代风水的起源和发展 [J]. 自然科学史研究，1989(1)：84-89.

[190] 何晓昕 . 风水探源 [M]. 南京：东南大学出版社，1990：1.

[191] 王其亨 . 风水理论研究 [M]. 天津：天津大学出版社，2005：5.

[192] 于凤文 .(民国三年) 灌阳县志 [DB/OL]. [2020-08-01]. 北京：国家数字图书馆 . http://mylib.nlc.cn/web/guest/shuzifangzhi.

[193] 赵怡 . 赵懿 . 光绪名山县志 [DB/OL]. [2020-08-01]. 北京：国家数字图书馆 . http://mylib.nlc.cn/web/guest/shuzifangzhi.

[194] 唐受潘 . 民国乐山县志 [DB/OL]. [2020-08-01]. 北京：国家数字图书馆 . http://mylib.nlc.cn/web/guest/shuzifangzhi.

[195] 庄成修，沈钟，李畴 . 乾隆安溪县志 [M] 厦门：厦门大学出版社，2012：477.

[196] 张绍龄 . 同治昭化县志 [DB/OL]. [2020-08-01]. 北京：国家数字图书馆 . http://mylib.nlc.cn/web/guest/shuzifangzhi.

[197] 陈文达 . 乾隆重修凤山县志：卷之二规制志学宫 [M]// 中国地方志集成：台湾府县志辑，南京：江苏古籍出版社，1984：14.

[198] 王绍沂 . 民国永泰县志：卷之五学校志二十二 [M]. 上海：上海书店出版社，2000：114.

[199] 李光祚 . 乾隆长洲县志：卷之五学官一 [M]// 中国地方志集成：台湾府县志辑，南京：江苏古籍出版社，1991：45.

[200] 乾隆池州府志：卷第十六学校志 [M]// 中国地方志集成：安徽府县志辑，南京：江苏古籍出版社，1998：257.

[201] 乾隆池州府志：卷第十六学校志 [M]// 中国地方志集成：安徽府县志辑，南京：江苏古籍出版社，1998：258.

[202] 黄桂 . 太平府志：卷之十九学校 [M]// 中国方志丛书：华中地方：第二三六号：安徽省，台北：成文出版社，1974：311.

[203] 丁炳烺 . 民国太和县志：卷之五学校 [M]// 中国方志丛书：华中地方：第九六号：安徽省，台北：成文出版社，1970：369.

[204] 锡德，石景芬 . 同治饶州府志：卷之七学校志 [M]// 中国方志丛书：华中地方：第二五五号：江西省，台北：成文出版社，1975：779-783.

[205] 顾国诰 . 光绪富川县志：卷之六学校 [M]// 中国方志丛书：第十九号：广西省，台北：成文出版社，1967：52.

[206] 罗克涵 . 民国沙县志：卷之七学校 [M]// 中国方志丛书：华南地方：第二三三号：福建省，台北：成文出版社，1975：558.

[207] 缪思齐 . 中国古代城市与建筑方位尊卑观探源及演变 [J]. 城市建筑，2017(3)：382-

384.

[208] 李繁滋 . 民国灵川县志：卷九经政二营建学校 [M]// 中国方志丛书：华南地方：第二一二号：福建省，台北：成文出版社，1975：877.

[209] 周杰 . 同治景宁县志 [DB/OL].[2020-08-01]. 北京：国家数字图书馆 . http://mylib.nlc.cn/web/guest/shuzifangzhi.

[210] 卢兴邦，马传经 . 民国尤溪县志：卷之四祠庙 [M]. 上海：上海书店出版社，2000.

[211] 黄恺元 . 民国长汀县志：卷之十三学校志四 [M]// 中国地方志集成：福建府县志辑，上海：上海书店出版社，2000：471.

[212] 罗克涵 . 民国沙县志：卷之七学校 [M]. 上海：上海书店出版社，2000.

[213] 锡荣 . 同治萍乡县志：卷之四学校学官 [M]// 中国方志丛书：华南地方：第二七零号：江西省，台北：成文出版社，1975：362.

[214] 莫尚简 . 嘉庆惠安县志：卷九学校 [M]// 中国地方志集成：福建府县志辑，上海：上海书店出版社，2000：28.

[215] 王烜 . 乾隆静宁州志：卷七迁学庙记 [M]// 中国方志丛书：华北地方：第三三三号：甘肃省，台北：成文出版社，1970：334.

[216] 佟世男 . 民国恩平县志 [DB/OL].[2020-08-01]. 北京：国家数字图书馆 . http://mylib.nlc.cn/web/guest/shuzifangzhi.

[217] 道光彰化县志：卷之五祀典志祠庙 [M]// 中国地方志集成：台北府县志辑，上海：上海书店出版社，2005：270.

[218] 光绪宁阳县志：卷之八学校文昌魁星 [M]// 中国地方志集成：山东府县志辑，南京：凤凰出版社，2005：130.

[219] 光绪鹿邑县志：卷三建置考坛庙 [M]// 中国方志丛书：华北地方：第四六九号：河南省，台北：成文出版社，1976：99.

[220] 嘉庆密县志：卷之七建置志坛庙 [DB/OL].[2020-08-01]. 北京：国家数字图书馆 . http://mylib.nlc.cn/allSearch/searchDetail?searchType=all&showType=1&indexName=data_403&fid=312001066319.

[221] 乾隆祥符县志：卷八祠祀祠庙 [DB/OL].[2020-08-01]. 北京：国家数字图书馆 . http://mylib.nlc.cn/allSearch/searchDetail?searchType=all&showType=1&indexName=data_403&fid=312001066343.

[222] 乾隆陇西县志：卷之三建置祠坛 [M]// 中国地方志集成：甘肃府县志辑，南京：凤凰

出版社, 2005：45.

[223] 光绪临高县志：卷之五建置祀典 [M]// 中国地方志集成：海南府县志辑, 上海：上海书店出版社, 2005：573-574.

[224] 雍正井陉志：卷之建制志学官 [M]// 中国地方志集成：海南府县志辑, 上海：上海书店出版社, 2005：174.

[225] 民国 7 年永昌县志：卷之八艺文志 [DB/OL].[2020-08-01]. 北京：国家数字图书馆. http://mylib.nlc.cn/allSearch/searchDetail?searchType=all&showType=1&indexName=data_403&fid=311998003375.

[226] 方濬师. 蕉轩随录：卷三：重修奎宿楼记 [M]// 续修四库全书, 上海：上海古籍出版社, 2002：295.

[227] 乾隆渭南县志：卷三坛庙祠宇院观考 [EB/OL].[2020-08-01]. http://www.guoxue-dashi.com/306799.

[228] 光绪直隶绛州志：卷之三学校 [M]// 中国地方志集成：山西府县志辑, 南京：凤凰出版社, 2005：54.

[229] 介休县志：卷三：学校.[M]// 中国方志丛书：华北地方：第四三四号：山西省, 台北：成文出版社, 1966：191.

[230] 同治榆次县志 [DB/OL].[2020-08-01]. 北京：国家数字图书馆. http://find.nlc.cn/search/showDocDetails?docId=161848464402927426&dataSource=crfd&query=%E6%A6%86%E6%AC%A1%E5%8E%BF%E5%BF%97.

[231] 歙县志：卷二营建志学校 [M]// 中国方志丛书：华中地方：第二三二号：安徽省, 台北：成文出版社, 1966：205.

[232] 康熙巩昌府志：卷之二十六艺文 [M]// 中国地方志集成：甘肃府县志辑, 南京：凤凰出版社, 2005：635.

[233] 民国罗定志：卷之二建置学校 [M]// 中国地方志集成：甘肃府县志辑, 南京：凤凰出版社, 2005：54.

[234] 普安直隶厅志：卷八坛庙 [M]// 中国方志丛书：华南地方：第二七六号：贵州省, 台北：成文出版社, 1966：317.

[235] 民国 19 年中江县志：卷之四祠庙 [DB/OL].[2020-08-01]. 北京：国家数字图书馆. http://mylib.nlc.cn/allSearch/searchDetail?searchType=all&showType=1&indexName=data_403&fid=311998005636.

[236] 丰顺县志：卷之二建置志学宫 [M]// 中国方志丛书：华南地方：第一一四号：广东省，台北：成文出版社，1967：261.

[237] 潘谷西. 中国建筑史 [M] 北京：中国建筑工业出版社，2009：117.

[238] 赓音布. 光绪德安府志：卷之七学校 [DB/OL].[2020-08-01]. 北京：国家数字图书馆 . http://mylib.nlc.cn/web/guest/search/shuzifangzhi/medaDataDisplay?metaData.id=1018545&metaData.lId=1023060&IdLib=40283415347ed8b d0134833ed5d60004.

[239] 吴宗焯. 光绪嘉应州志：卷之十六 [DB/OL].[2020-08-01]. 北京：国家数字图书馆 . http://mylib.nlc.cn/web/guest/search/shuzifangzhi/medaDataDisplay?metaData.id=1266436&metaData.lId=1271320&IdLib=40283415347ed8b-d0134833ed5d60004.

[240] 徐作梅. 光绪北流县志：卷之三建置 [M]// 中国方志丛书：华南地方：第一九八号：广西省，台北：成文出版社，1975：111.

[241] 徐作梅. 光绪北流县志：卷之二十一艺文 [M]// 中国方志丛书：华南地方：第一九八号：广西省，台北：成文出版社，1975.

[242] 赓音布. 光绪德安府志：卷七学校 [M]// 中国方志丛书：华中地方：第一一七号：湖北省，台北：成文出版社，1970：211.

[243] 甘肃省张掖市志编修委员会. 张掖市志 [M]. 兰州：甘肃人民出版社，1995：714-715.

[244] 同治武冈州志：卷之二十七学校志 [M]// 中国地方志集成：湖南府县志辑，南京：凤凰出版社，2005：70.

[245] 张鹏翼. 光绪洋县志：卷之五艺文 [DB/OL].[2020-08-01]. 北京：国家数字图书馆 . http://mylib.nlc.cn/web/guest/search/shuzifangzhi/med aDataDisplay?meta-Data.id=1249043&metaData.lId=1253927&IdLib=40283415347ed8b-d0134833ed5d60004.

[246] 光绪镇安府志：卷十四建置志二：学校 [M]// 中国方志丛书：第十四号：广西省，台北：成文出版社，1975：271.

[247] 光绪镇安府志：卷十三建置志一：廨署 [M]// 中国方志丛书：第十四号：广西省，台北：成文出版社，1975：260.

[248] 杨霈. 道光中江县新志：卷二祠庙 [DB/OL].[2020-08-01]. 北京：国家数字图书馆 . http://mylib.nlc.cn/allSearch/searchDetail?searchType=all&showType=1&in-

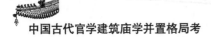

dexName=data_403&fid=311998005623.

[249] 魏收.魏书:志第六地形二中 [M]// 景印文渊阁四库全书:史部一九:正史类,台北:台湾商务印书馆,2008.

[250] 裴骃,司马贞,张守节.史记三家注:卷四十七孔子世家第十七 [M].扬州:广陵书社,2014.

[251] 张明哲.尼山:隐于乡野的"文化源头"[N/OL].大众日报.2010-06-30[2020-08-01]. http://paper.dzwww.com/dzrb/data/20100630/html/10/content_1.html.

[252] 孔毓圻.幸鲁盛典:卷一 [M]// 钦定四库全书.北京:中华书局,1997.

[253] 孔毓圻.幸鲁盛典:卷二 [M]// 钦定四库全书.北京:中华书局,1997.

[254] 雍正阜城县志:卷之六学校 [M]// 中国地方志集成:河北府县志辑,上海:上海书店出版社,2005:408.

[255] 黄宗羲,全祖望.宋元学案:卷六十四潜庵学案 [M].北京:中华书局,1986.

[256] 贺复征.文章辨体汇选:卷四百二十六议三 [M]// 景印文渊阁四库全书:集部三四六:总集类,台北:台湾商务印书馆,2003:333.

[257] 元代奏议集录:张德辉 [M]// 元代史料丛刊,杭州:浙江古籍出版社,1998:48.

[258] 赵翼,曹光甫.廿二史札记:卷三十一明史 [M].南京:凤凰出版社.2008.

[259] 王礼.清代台北方志汇刊:第四册台北县志 [M].台北:台湾地区行政管理机构文化建设委员会,2005.

[260] 民国临沂县志:卷四教育 [M]// 中国地方志集成:山东府县志辑,南京:凤凰出版社,2005:38.

[261] 乾隆正宁县志:卷之七祠祀志坛庙 [M]// 中国地方志集成:甘肃府县志辑,南京:凤凰出版社,2005:332.

[262] 李沄.道光阳江县志 [DB/OL].[2020-08-01].北京:国家数字图书馆. http://mylib. nlc.cn/allSearch/searchDetail?searchType=all&showType=1&indexName=-data_403&fid=312001093096.

[263] 岑溪县志:卷之二学校志学宫 [M]// 中国方志丛书:华南地方:第一三三号:广西省,台北:成文出版社,1967:95.

[264] 恭城县志:卷二学宫 [M]// 中国方志丛书:华南地方:第一二二号:广西省,台北:成文出版社,1968:121.

[265] 康熙兰州志:卷四记文 [M]// 中国地方志集成:甘肃府县志辑,南京:凤凰出版社,

2008：307-308.

[266] 周礼：天官冢宰第一 [EB/OL].[2020-08-01]. http://www.guoxue.com/book/zhou-li/0001.htm.

[267] 郑玄，贾公彦.周礼注疏 [M]// 景印文渊阁四库全书：经部八四：礼类，台北：台湾商务印书馆，2008.

[268] 李昉，李穆，徐铉，等.太平御览：卷三百五十二兵部八十三载上 [M]// 景印文渊阁四库全书：子部二〇四：类书类，台北：台湾商务印书馆，2008：896-249.

[269] 虞世南.北堂书钞：卷第一百二十四武功部十二 [M]// 景印文渊阁四库全书：子部一九五：类书类，台北：台湾商务印书馆，2008：889-610.

[270] 李昉，李穆，徐铉，等.太平御览：卷三百五十二兵部八十四载下 [M]// 景印文渊阁四库全书：子部二〇四：类书类，台北：台湾商务印书馆，2008：896-253.

[271] 范晔.后汉书：卷八十四杨震列传第四十四 [M]// 景印摛藻堂四库全书荟要：史部第八册：正史类，台北：台湾世界书局，1985：521.

[272] 刘歆.西京杂记 [M]// 景印文渊阁四库全书：子部三四一：小说家类，台北：台湾商务印书馆，2008：1035-21.

[273] 班固.汉书：卷七十六赵尹韩张两王传第四十六 [M]// 景印摛藻堂四库全书荟要：史部第六册：正史类，台北：台湾世界书局，1985：92-156—92-157.

[274] 刘东平.浅议从戟到戟门的历史变迁 [J].碑林集刊，2007(0)：300-303.

[275] 李大师，李延寿.北史：卷六十五列传第五十三 [M]// 景印摛藻堂四库全书荟要：史部第二九册：正史类，台北：台湾世界书局，1985：115-125.

[276] 杜佑.通典：卷二十三职官五 [M]// 景印文渊阁四库全书：史部三六一：政书类，台北：台湾商务印书馆，2008：281.

[277] 司马光.资治通鉴：卷二百三十：唐纪四十六 [M]// 景印摛藻堂四库全书荟要：史部第七七册：编年类，台北：台湾世界书局，1985：162-163.

[278] 司马光.资治通鉴：卷二百五十七：唐纪七十三 [M]// 景印摛藻堂四库全书荟要：史部第七八册：编年类，台北：台湾世界书局，1985：164-10.

[279] 马端临.文献通考：卷五十五职官考九 [M]// 景印文渊阁四库全书：史部三六九：政书类，台北：台湾商务印书馆，2008：611-286.

[280] 阎艳.戟、门戟与手戟 [J].内蒙古师范大学学报 (哲学社会科学版)，2004(6)：102-104.

[281] 李攸.宋朝事实:卷六庙制 [M]// 景印文渊阁四库全书:史部三六六:政书类,台北:台湾商务印书馆,2008:608-76.

[282] 脱脱,阿鲁图,等.宋史:卷一百五十:志第一百三舆服二 [M]// 景印摛藻堂四库全书荟要:史部第四六册:正史类,台北:台湾世界书局,1985:132-163.

[283] 张廷玉.明史:卷四十七志第二十三礼一 [M]// 景印摛藻堂四库全书荟要:史部第六四册:正史类,台北:台湾商务印书馆,2008:149-625.

[284] 张廷玉.明史:卷五十一志第二十七礼五 [M]// 景印摛藻堂四库全书荟要:史部第六四册:正史类,台北:台湾商务印书馆,2008:149-679.

[285] 张廷玉.明史:卷四十七志第二十六礼四 [M]// 景印摛藻堂四库全书荟要:史部第六四册:正史类,台北:台湾商务印书馆,2008:149-666.

[286] 山东通志:卷十四学校 [M]// 景印文渊阁四库全书:史部二九七:地理类,台北:台湾商务印书馆,2008:539-878.

[287] 赵尔巽.清史稿:卷九二 礼志五 吉礼五 [M]// 续修四库全书,上海:上海古籍出版社,2002:168

[288] 赵尔巽.清史稿:卷八八礼志一吉礼一 [M]// 续修四库全书,上海:上海古籍出版社,2002:144.

[289] 赵尔巽.清史稿:卷四十志十五灾异一 [M]// 续修四库全书,上海:上海古籍出版社,2002:438.

[290] 海宁县志:卷二建制志学校 [M]// 中国方志丛书:华中地方:第五一六号:浙江省,台北:成文出版社,1984:198.

[291] 嘉庆绩溪县志:卷五学校志学官 [M]// 中国地方志集成:安徽府县志辑,南京:江苏古籍出版社,1998:424.

[292] 石门县志:卷四典礼志学官 [M]// 中国方志丛书:华中地方:第一八五号:浙江省,台北:成文出版社,1975:568.

[293] 张伟.道光兴宁县志:卷之三建置 [DB/OL].[2020-08-01]. 北京:国家数字图书馆. http://mylib.nlc.cn/allSearch/searchDetail?searchType=all&showType=1&in-dexName=data_403&fid=312001072359.

[294] 康熙常熟县志:卷之四学校 [M]// 中国地方志集成:江苏府县志辑,南京:江苏古籍出版社,1991:53-54.

[295] 同治苏州府志:卷二十五学校 [M]// 中国地方志集成:江苏府县志辑,南京:江苏古

籍出版社，1991：585.

[296] 民国上杭县志：卷十三教育志 [M]// 中国地方志集成：福建府县志辑，南京：江苏古
籍出版社，2005：171.

[297] 山西通志：卷一百二十六人物二十六 [M]// 钦定四库全书，北京：中华书局，1997.

[298] 乾隆新安县志：卷之二建置志学校 [M]// 中国地方志集成：河北府县志辑，南京：凤
凰出版社，2005：356.

[299] 光绪定兴县志：卷之二建置志学校 [M]// 中国地方志集成：河北府县志辑，南京：凤
凰出版社，2005：218.

[300] 乾隆重修襄垣县志：卷三学校 [M]// 中国地方志集成：山西府县志辑，南京：凤凰出
版社，2005：428.

[301] 光绪江阴县志：卷五学校 [M]// 中国地方志集成：江苏府县志辑，南京：凤凰出版社，
2005：178.

[302] 乾隆吴江县志：卷之八学校 [M]// 中国地方志集成：江苏府县志辑，南京：凤凰出版
社，2005：402.

[303] 重修宝应县志：卷之三学校 [M]// 中国方志丛书：华中地方：江苏省，台北：成文出
版社，1966：138.

[304] 漳浦县志卷之八学校 [M]// 中国地方志集成：福建府县志辑，南京：凤凰出版社，
2005：82-83.

[305] 赵克生．明清乡贤祠祀的演化逻辑 [J]．古代文明，2018,12(4)：83-90+125：86.

[306] 赵克生．明代地方庙学中的乡贤祠与名宦祠 [J]．中国社会科学院研究生院学报，
2005(1)：118-123+119.

[307] 顾明远．教育大辞典 (增订合卷本)[M]．上海：上海教育出版社，1998：1962.

[308] 咸丰台湾府噶玛兰厅志：卷三下 [M]// 中国地方志集成：台湾府县志辑，上海：上海
书店出版社，2005：98.

[309] 清实录雍正朝实录：卷之四 [EB/OL]．[2020-08-01]. http://www.cssn.cn/sjxz/xsj-
dk/zgjd/sb/jsbml/qslyzcsl/201311/t20131120_847096.shtml.

[310] 山东通志：卷二十一秩祀志 [M]// 景印文渊阁四库全书：史部二九七：地理类，台北：
台湾商务印书馆，2008：540-416.

[311] 广东通志：卷十六学校志 [M]// 景印文渊阁四库全书：史部三二〇：地理类，台北：
台湾商务印书馆，2008：582.

[312] 清实录雍正朝实录：卷之五十五 [EB/OL].[2020-08-01]. http://www.cssn.cn/shujvkuxiazai/xueshujingdianku/zhongguojingdian/sb/jsbml/qslyzcsl/201311/t20131120_847046.shtml.

[313] 襄城县志：卷之二建置志：学校 [M]// 中国方志丛书：华北地方：第四九四号：河南省，台北：成文出版社，1966：118.

[314] 幼学琼林读本：卷四科第 [M]. 上海：广益书局，1943：12.

[315] 毛诗正义：卷二十 [EB/OL].[2020-08-01]. http://www.ziyexing.com/files-5/maoshizhengyi/maoshizhengyi_67.htm.

[316] 鼠璞：卷上 [EB/OL].[2020-08-01]. http://skqs.guoxuedashi.com/wen_1515s/33085.html.

[317] 水经注：卷二十五泗水沂水洙水 [M]// 景印文渊阁四库全书：史部三三一：地理类，台北：台湾商务印书馆，2008：573-389.

[318] 刘开扬. 高适诗选 [M]. 成都：四川人民出版社，1981.

[319] 李鸿渊. 孔庙泮池之文化寓意探析 [J]. 学术探索.2010(2)：116-121：119.

[320] 范晔. 后汉书：卷第九志第九祭祀下 [M]// 景印摛藻堂四库全书荟要：史部第八册：正史类，台北：台湾世界书局，1985：252-288—252-289.

[321] 风俗通义：祀典第八 [EB/OL].[2020-08-01]. http://www.guoxuedashi.com/a/2297thtf/108160a.html.

[322] 四川通志：卷四十二艺文 [M]// 景印文渊阁四库全书：史部三一七：地理类，台北：台湾商务印书馆，2008：561-395.

[323] 临榆县志：卷九建置志学校 [M]// 中国方志丛书：华北地方：第一四九号：河北省，台北：成文出版社，1966：587-598.

[324] 马端临. 文献通考：卷九十八宗庙考八 [M]// 景印文渊阁四库全书：史部三六九：政书类，台北：台湾商务印书馆，2008：612-359.

[325] 马端临. 文献通考：卷八十二郊社考十五 [M]// 景印文渊阁四库全书：史部三六九：政书类，台北：台湾商务印书馆，2008：612-28.

[326] 孔喆. 文庙棂星门略考 [J]. 孔庙国子监论丛，2013(0)：278-292.

[327] 宋濂，王祎. 元史：卷七十三志第二十四祭祀二 [M]// 景印摛藻堂四库全书荟要：史部第五九册：正史类，台北：台湾世界书局，1985：571-576.

[328] 只麈谭 [EB/OL].[2020-08-01]. http://www.guoxuedashi.com/a/4718oiqn/56904l.

html.

[329] 丁凤斌，李文重．从交午木到棂星门 [J]．齐鲁艺苑，2016(1)：97-99.

[330] 凤县志：卷十艺文明伦堂记 [M]// 中国方志丛书：华北地方：第二八一号：陕西省，台北：成文出版社，1969：463.

[331] 如皋县志：卷之九学校 [M]// 中国方志丛书：华中地方：第九号：江苏省，台北：成文出版社，1970：617.

[332] 嘉庆旌德县志：卷之三学校 [M]// 中国地方志集成：安徽府县志辑，南京：江苏古籍出版社，1998：57-59.

[333] 乾隆仙游县志：卷之二十一学校志 [M]// 中国地方志集成：福建府县志辑，上海：上海书店出版社，2000：254.

[334] 宋濂，王祎．元史：卷一百二十五列传第十二赛典赤赡思丁 [M]// 景印摛藻堂四库全书荟要：史部第六一册：正史类，台北：台湾世界书局，1985：294-302.

[335] 晁福林．说彝伦：殷周之际社会秩序的重构 [J]．历史研究 .2009(4)：4-14+4.

[336] 刘昫，赵莹，等．旧唐书：卷二十七 志第七礼仪七 [M]// 景印摛藻堂四库全书荟要：史部第三〇册：正史类，台北：台湾世界书局，1985：116-719.

[337] 孟子集注：卷二梁惠王章句下 [EB/OL].[2020-08-01]. http://www.guoxue123.com/jinbu/0401/01mzjz/001.htm.

[338] 春秋谷梁传注疏 [EB/OL].[2020-08-01]. http://www.guoxue123.com/jinbu/ssj/glz/000.htm.

[339] 李永康，高彦．孔庙国子监 [M]．北京：北京燕山出版社，2010.

[340] 嘉庆新修江宁府志：卷之十六学校 [M]// 中国地方志集成：江苏府县志辑，南京：江苏古籍出版社，2005：142.

[341] 赵尔巽．清史稿：卷八本纪八圣祖 [M]// 续修四库全书，上海：上海古籍出版社，2002：122.

[342] 杭州府志：卷十四学校 [M]// 中国方志丛书：华中地方第一九九号：浙江省，台北：成文出版社，1974：427.

[343] 别必亮．论我国古代分斋教学制度 [J]．高等师范教育研究，1994(4)：68.

[344] 周振威．胡瑗的教育思想及其实践研究 [D]．苏州：苏州大学，2009：12.

[345] 宋濂，王祎．元史：卷八十一志三十一选举一 [M]// 景印摛藻堂四库全书荟要：史部第六零册：正史类，台北：台湾世界书局，1985：146-40.

[346] 论语注疏：卷七述而 [M]// 景印摛藻堂四库全书荟要：经部第六九册：论语类，台北：台湾世界书局，1985：70-64.

[347] 易经·系辞上传 [EB/OL].[2020-08-01]. http://www.ziyexing.com/files-5/zhouyi/zhouyi_08.htm.

[348] 周 易· 干 [EB/OL].[2020-08-01]. http://www.360doc.com/content/13/1210/20/1353443_336166611.shtml.

[349] 韩愈 . 师说 [EB/OL].[2020-08-01]. https://so.gushiwen.org/shiwenv_178197fd7202.aspx.

[350] 孟子注疏 [EB/OL].[2020-08-01]. http://www.guoxue123.com/jinbu/ssj/mz/000.htm.

[351] 李可久 . 民国 4 年华州志 [DB/OL].[2020-08-01]. 北京：国家数字图书馆 . http://mylib.nlc.cn/allSearch/searchDetail?searchType=all&showType=1&index-Name=data_403&fid=312001065933.

[352] 光绪重纂礼县新志：卷之四艺文 [M]// 中国地方志集成：甘肃府县志辑，南京：凤凰出版社，2005：174.

[353] 刘洪霞 . 北宋官府藏书机构和官职的设置：北宋藏书文化研究系列之二 [J]. 河南图书馆学刊，2007(5)：119.

[354] 李殿元 . 从文翁石室到尊经书院 [M]. 成都：四川古籍出版社，2004.

[355] 玉海：卷一百六十三祥符国壬监御书阁 [M]// 景印文渊阁四库全书：子部二五三：类书类，台北：台湾商务印书馆，2008：947-274.

[356] 毕沅 . 续资治通鉴：卷第三十宋纪三十 [M]// 续修四库全书，北京：中华书局，1999：325.

[357] 脱脱，阿鲁图，等 . 宋史：卷二百四十五 列传第四宗室二 [M]// 景印摛藻堂四库全书荟要：史部第四九册：正史类，台北：台湾世界书局，1985：135-23.

[358] 姑苏志：卷二十四学校 [M]// 景印文渊阁四库全书：史部二五一：地理类，台北：台湾商务印书馆，2008：428.

[359] 脱脱，阿鲁图，等 . 宋史：卷二十本纪二十徽宗二 [M]// 景印摛藻堂四库全书荟要：史部第四三册：正史类，台北：台湾世界书局，1985：129-303.

[360] 元遗山集：卷第三十一东平府新学记 [EB/OL].[2020-08-01]. http://ab.newdu.com/book/s301387.html.

[361] 八闽通志：卷之四十四学校 [M]. 福州：福建人民出版社，2006.

[362] 长兴县志：卷之四学校 [M]// 中国方志丛书：华中地方：第五八六号：浙江省，台北：成文出版社，1983：414-415.

[363] 秀水县志：卷之二学校 [M]// 中国方志丛书：华中地方：第五七号：浙江省，台北：成文出版社，1970：106.

[364] 民国宿迁县志：卷八学校志 [M]// 中国地方志集成：江苏府县志辑，南京：凤凰出版社，2005：462.

[365] 新乡县志：卷第十一学校志上 [M]// 中国方志丛书：华北地方：第四七二号：河南省，台北：成文出版社，1966：833.

[366] 光绪德庆州志：卷五营建志第三学官 [M]// 中国地方志集成：广东府县志辑，南京：凤凰出版社，2005：435.

[367] 同治韶州府志：卷十六建置略学校 [M]// 中国地方志集成：广东府县志辑，南京：江苏古籍出版社，2005：344.

[368] 郏县志：卷七学校志 [M]// 中国方志丛书：华北地方：第四四零号：河南省，台北：成文出版社，1975：296.

[369] 东周列国志：第八十八回 [M]. 上海：广益书局，1978.

[370] 毕沅.续资治通鉴长编：卷二百八十 [M]// 景印文渊阁四库全书：史部七六：编年类，台北：台湾商务印书馆，2008.

[371] 脱脱，阿鲁图，等.宋史：卷一百十四志第六十七礼十七 [M]// 景印摛藻堂四库全书荟要：史部第四五册：正史类，台北：台湾世界书局，1985：131-392.

[372] 脱脱，阿鲁图，等.宋史：卷四百三十列传第一百八十九道学四 [M]// 景印摛藻堂四库全书荟要：史部第三二册：正史类，台北：台湾世界书局，1985：138-504.

[373] 脱脱，阿鲁图，等.宋史：卷四百二十三 列传第一百八十二李韶 [M]// 景印摛藻堂四库全书荟要：史部第四七册：正史类，台北：台湾世界书局，1985：138-407.

[374] 民国同安县志：卷十四学校 [M]// 中国地方志集成：福建府县志辑，南京：凤凰出版社，2005：112.

[375] 毕沅.续资治通鉴：卷二百十九 [EB/OL].[2020-08-01]. http://www.guoxue123.com/shibu/0101/01xzztj/208.htm.

[376] 明太祖实录：卷之二百二十 [EB/OL].[2020-08-01]. http://www.wenxue100.com/book_LiShi/book247_215.thtml.

[377] 张廷玉.明史：卷一百六十一列传第四十九 [M]// 景印摛藻堂四库全书荟要：史部第六六册：正史类，台北：台湾世界书局，1985：152-47.

[378] 永春州志：卷之四学校 [M]// 中国方志丛书：华南地方：第二二二号：福建省，台北：成文出版社，1966：437-438.

[379] 赵克生.国家礼制的地方回应：明代乡射礼的嬗变与兴废 [J].求是学刊，2007(6)：148.

[380] 李琳.观德之射："争"与"不争"之间 [J].淮海工学院学报 (人文社会科学版)，2014, 12(8)：22.

[381] 张赓麟，董重.介修县志 [DB/OL].[2020-08-01].北京：国家数字图书馆.http://mylib.nlc.cn/allSearch/searchDetail?searchType=all&showType=1&index-Name=data_511&fid=13059005.

[382] 龙文彬.明会要：卷二十五学校上 [EB/OL].[2020-08-01].http://www.wjszx.com.cn/b_2592-c_12476-gc.html

[383] 李林.清代武生学额、人数及其地域分布 [J].华东师范大学学报 (教育科学版)，2015, 33(3)：98.

[384] 德清县志：卷之三宫室考学校 [M]// 中国方志丛书：华中地方：第四九一号：浙江省，台北：成文出版社，1983：124.

[385] 朱熹.论语集注：卷二 八佾第三 [EB/OL].[2020-08-01].http://www.guoxue123.com/jinbu/0401/01sszjjz/048.htm.

[386] 王阳明.观德亭记 [EB/OL].[2020-08-01].https://so.gushiwen.org/shiwenv_bb698d3d3da3.aspx.

[387] 管子：形势解第六十四 [EB/OL].[2020-08-01].http://www.guoxue123.com/zhibu/0101/02gz/057.htm.

[388] 永安县志：卷之六学校 [M]// 中国方志丛书：华南地方：第二二四号：福建省，台北：成文出版社，1974：327.

[389] 张廷玉.明史：卷十七本纪第十七世宗一 [M]// 景印摛藻堂四库全书荟要：史部第六三册：正史类，台北：台湾世界书局，1985：149-176.

[390] 明伦汇编官常典国子监部 [M]// 古今图书集成，北京：中华书局，1985.

[391] 大同府文庙 [EB/OL].[2020-08-01].https://baijiahao.baidu.com/s?id=1624679191944365174&wfr=spider&for=pc.

[392] 范香溪先生文集 [EB/OL].[2020-08-01]. http://skqs.guoxuedashi.com/wen_3416u/.

[393] 咸丰深泽县志：卷之三建置志 [M]// 中国地方志集成：河北府县志辑，南京：凤凰出版社，2005：383.

[394] 咸丰庆云县志：卷四学校志 [M]// 中国地方志集成：山东府县志辑，南京：凤凰出版社，2005：89.

[395] 同治平乡县志：卷三地理下学校 [M]// 中国地方志集成：河北府县志辑，南京：凤凰出版社，2005：342.

[396] 乾隆太原府志：卷十一学校 [M]// 中国地方志集成：山西府县志辑，南京：凤凰出版社，2005：112.

[397] 光绪盱眙县志：卷五学校 [M]// 中国地方志集成：江苏府县志辑，南京：凤凰出版社，2005：71.

[398] 光绪莘县志：卷之二建置志学宫 [M]// 中国地方志集成：山东府县志辑，南京：凤凰出版社，2005：458.

[399] 张廷玉．明史：卷七十五志第五十一职官四 [M]// 景印摛藻堂四库全书荟要：史部第六三册：正史类，台北：台湾世界书局，1985：150-263.

[400] 赵尔巽．清史稿：卷一百十二志八十七选举一 [M]// 续修四库全书，上海：上海古籍出版社，2002：318.

[401] 薛东升．南宋州县学研究 [D].沈阳：辽宁大学，2016：31.

[402] 脱脱，阿鲁图，等．宋史：卷一百六十五志第一百一十八职官五 [M]// 景印摛藻堂四库全书荟要：史部第四五册：正史类，台北：台湾世界书局，1985：132-417.

[403] 嘉泰会稽志 [EB/OL].[2020-08-01]. http://daizhige.org/%E5%8F%B2%E8%97%8F/%E5%9C%B0%E7%90%86/%E5%98%89%E6%B3%B0%E4%BC%9A%E7%A8%BD%E5%BF%97-4.html.

[404] 光绪漳州志：卷七学校 [M]// 中国地方志集成：福建府县志辑，南京：凤凰出版社，2005：114.

[405] 郭德静．元代官学研究 [D].昆明：云南师范大学，2004：30.

[406] 赵尔巽．清史稿：卷一百二十二志九十七职官三 [M]// 续修四库全书，上海：上海古籍出版社，2002：388.

[407] 汝州志：卷之四学校 [M]// 天一阁藏明代方志选刊，上海：上海古籍书店，1963.

[408] 许州志：卷之四学校 [M]// 天一阁藏明代方志选刊，上海：上海古籍书店，1963.

[409] 清实录乾隆朝实录：卷之一百三十 [EB/OL].[2020-08-01]. http://www.cssn.cn/sjxz/xsjdk/zgjd/sb/jsbml/qslqlcsl/201311/t20131120_848069.shtml.

[410] 赵尔巽.清史稿：卷十本纪一高宗 [M]// 续修四库全书，上海：上海古籍出版社，2002：154.

[411] 肖妍玎.中国古代书院斋舍管理对现代大学宿舍管理的启示 [J].高校后勤研究，2015(2)：80.

[412] 脱脱，阿鲁图，等.宋史：卷一百五十七志第一百十选举三 [M]// 景印摛藻堂四库全书荟要：史部第四五册：正史类，台北：台湾世界书局，1985：132-257.

[413] 淳熙三山志：卷第九公廨类三 [EB/OL].[2020-08-01]. http://www.guoxue123.com/shibu/0301/00ssz/013.htm.

[414] 明太祖宝训：卷一 [EB/OL].[2020-08-01]. https://gj.zdic.net/archive.php?aid-5596.html.

[415] 东廓邹先生文集：卷之四记类 [EB/OL].[2020-08-01]. http://www.guoxuedashi.com/guji/zx_3563201rhrl/

[416] 李辅.全辽志：卷一 [M]// 辽海丛书，沈阳：辽海出版社，2009.

[417] 苏士俊.宣统南宁府志 [DB/OL].[2020-08-01].北京：国家数字图书馆. http://mylib.nlc.cn/allSearch/searchDetail?searchType=all&showType=1&index-Name=data_403&fid=312001082705.

[418] 棂星门寓意尊孔如尊天 [EB/OL].[2020-08-01]. http://wfwb.wfnews.com.cn/content/20161030/ArticelB04002EL.htm.

[419] 崇祯廉州府志：第五卷礼教志学校 [M]// 日本藏中国罕见地方志丛刊，北京：书目文献出版社，1992：75.

[420] 光绪丰县志：卷之六学校 [M]// 中国地方志集成：江苏府县志辑，南京：江苏古籍出版社，2005：91.

[421] 浙江省奉化县志：卷八学校 [M]// 中国方志丛书：华中地方：第二零四号：浙江省，台北：成文出版社，1966：440.

[422] 浙江省石门县志：卷四学官 [M]// 中国方志丛书：华中地方：第二零四号：浙江省，台北：成文出版社，1966：596-597.

[423] 荀子.荀子：礼论篇第十九 [EB/OL].[2020-08-01]. http://www.guoxuedashi.com/search/.

[424] 李之藻 . 頖宫礼乐疏：卷二 [EB/OL].[2020-08-01]. http://www.guoxuedashi.com/ search/.

[425] 复成 . 同治八年新宁县志：卷四学校寺庙等 [DB/OL].[2020-08-01]. 北京：国家数 字 图 书 馆 . http://mylib.nlc.cn/web/guest/search/shuzifangzhi/medaDataDis- play?metaData.id=1022386&metaData.lId=1026901&IdLib=40283415347ed8b- d0134833ed5d60004.

[426] 道光遂溪县志：卷之三学校 [M]// 中国地方志集成：广东府县志辑，上海：上海书店 出版社，2005：537.

[427] 郝玉麟，等 . 福建通志：卷之十五 [EB/OL].[2020-08-01]. https://ctext.org/wiki. pl?chapter=151224&if=gb&remap=gb.

[428] 南溪县志 [EB/OL].[2020-08-01]. http://ishare.iask.sina.com.cn/f/21510770.html.

[429] 林百川 . 树杞林志：学校志 [EB/OL].[2020-08-01]. http://www.guoxuedashi.com/ search/.

[430] 庄思恒 . 民国 3 年增修灌县志：卷之七学校 [DB/OL].[2020-08-01]. 北京：国家数 字 图 书 馆 . http://mylib.nlc.cn/web/guest/search/shuzifangzhi/medaDataDis- play?metaData.id=1022386&metaData.lId=1026901&IdLib=40283415347ed8b- d0134833ed5d60004.

[431] 陈三谟 . 岁序总考全集 [EB/OL].[2020-08-01]. http://www.guoxuedashi.com/ search/.

[432] 赵尔巽 . 清史稿：志六十四礼二 [M]. 北京：中华书局，1998：167.

[433] 李东阳 . 大明会典：卷之七十九乡饮酒礼 [M]// 续修四库全书，上海：上海古籍出版 社，2002：422.

[434] 赵尔巽 . 清史稿：志七十礼八 [M]. 北京：中华书局，1998：190.